高等院校建筑学系列教材

场地与空间

建筑学二年级设计课程教学实践

齐卓彦 王崴 布音敖其尔 王志强 编著

清华大学出版社
北京

图书在版编目（CIP）数据

场地与空间：建筑学二年级设计课程教学实践 /
齐卓彦等编著. -- 北京 ：清华大学出版社，2024. 9.
（高等院校建筑学系列教材）. -- ISBN 978-7-302-67320-0

Ⅰ. TU-41

中国国家版本馆CIP数据核字第2024V3Z165号

责任编辑：刘一琳　王　华
装帧设计：陈国熙
责任校对：薄军霞
责任印制：杨　艳

出版发行：清华大学出版社
　　　　　网　　　址：https://www.tup.com.cn，https://www.wqxuetang.com
　　　　　地　　　址：北京清华大学学研大厦 A 座　　　　　邮　　编：100084
　　　　　社 总 机：010-83470000　　　　　　　　　　　　邮　　购：010-62786544
　　　　　投稿与读者服务：010-62776969，c-service@tup.tsinghua.edu.cn
　　　　　质量反馈：010-62772015，zhiliang@tup.tsinghua.edu.cn
印 装 者：北京博海升彩色印刷有限公司
经　　销：全国新华书店
开　　本：210mm×285mm　　　　印　　张：16.5　　　　字　　数：368 千字
版　　次：2024 年 10 月第 1 版　　　　　　　　　　　　印　　次：2024 年 10 月第 1 次印刷
定　　价：98.00 元

产品编号：100983-01

前言

内蒙古工业大学建筑学专业近年来在学科建设中快速发展，并自2017年在原有教学经验的基础上重新梳理本科教学体系，构建以学生为中心的卓越工程人才培养机制。二年级作为建筑设计学习的初始阶段，在课程体系、教案设计、教学方法等方面做了大量探索性实践。

本书是内蒙古工业大学建筑学专业二年级近三年来设计课程作业的阶段性总结，是基于学生能力培养的教学框架下的专业课程实践。"场地设计"与"空间操作"是此课程阶段的训练重点，其中场地涵盖平地与坡地两个方面，空间涵盖单一空间、单元组合及复合空间三个方面。本课程充分考虑以上两个核心概念，进行有效结合形成"场地—空间"的主线，并结合具体城市环境与自然环境设置题目。通过逻辑相扣的三个设计题目"艺术家工作室""幼儿园""乌素图小型建筑"分解核心问题，选择街巷夹缝—校园平地—自然坡地三种不同的场地环境训练学生的场地认知，同时对应单一空间—单元组合—复合空间的操作方式。"场地"与"空间"两个维度循序渐进的设计导向，使学生在逐渐增加难度的学习中提高解决建筑复杂问题的能力。全书展示了三个课程作业教学设计、教学实施和教学成果等内容，是一本面向建筑学专业基础教学阶段教师和学生的参考书。

目录

第○章　课程简介

0.1 课程目标

建筑设计是学生综合能力的体现，对学习者的基础知识、基本技能以及创新意识有着较高的要求，学生需要分层级、分步骤逐渐认知和熟练以及掌握各阶段的设计方法与技能。二年级作为学生初步接触建筑设计的阶段，承接一年级的初步认知，对三年级更高层级的创新设计显得尤为关键。总体而言，二年级建筑设计课程注重学生基础能力的培养，学生循序渐进地获取相关的设计知识与方法。在我校"卓越工程人才培养"的实践中，"建筑设计一、二"课程以"学生为中心"，本着知识、思维、能力三位一体原则，对学生进行建筑设计初期基本的建筑理论与知识、设计方法与思维、设计表达与能力的综合培养。

对建筑设计中场地、空间、形式、建造等基本问题进行循序渐进式基础教学。通过问题分解，问题过程的理论讲解—设计练习—课后作业—讲评的方式，使学生初步建立建筑设计的方法、分析问题—解决问题的能力、专业绘图的能力与综合表达能力，以此为后续高年级的专业课程打下良好的基础。在诸多设计问题中，将环境、空间与场地的关联性作为主要切入点，主要包括：

（1）如何理解建筑在城市建成环境与自然环境中的定位？

（2）如何处理不同场地中建筑空间的设计方法？

（3）如何进行单体与复杂空间的操作方式？

课程基于解决以上问题的导向为目标，重点培养学生的创新能力，通过街道·平坦·简单空间、社区·平坦·单元空间以及自然·坡地·复合空间三个专题进行训练，以期在知识目标层面使学生理解设计概念与基本知识；在能力目标层面使学生掌握基本绘图方式与设计方法；在素质目标层面使学生发挥主观创新意识，为创新型建筑工程应用型人才能力培养奠定基础。

教学定位与框架见图0-1。

0.2 教学内容

二年级两个学期建筑设计课程共设置三个专题，根据课程内容的复杂程度，学时分配也有所变化，第一学期两个专题各48学时，第二学期一个专题96学时。

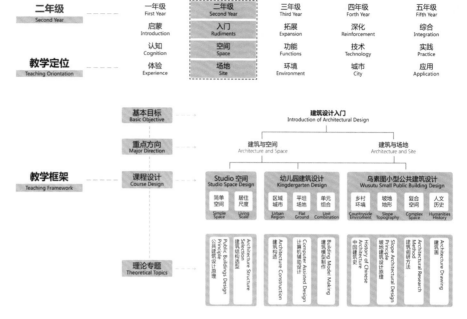

图0-1　教学定位与框架

（1）街道·平坦·简单空间——艺术家工作室建筑设计。

（2）社区·平坦·单元空间——幼儿园建筑设计。

（3）自然·坡地·复合空间——乌素图小型公共建筑设计。

0.3　教学组织

二年级建筑设计课程教学组织根据教学目标和教案设计，以及教学组专职任课教师情况大致分为集中讲授、分组辅导、作业练习和评价反馈四个阶段。

（1）集中讲授：主要安排在课程初始和训练题目开始这两个时间节点，其中课程初始阶段主要集中讲解课程教学目标、教学方法、成绩评价标准等内容；训练题目开始阶段主要进行设计任务书解读、相关案例分析、设计操作方法等内容的集中讲授。

（2）分组辅导：指导教师根据学生对训练题目的理解以及所完成的设计成果进行有针对性的集中讲解和一对一辅导，与组内学生充分开展围绕设计任务的相关讨论，在单独辅导过程中应根据学生个性化需求给出相应指导意见或建议，确保学生在规定时间内完成符合教学预期目标的设计成果。

（3）作业练习：在小组辅导后根据设计训练教案统一安排，包括徒手草图绘制、过程模型制作、专业软件绘图、案例搜集分析、文本或PPT汇报等多元化练习内容。学生在长时间作业训练中可较为熟练掌握绘图、模型、软件及文本等基本专业技能，同时能够逐步理解基本技能对于专业学习的重要性。

（4）评价反馈：本课程共有3个训练题目，每个题目完成后都会邀请校内外教师、专家、实践建筑师进行全年级统一评图活动，同时教学组内根据作业成果进行阶段性教学总结并统一反馈，学期末组织专门教师学生座谈会，针对本学期整体教学情况进行系统性教学总结，对存在的问题进行深入讨论并予以修正。

0.4　课程特色

二年级建筑设计课程在教学组织、教学内容、教学评价上有如下特点：

（1）强化建筑空间本质训练，打破传统建筑类型教学组织。

在教学组织上，将建筑空间与场地的关系作为学生在此阶段着重解决的问题，分三个专题，以街道、社区和自然环境作为主要环境，进而弱化传统建筑教学中以类型为主线的划分方式，鼓励学生举一反三，不断强化自我解决同类问题的能力，避免在之后的学习中仅对某一类型的建筑知识与设计方法有所掌握，而忽略建筑空间的本质问题，通过场地回应、空间操作以及功能演绎来理解基本的建筑问题。

（2）注重教学内容时代特征，聚焦前沿建筑学科问题属性。

在教学内容上，将城市更新与乡村振兴的主题纳入设计课程之中，聚焦当代我国城市与乡村建筑所面临的主要矛盾，使学生在设计能力初期培养阶段具有与社会实践接轨的意识，从而对学生的理论与实践相结合的综合能力的培养大有裨益。在不断强化研究型设计能力提升的当下，将时代特征的语境与教学内容有机融合能够有效提升学生的素质能力。

（3）丰富教学成果测评方式，构建课堂内外多元评价机制。

过程性评价是建筑学学生成果测评的有效方式，积极开展自我评价、学生评价、同行评价、专家评价等一系列多维评价。以系列设计专题作为主线，强化设计阶段性目标与总体目标的系统构建，每个教学单元之间形成进阶效果。各阶段学习成果均有成绩评定，指导教师、高层次学校专家与实践建筑师参与评图，形成师生、生生互动的多方式评价体系。

第一章　艺术家工作室建筑设计

专题设计一：
街道·平坦·简单空间 / 48学时

本章介绍艺术家工作室建筑设计，
并展示优秀学生设计方案。

1.1 任务解读

本专题是建筑学二年级的第一个设计专题，教学计划时长为8周。该课题围绕建筑设计中场地、功能、空间这三个基本问题设置教学内容，通过城市文化街区夹缝的场地（图1-1），为艺术家建立工作和生活的双重场所，旨在以相对简化的场地、简单空间的任务设定理解建筑设计中场地、功能、空间之间的关系。考虑到初学者学习本课题的难度，任务设定简化了对建筑外部的探讨，更多关注功能与空间的关系，也暂时放弃对结构合理性的探讨。

1.2 训练目标

针对场地、功能、空间三个关键问题，在建筑设计中设置三个层面的基本教学目标，并在此基础上进行有序扩展，以形成相对完整的建筑成果。

（1）通过对建成环境及人文环境相对综合的调研，初步建立城市小尺度场地环境中场地认识的方法，以及建筑设计中场地应对的能力。

（2）学习建成环境的体量抽象能力，初步建立以空间（而非形体）为主体的组织构成能力。

图1-1 实际场地图
来源：底图来自百度地图，改绘

（3）在空间操作的基础上，结合功能流线的合理组织安排，初步建立"功能—空间"协调构成能力。

（4）在"功能—空间"构成的基础上，以材料建构介入，提升空间氛围，初步认识空间氛围与材料建构之间的关系。对于学有余力者，在"材料建构"的基础上，辅以建筑结构概念，体会结构对于空间的限定作用，初步建立"空间—结构—建构"复合构成的能力。

1.3 任务设定

1.3.1 设计内容

本设计坐落于内蒙古呼和浩特市著名历史街区"塞上老街"及其辐射范围内。"塞上老街"紧邻大召寺庙，是大召寺周围历史文化街区中最重要的一部分，街区内建筑肌理紧凑，街区尺度宜人，以1~2层双坡屋顶的青砖古建筑为主（图1-2）。

设计任务拟建一幢建筑面积200m²（±10%）、为艺术家服务的工作室，艺术家的职业由学生自行拟定，内部功能包括艺术家工作区（自选艺术家领域，进行功能细分）30~40m²，艺术家生活区（包含厨房、卧室、书房、卫生间等）40~50m²，艺术家会客展示区（包含接待厅、展区、客卫等）90~100m²，其他交通、辅助、景观及自由空间20~30m²。

任务中共有A、B两个地块供学生选择，其中A为原有建筑之间的夹缝空间（图1-3），B为拆除地块上原有建筑后的夹缝场地（图1-4）。两个地块的共同特征均为街区建筑肌理中的狭窄区域，地块一侧或两侧与街巷相邻，其他界面与原有建筑紧密相接，因此建筑的室外环境相对有限（图1-5，图1-6）。

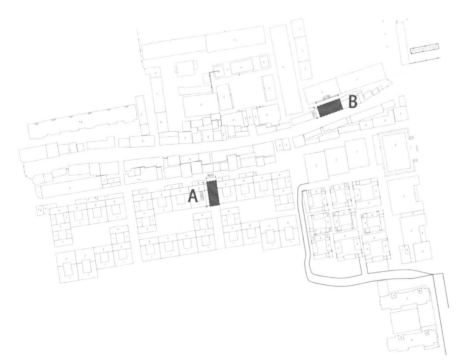

图1-2 场地总平面图
来源：作者自绘

图1-3 A场地总平面图
来源：作者自绘

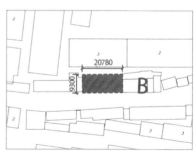

图1-4 B场地总平面图
来源：作者自绘

图1-5　A场地现场图
来源：作者自摄

图1-6　B场地现场图
来源：作者自摄

1.3.2　成果要求

总平面图（1∶200）：画出准确的屋顶平面并注明层数，准确表达设计方案和原有建筑在总图中的关系，注明各建筑出入口的性质和位置，画出详细的室外环境布置（包括道路铺装、植被绿化），标注指北针。

各层平面图（1∶50）：在各层平面中准确表达与原有建筑之间的关系，注明房间名称，进行家具布置、地面铺装表达，首层平面图应表现局部室外环境，画剖切标志及各层标高。

立面图2张（1∶50）：制图要求区分粗细线来表达建筑立面各部分的关系，准确表达与原有建筑的体量关系，表达建筑材料的细部设计。

剖面图2张（1∶50）：应选在空间具有代表性之处，其中一个剖面须剖到楼梯，清楚表达剖切线和看线的位置，准确表达所画剖面檐口、室内外高差以及和原有建筑之间的关系，标注标高。

其他图纸包括轴测剖视图（1∶50）、室内外空间透视图及各种图解。

图纸尺寸：550mm×840mm，数量均为2张。

1.4　教学过程

教学时长为8周，其中中期评图和终期评图占用1周。主要训练环节包括场地调研0.5周、场地环境与形体分析2周、功能组织和空间耦合2周、材料介入和设计整理1周、成果制作1.5周。

1.4.1 场地调研

训练目的：基于对街区、场地中人和物的观察与测绘，认知老城区街区尺度、建筑尺度，探索地块中建筑设计与已有要素（街道、建筑、植被、人流）之间的关系。

调研内容：场地调研按照宏观、中观、微观的尺度层级划分，把设计场所宏观背景信息和场地信息同时纳入调研范畴，使学生建立全局的建筑观。

（1）宏观上，认知场地区位、交通层级、人流状况，对街区肌理进行测量，认知建筑集聚方式以及形成的街巷尺度。

（2）中观上，对设计地块周围的实体信息进行测绘，包括：街道、场地平面尺寸，场地及周围环境竖向高差、周围建筑高度、屋顶形态及细节尺寸，植被形态及位置；同时调研场地周围的日照条件、交通情况、业态分布、人群分布、人流活动轨迹等自然和社会要素。

（3）微观上，对场地周围地面铺装材料、建筑墙面材料肌理、色彩以及植物的尺度进行调研。

成果要求：以小组（6~7人）为单位进行PPT汇报，PPT需包含上述调研的内容，以照片结合分析图的方式，同时于在线平台提交PPT文件及调研报告。教学组共同制作比例为1:100的场地模型，如实还原设计场地现状以及周围建筑、街道现状。

1.4.2 场地环境和形体分析

训练目的：基于场地公共人流的路径，学习形体置入夹缝中对交通的组织和影响。基于场地周围建筑控制性要素（地面高差、建筑高度、屋顶形态、屋顶出檐等）的准确认知，学习形体生成与控制性要素的关系。

训练内容：

（1）训练场地环境中建筑与人流之间的关系。由于所选场地为夹缝空间，在置入建筑后，街区中前后场地之间的人流关系如何延续和保留对建筑形体及场地的关系具有直接的影响，因此在形体建立之初要有合理的考量。

（2）训练建筑形体生成如何回应周围建成环境。新的建筑体量是老城区的织补体量，需要与周围的建筑和谐共生，以形成良好的统一体，因此建筑的形态、高度、屋顶形态都需要在空间细化之前具有一定的研究（图1-7~图1-9）。

（3）训练建筑界面与场地公共空间（街道）的关系。新的建筑体量和周围环境的互动性主要来源于临街的界面，其他界面由于和周围建筑毗邻而弱化了和环境的关系，因此临街的氛围与建筑界面的空间关系也是建筑体量设计之初需要首先考虑的问题。

1.4.3 功能组织和空间组合

训练目的：在分析功能公共与私密的基础上，训练功能流线和空间组织的关系，并进一步在功能逻辑合理的前提下，研究空间与空间的关系，形成相对完整

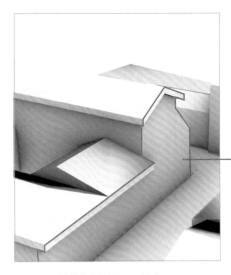

图1-7　A地块街道界面屋顶轮廓a
来源：作者自绘

图1-8　基地现场图
来源：作者自绘／自摄

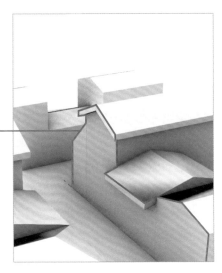

图1-9　A地块街道界面屋顶轮廓b
来源：作者自绘

的空间概念。

训练内容：

（1）在前期调研分析街区周围人群、业态的基础上，选择艺术家工作室的类型（雕塑、绘画、陶艺、手作等），以此对工作区域空间的功能和特征进行界定。

（2）分析工作室中居住空间的使用方式，在对艺术家具体生活情况进行设定的前提下，对居住空间的功能组成与面积分配进行界定。

（3）根据艺术家工作室空间使用特征进行流线组织，把空间概念中的序列性和节奏性与功能分区和流线关联耦合，并在适应功能属性的前提下进一步探讨室内空间与空间、室内外空间之间的关系。

成果要求：总平面图1:200，各层平面图、剖面图、体量模型1:50。

1.4.4　材料介入和设计整理

训练目的：从材料肌理的层面训练植入建筑和周围建筑的融合性，并进一步介入材料强化形体的逻辑性与空间的逻辑性。从形体、空间、功能三个层面完善设计的逻辑。

训练内容：

（1）重新整理形体关系，整理空间、功能与形体的对应性。

（2）以周围建筑材料、色彩为设计的建成环境，在此基础上设定建筑主体颜色，使之融入周围环境，同时以强化形体逻辑性和空间逻辑性为原则，细化材料的关系。

成果要求：总平面图1:200，各层平面图、剖面图、体量模型1:50。

1.5　设计方法讲解

1.5.1　公共建筑的功能关系

公共建筑是人们进行社会活动的场所，因此人流集散的性质、容量、活动方式以及对建筑空间的要求，与其他建筑类型有很大的差别。这种差别常反映出公共建筑功能要求的某些特性，因此在公共建筑空间组合中，就需要善于抓住这些特性进行深入的分析，并以此作为公共建筑设计的主要依据。同样，不同类型的公共建筑也常因其使用性质的不同，反映在功能关系及建筑空间组合上，必然会产生不同的结果。在公共建筑的功能问题中，功能分区、人流疏散、空间组成以及与室外环境的联系等，是几个比较重要的核心问题。

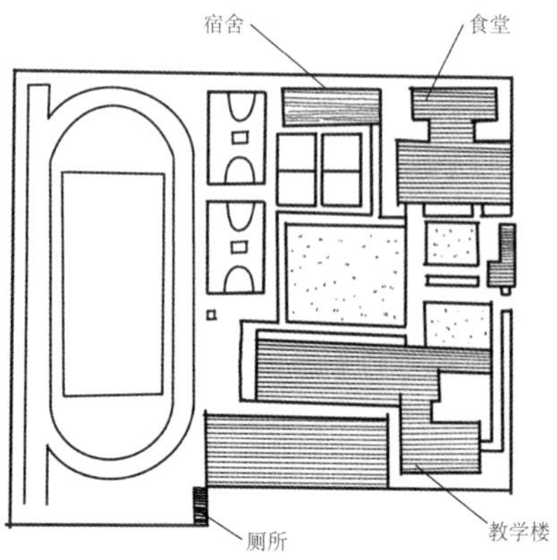

1.5.2 公共建筑的功能分区

当进行设计构思时，除需要考虑空间的使用性质之外，还应深入研究功能分区的问题。尤其在功能关系与房间组成比较复杂的条件下，更需要把空间按不同的功能要求进行分类，并根据它们之间的密切程度按区段加以划分，做到功能分区明确和联系方便。同时，还应对主与次、内与外、动与静等方面的关系进行分析，使不同要求的空间都能得到合理的安排。

图1-10 上海南郊中学总平面图
来源：张文忠. 公共建筑设计原理[M]. 4版.
北京：中国建筑工业出版社，2008.

1. 主次分区

不同类型的公共建筑对空间环境的要求常存在差别，反映在重要性上，有的处于主要地位，有的处于次要地位。在进行空间组合时，反映在位置、朝向、采光及交通联系等方面，应有主次之分。因此，要把主要的使用空间布置在主要的部位上，把次要的使用空间安排在次要的位置上，使空间的主次关系顺理成章，各得其所。例如中学建筑，常包括教学（教室、音乐室、实验室）、行政办公、辅助房间及交通联系空间等不同性质的组成部分。很明显，从使用性质上看，教学部分应居于主要部位，办公部分次之，辅助部分再次之。这三者在功能区分上，应当有明确的划分，以防止干扰。但是这三部分之间，还应保持一定的联系，而这种联系是在功能区分明确的基础上加以考虑的。如图1-10所示的总平面布置中即较好地体现了主次关系。

建筑空间组合的主次关系，在其他类型的公共建筑中也是如此。如商业建筑，在分清主次关系的基础上，在总体布局中，应把营业大厅布置在主要的位置，而把那些办公、仓储、盥洗等布置在次要的位置，使之达到分区明确、联系方便的效果。另外有些组成部分虽系从属性质，但从人流活动的需要上看，应安排在明显易找的位置，如影剧院中的售票室，行政办公建筑的传达室、收发室，展览建筑的门卫室等。上述这些部分的使用性质虽属次要，但根据实际的使用要求，按人流活动的顺序关系，摆好它们的位置，也是不容忽视的。这就是说，功能分区的主次关系，应与具体的使用顺序密切结合，才能解决好这个问题。又如公共建筑中的辅助部分——厕所、盥洗室、贮藏室、仓库等，说它们次要是相对于主要部分而言的，并不是说它们不重要，可以任意安排。相反，应从全局出发，给予合理的解决。

从某种意义上说，公共建筑中的主要空间能否充分发挥作用，是和辅助空间配置的是否妥当有着不可分割的关系。如影剧院中的厕所，若安排不当，不仅给观众带来不便，甚至还会影响观众厅的秩序和演出的效果。同样道理，一座图书馆建筑，尽管阅览室的位置、大小、座位、朝向、采光、隔声等功能居于主要的地位，但是如果书库的位置、容量等功能考虑不周，仍然会造成主次空间之间的矛盾。

2. 内外分区

对于各类组成空间的使用性质，有的功能以对外联系为主，而有的则与内部关系密切。所以，在考虑空间组合时，应妥善处理功能分区中的内外关系问题。如行政办公建筑，各个办公用房基本上是对内的，而接待、传达、收发等科室的功能主要是对外的。因此，按照人流活动顺序的需要，常将主要对外的部分，尽量布置在交通枢纽附近，而将主要对内的部分尽量布置在比较隐蔽的部位，并使其尽可能地靠近内部区域。另外，功能分区的内外关系不仅限于单体建筑，还应结合总体布局、室外空间处理等综合考虑。如运用庭园的绿化、道路、矮墙等建筑小品作为手段，把功能区分"内"与"外"，解决得比较自然而又适用。

3. 动静分区

以下从"动"与"静"的角度，论述功能分区的问题。如幼儿园建筑中的卧室，应布置在比较安静、隐蔽的部位，而对于进行文体活动的音体室，则应安排在阳光充足、明显易找且与室外活动场所联系紧密的部位，在布局特点上往往要求开敞通透些。这种"动"与"静"分区明确的布局，恰好反映了幼儿园（图1-11）建筑功能要求的特点，采用合理的形式将活动频繁的区域即门厅、医疗隔离室等划分为动区，而将幼儿生活起居空间划分为静区。当然，还有不少的公共建筑也在不同程度上具有动静分区的要求与特点，如旅馆（图1-12）将相对开放的公共区域即门厅、餐厅等划分为动区，而相对私密的客房部分划分为静区。

1.5.3 公共建筑的人流聚集与疏散

不同类型的公共建筑，因使用性质的不同，往往具有不同的人流特点，有的人流比较均匀，有的又比较集中。这些人流活动的特点，常通过一定的顺序或某种关系体现出来。一般公共建筑反映在人流组织上，基本上可以归纳为平面的和立体的两种方式。

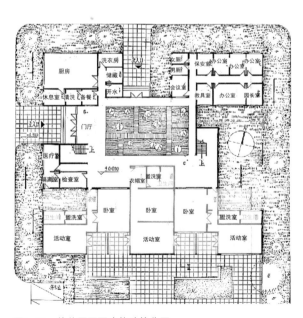

图1-11 幼儿园平面功能动静分区
来源：底图来自学生作业，作者改绘

图1-12 旅馆平面功能动静分区
来源：底图来自学生作业，作者改绘

中小型公共建筑的人流活动一般比较简单，人流的安排多采用平面的组织方式。如展览陈列性质的建筑，尤其是某些中小规模的展览馆，为了便于组织人流，往往要求以平面方式组织展览路线，避免不必要的上下活动，以期达到使用方便的目的（图1-13）。除此之外还有其他小型公共建筑如餐厅（图1-14）等皆采用平面组织方式解决流线组织问题。有的公共建筑，由于功能要求比较复杂，仅依靠平面的布局方式，不能完全解决流线组织的问题，还需要采用立体方式组织人流的活动。如规模较大的交通建筑，常把进出空间的两大流线从立体关系中错开（图1-15）。也就是说，在组织流线时，将旅客大量使用的空间（如出入口、问讯处、售票厅、行包厅、候车厅等主要组成部分）依照一定的流程顺序，按立体的方式进行安排，使其整个流线短捷方便，空间组合紧凑合理（当然，有的交通建筑处于有较大高差的地段，可利用地形的特殊条件组织流线）。

如乌鲁木齐航空港，利用地形坡度减少土方工程量：候机楼的一侧是停机坪，另一侧是停车场，停机坪低于停车场3m多，这样就使整个人流活动产生了立体关系。在某些公共建筑的流线组织中，往往需要运用综合的方式才能解决，也就是说，有的活动需要按平面方式进行安排，有的活动则需要按立体方式加以解决。下面以综合型旅馆、影剧院（包括会堂）两种类型的建筑说明流线关系。

一般性的社会旅馆建筑，除需要满足旅馆的食宿之外，还需要满足旅馆在工作上和文娱生活上的多样要求。另外根据所服务的对象，还要求设置一些公共的服务设施，如问讯、小卖、旅游、电信、餐厅等空间。综合型旅馆是一种一般性的社会旅馆，既要保证旅馆有安静舒适的休息和工作环境，又要提供公共活动的场所（图1-16）。因此，此类建筑通常将客房部分布置在公共部分的上层，形成流线组织的综合关系（图1-17）。

公共建筑空间组合中的人流组织问题，实质上是人流活动的合理顺序问题。它应是一定的功能要求与关系体系的体现，同时也是空间组合的重要依据。它在某种意义上会涉及建筑空间是否满足使用要求、是否紧凑合理、空间利用是否经济等方面的问题。所以人流组织中的顺序关系是极为重要的，应结合各类公共建筑的不同使用要求，进行深入分析。

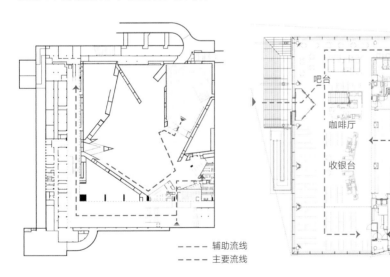

图1-13 展览建筑流线组织示例
来源：底图根据"搜建筑"网站山西·大同美术馆平面图改绘

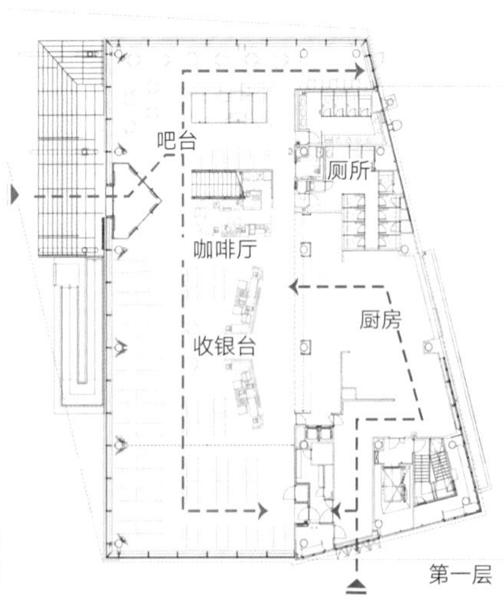

图1-14 餐饮建筑流线组织示例
来源：底图根据"谷德"网站二世古花园滑雪场新餐厅平面图改绘

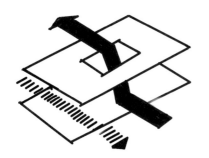

图1-15 立体流线组织图解
来源：张文忠. 公共建筑设计原理[M]. 4版. 北京: 中国建筑工业出版社，2008.

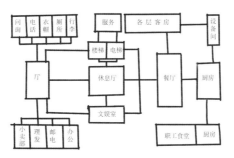

图1-16 普通旅馆功能关系图解
来源：张文忠. 公共建筑设计原理[M]. 4版. 北京: 中国建筑工业出版社，2008.

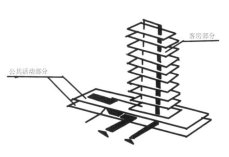

图1-17 旅馆人流组织的综合关系
来源：张文忠. 公共建筑设计原理[M]. 4版. 北京: 中国建筑工业出版社，2008.

以上只是着重从公共建筑空间功能分区、流线特点等方面分析功能问题的，但是在公共建筑空间环境的创作中，争取良好的朝向、合理的采光、适宜的通风以及优美舒适的环境等，同样应给予重视，而且它们在一定程度上，甚至会影响建筑布局的形式。所以在考虑功能问题时，应结合具体的设计条件综合考虑，全面地分析问题和解决问题，方能把握住公共建筑设计的基础。

1.5.4　居住空间基本尺度

（1）起居室。起居室的面积主要根据使用人口数的多少、待客活动的频率以及视觉层面等需求确定。在不同平面布局的套型中，起居室面积变化幅度较大。起居室相对独立时，其使用面积一般在15m²以上；当起居室与餐厅合而为一时，两者的使用面积一般在20~25m²，共同占套内使用面积的25%~30%；当起居室与餐厅由门厅过道分成两边时，两者加上过道的面积一般在30~40m²，此类型适合进深较大的大套型（图1-18）。

（2）书房。书房座椅活动区的深度不宜小于0.55m，座椅后方不需要通道时，书桌与家具或墙的距离不宜小于0.75m，需要通道时，不宜小于1.00m。书房的面宽不宜小于2.6m（图1-19）。

（3）卧室。卧室主要是供人睡眠、休息的空间，同时还包括储藏、更衣、休憩、工作等功能。主卧室的布置中，应首先满足床的各项使用功能。双人床一般居中布置，满足两侧上下床的方便。床的边缘与墙或其他障碍物之间的通行距离不宜小于0.5m；整理被褥侧以及衣柜开门侧该距离不宜小于0.6m；如考虑弯腰、伸臂等动作，其距离不宜小于0.9m 。

卧室的面宽考虑多数人有躺在床上看电视的需求，面宽尺寸一般为：双人床长度+通行宽度+电视柜宽度或挂墙电视厚度。主卧室的面宽以3.1~3.8m为宜。主卧室的进深尺寸一般为：衣柜厚度+整理衣物被褥的过道宽度+双人床宽度+方便上下床的过道宽度。主卧室的进深以3.8~4.5m为宜（图1-20）。

（4）厨房。厨房是供居住者进行炊事活动的空间。厨房布置对炊事流程和人体工程学方面的要求比其他空间要高。厨房的空间安排应符合操作者的作业顺序与操作习惯，按照"储、洗、切、炒"的顺序组织操作流线，避免作业动线交叉。厨房空间应与其他空间，尤其是餐厅空间有视觉上的联系，视线覆盖区域及视野开阔程度对厨房空间的感受及与家人的交流有很大影响（图1-21）。

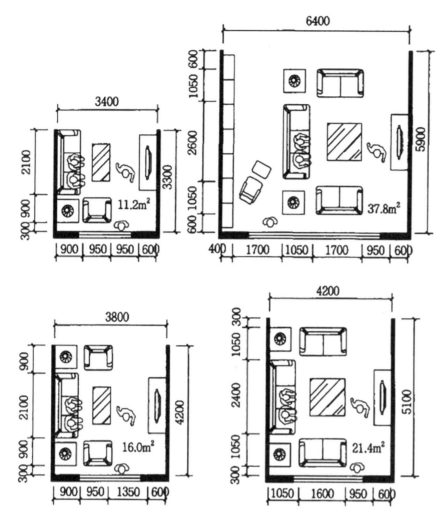

图1-18　不同面积的起居室典型平面布局

来源：《建筑设计资料集》编委会.建筑设计资料集5[M].3版.北京：中国建筑工业出版社，2017.

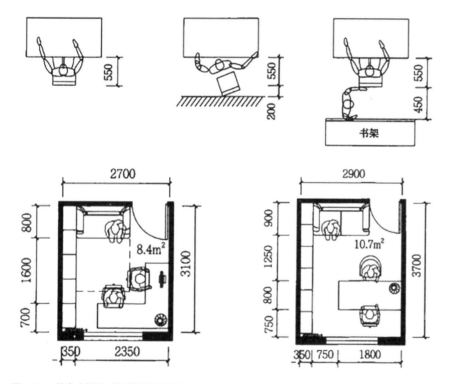

图1-19　书房桌椅尺寸及典型平面布局

来源：《建筑设计资料集》编委会.建筑设计资料集5[M].3版.北京：中国建筑工业出版社，2017.

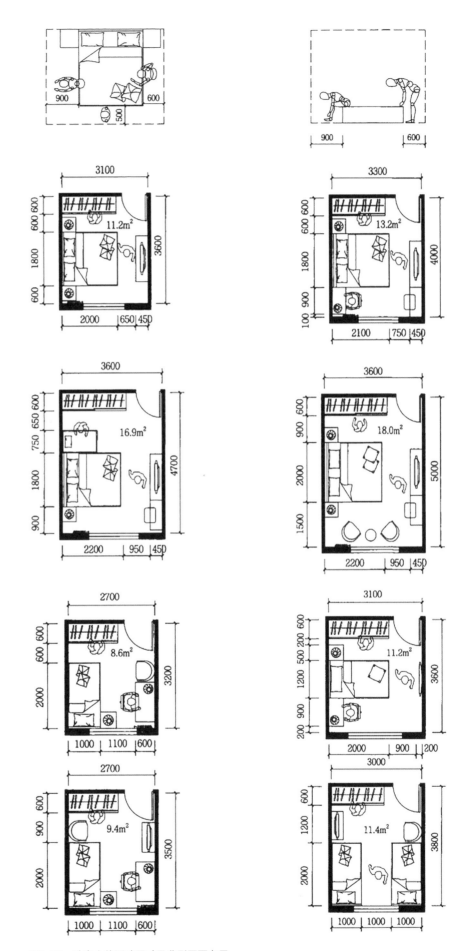

图1-20 卧室人体活动尺寸及典型平面布局

来源：《建筑设计资料集》编委会. 建筑设计资料集5[M]. 3版. 北京：中国建筑工业出版社，2017.

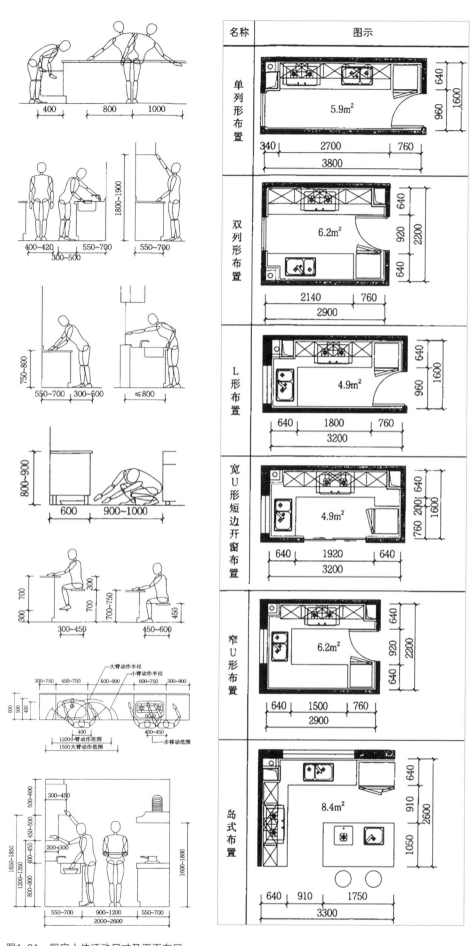

图1-21　厨房人体活动尺寸及平面布局

来源：《建筑设计资料集》编委会.建筑设计资料集5[M].3版.北京：中国建筑工业出版社，2017.

（5）餐厅。餐厅是家居生活中的进餐场所，与起居室一样作为家居生活中重要的公共活动空间。餐桌尽量在L形墙角处或贴邻一面墙布置，空间相对稳定。餐桌椅布置时，应满足就座方便和不影响正常通行的要求。餐厅空间要具备灵活性，能够适当"延伸"，以满足节假日客人与家人共同就餐增加座位的可能。

餐厅应根据家庭人口的数量采用不同的餐桌椅组合方式。餐桌椅与墙面或高家具间留有通行过道时，间距不宜小于0.60m。当餐桌椅一侧为低矮的家具时，通行过道的宽度可以适当减小，但不宜小于0.45m。供3~4人就餐的餐厅，其面宽不宜小于2.7m，使用面积不宜小于10m²。供6~8人就餐的餐厅，其面宽不宜小于3.0m，使用面积不宜小于12m²（图1-22）。

（6）卫生间。卫生间是供居住者进行便溺、洗浴、盥洗等活动的空间，如厕空间、沐浴空间、洗脸化妆空间等功能空间是卫生间的基本组成部分。另外，储藏空间、家务空间也是卫生间主要功能的扩展。

坐便器和蹲便器前端到障碍物的距离应大于0.45m，以方便站立、坐下等动作。左右两肘撑开的宽度为0.76m，因此坐便器、蹲便器、洗面器中心线到障碍物的距离不应小于0.40m。坐便器和蹲便器所需最小空间为0.8m×1.2m。淋浴间的最小尺寸为0.8m×0.8m，一般以0.9m×1.1m为宜，并应考虑门开启的空间。设置浴盆时，要考虑住户有可能将浴盆改为淋浴间，但是淋浴间的宽度大于浴盆宽度，因此，设计浴盆时最好按照淋浴间的宽度来预留宽度。三件套卫生间的使用面积一般为3.0~5.0m²，四件套卫生间的使用面积一般为4.0~6.5m²（图1-23）。

1.5.5　界面与街道

界面是相对于空间而言的，它是只限定某一空间或领域的面状要素。作为实体与空间的交界面，界面是一种特殊的形态构成要素。界面是实体要素中必不可少的组成部分，又与空间密不可分，界面与空间相伴相生。建筑界面是分隔室内室外空间的建筑立面，是街道、场所空间和建筑室内空间之间的分界。

1.界面的特性

（1）界面的抗性：界面对空间首先表现出一种保护作用，这就是界面的抗性，尽量通过对不良因素的抵抗，实现对内部环境的保护。这种抗性的具体表现就是界面视觉上或是行为上的不可穿透性，在维持内部环境的稳定以及保护内部的隐私等方面具有重要的作用。在城市街道空间中，我们同样需要运用界面的抗性来保护内部环境，如围墙、建筑外墙等，都对来自街道上的不良因素具有强烈的抵抗作用（图1-24）。

（2）界面的透性：界面也需要其必要的透性来实现两侧空间的交流与渗透。界面的透性主要表现为视线的透性和物质的透性，后者还包括人们行为的可穿越性。在城市街道空间中，建筑界面就是通过其透性来实现建筑与街道的交流与互动。我们通过建筑界面上的玻璃窗了解建筑内部的信息，通过门洞进入建筑之中参与活动，建筑界面的透性大大丰富了街道空间的景观层次，增加了街道空间的信息量，满足了人们的活动需求，增强了街道空间的活力（图1-25）。

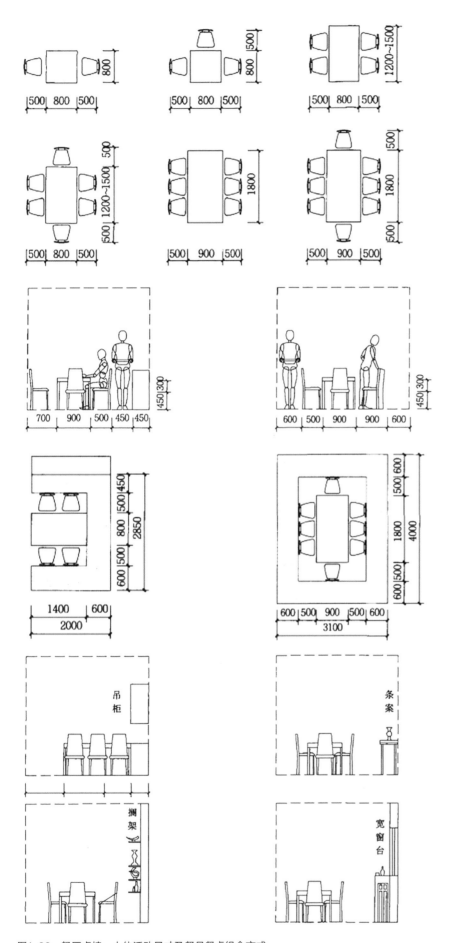

图1-22 餐厅桌椅、人体活动尺寸及餐具餐桌组合方式

来源:《建筑设计资料集》编委会. 建筑设计资料集5[M]. 3版. 北京: 中国建筑工业出版社, 2017.

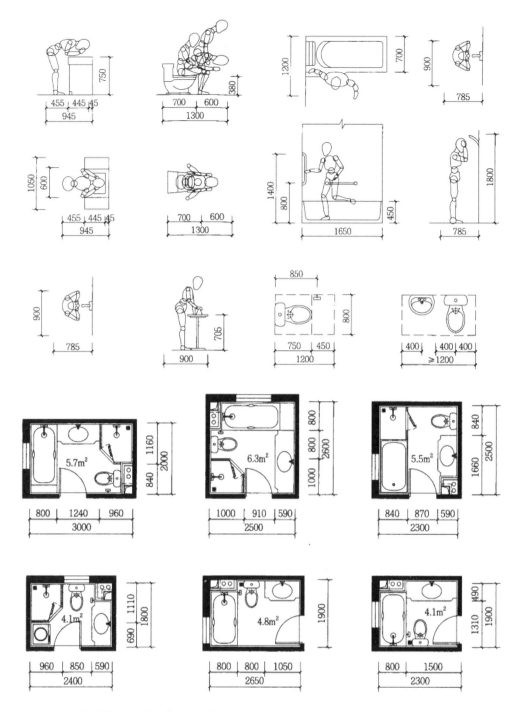

图1-23 卫生间人体活动尺寸及典型平面布局

来源：《建筑设计资料集》编委会.建筑设计资料集5[M].3版.北京：中国建筑工业出版社，2017.

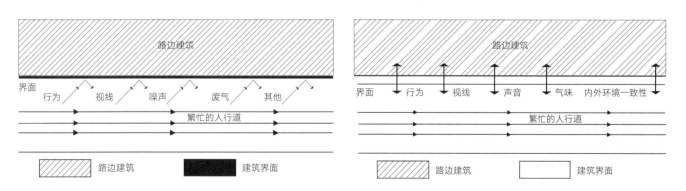

图1-24 界面的抗性

来源：冯凌.融合街道空间的建筑界面研究[D].重庆：重庆大学，2008.

图1-25 界面的透性

来源：冯凌.融合街道空间的建筑界面研究[D].重庆：重庆大学，2008.

2. 建筑界面与精神层面的关系

城市街道空间是各种社会活动的场所，是市民生活的容器。而城市街道空间中的建筑界面更是人的行为活动的促媒器与发生器（图1-26）。

建筑界面提供给街道空间中的行人许多实际的、心理的支持，使人愿意在此停留、徘徊。人们一般习惯站在建筑入口的台阶上或雨篷下观望，甚至与同事、朋友进行谈话（图1-27）。如果这种活动继续进行，并达到某种程度的聚集时，就会向更宽敞的街道空间发展。

街道上的行为是由建筑界面区域逐渐向街道公共空间的中央区域生成的，并且建筑界面是行为领域由室内向室外过渡的分界。人们会选择靠近建筑界面的区域，先看看周围的人们如何活动，然后再决定下一步的行为。因此，建筑界面处的行为促进了街道空间中更广范围、更多人数的行为发生。

建筑界面有许多适合街道活动发生的条件。首先，室内外空间性质在建筑界面处发生转变，使界面成为一个富有吸引力的场所。其次，建筑界面空间为各种交往活动的发生提供了必要条件。沿建筑外墙放置的长椅，甚至沿墙的凹入处，都可以供人坐下来休息、停靠。在商业建筑的入口灰空间，有时会临时成为一个表演舞台，举行各种商品促销展示活动。正是由于具备了各种条件，室内活动与室外活动才都可以在界面进行。最后，建筑界面因为处于街道空间的边缘，所以为街道中驻足欣赏街景的行人提供了最佳条件，并且容易获得安全感。爱华德·霍尔指出，处于森林的边缘或背靠建筑物的里面有助于个人或团体与他人保持距离。人在建筑物外墙边坐着，比坐在中间暴露得要少得多。当人的背后受到保护时，他人只能从面前走过，观察与反应就容易得多。同时，发生在界面附近的休闲行为也是界面形态形成的依据：商业建筑需要大量人流的进进出出，其建筑界面一般都比较流通，布置上更有吸引力。

图1-26　建筑界面
大同东南邑历史文化街区/来源：谷德网，象界设计机构

3. 建筑界面轮廓设计

建筑界面形式的起伏变化影响到街道的空间感觉。建筑的平直轮廓使街道轮廓线因变化少而失去丰富、细腻的主调，轮廓线既不能过于整齐而显呆板、无人情味，又不能过于繁杂、失去控制。自古至今，建筑界面的形式丰富多样，下面仅就一些立面形式所产生的空间效应，进行探讨。

（a）　　　　　　　　　　　　　　　　　　　　（b）

图1-27　街道界面
（a）来源：视觉中国，Gary Yeowell/Getty Creative摄影；（b）来源：视觉中国签约作者

（1）悬挑：建筑上部悬挑，可以从视觉上拓宽空间，促使内外空间融合，吸引人们对建筑底部的注意并提供庇护场所。悬挑形式多被街道中的商业建筑界面所采用（图1-28）。

（2）架空：建筑底层架空，可促进空间的交流和渗透，并可用作借景，而不破坏其限定作用（图1-29）。

（3）退层：建筑立面逐渐呈台阶式后退，空间层次丰富，减少了临街大体量建筑对街道空间的压迫感（图1-30）。

（4）映射：利用大面积的反射玻璃，能映射出空间中的景物，隐匿自身形象，有后退融入背景中的效应（图1-31）。

（5）倾斜：可造成视觉上的错觉。向前倾斜，其空间效果同悬挑相似，闭合感较强；向后倾斜，其空间效果同退台相似，闭合感较弱（图1-32）。

（6）曲折：使街道空间具有运动感和很强的引导作用，不仅容易形成连续的界面，而且还容易与周围环境融合（图1-33）。

（7）扭转：建筑上下部分相互扭转成一定角度，意欲分别与街道空间中的有关界面或要素产生对话，通常以兼容的姿态融于街道空间之中（图1-34）。

（8）分离：建筑立面的"皮层"现象，使其内部功能和外部形式发生分离。"外皮"直接服务于城市空间，"内皮"则是内部功能的直接体现，互不干扰（图1-35）。

（a）　　　　　　　　　　　　　　　　（b）

图1-28　悬挑
（a）泰国网红社区商业The commons，来源：谷德网，W Workspace, Ketsiree Wongwan建筑摄影；（b）川西坝子火锅店，BEHIVE致野建筑，来源：有方空间，陈尚儒建筑摄影；（c）北京首开LONG街，来源：建筑学院网站，DONG建筑摄影

（c）

(a)   (b)

图1-29 架空
（a）杭州市海潮幼儿园，来源：建筑学院网站，苏圣亮摄影；（b）南开大学海冰楼，来源：有方空间，陈颢摄影

图1-30 退层
北京三里屯太古里西区，来源：建筑学院网站，雷坛坛、朱雨蒙摄影

图1-31 映射
现代集团高级外贸商场1号馆，来源：建筑学院网站，Yong-joon Choi摄影

图1-32 倾斜
台州Z中心/GAD设计事务所，来源：触摸边际公众号

图1-33 曲折
"垂直峡谷"，来源：建筑学院网站，MAD建筑事务所

图1-34 扭转
泰特现代美术馆新馆，来源：INTERNI设计时代，Tate Morden摄影

图1-35 分离
BEN MSIK花园，来源：建筑学院网站，Alessio Mei摄影

图1-36 建筑入口
来源：建筑学院网站，Mario Wibowo摄影

1.6 案例分析

1.6.1 The Silver Lining House / Studio Lawang

　　这个项目始于对美好未来的憧憬。客户一家为了子女教育搬迁到雅加达。地块面积为8m×20m。为了最大限度地增加日照、通风和雨水收集面积，设计了一条90cm长的小巷。

　　设计开始时，首先将风水学中的九宫格叠加到小区中作为指导，每个方格都有特定的区域或功能。设计时严格遵守这一指导原则，从本质上塑造了平面图。按风水要求，平面图被分割得相当开，这使得建筑师决定用一种更微妙、更平静的方式来表达外墙：一个简单的白色盒子，白色的外墙使用纹理涂料来营造层次感（图1-36~图1-40）。

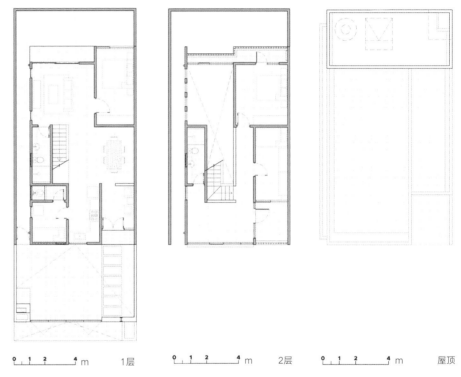

1层　　2层　　屋顶

图1-37 平面图
来源：建筑学院网站，Mario Wibowo摄影

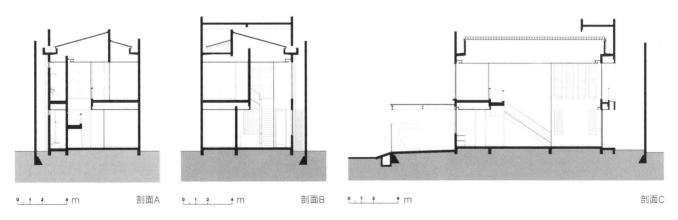

剖面A　　剖面B　　剖面C

图1-38 剖面图
来源：建筑学院网站，Mario Wibowo摄影

在建筑空间的处理上，前后内院的设置，使居住功能很好地与外部公共空间相分离。空间从公共到私密的行进中具有渐进性，建筑侧面设置狭长空隙，使新建建筑回避了与原有房屋的矛盾。室内空间中，起居室设置通高，使相对局促的面积有了充分的视野，空间顿感开敞。在卧室等私密空间中，也可利用阳台与庭院形成内外良好的互动。

选用透明的阳极氧化铝窗、不锈钢栏杆和裸露的下水管，与白色外墙相得益彰。平静的白色外墙也有不同的含义。对于这个家庭来说，搬到一个新的城市意味着要抛弃舒适的生活环境，开始人生的新篇章。空白的白墙代表着一页洁净的纸张，代表着对美好未来的希望和梦想。

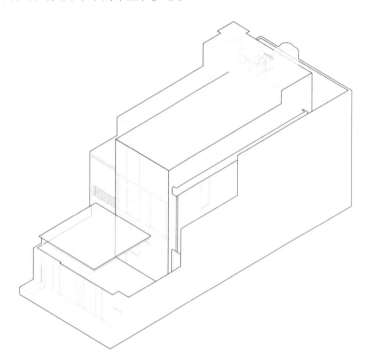

图1-39　轴测图
来源：建筑学院网站，Mario Wibowo摄影

（a）建筑入口　　　　　　　　　（b）建筑庭院　　　　　　　　　（c）建筑通道

图1-40　建筑内、外观
来源：建筑学院网站，Mario Wibowo摄影

图1-41　建筑入口
来源：建筑学院网站，ESA摄影

1.6.2　Climax 音乐工作室 / Endless Space建筑事务所

Climax音乐工作室是Endless Space 建筑事务所设计的影视音乐工作室项目。在这个项目中，建筑师在规整的格局里做出了动态的空间（图1-41～图1-44）。

建筑师在设计之初注意到，项目所在园区已入驻的大部分工作室在空间感上都相对局促，比如：入口处缺乏开敞一点的空间，走道空间狭长迂回、占走了很大一部分的场地宽度。建筑师认为这是一个让他们很感兴趣的挑战，他们将这个项目设计研究的重点放在：如何在狭长的场地里把空间感做大。Endless Space的建筑师通过这个设计传达一个理念：功能性再强、看似理所应当封闭、憋屈的空间，也是可以通过设计变得流动起来。

Climax音乐工作室的场地宽7.2m，进深20m。具体功能需求包括：录音间、大小控制室、4个编曲室、商务会客及看片室、储藏室、音乐制作人起居室以及排练休息空间等。

设计之初，进深大、小房间多，场地要被交通空间占掉很大一部分面积。这里的设计策略是嵌入局部放大的空间序列，叠加不同标高上的走道，使之扩大成为内部公共空间；走道的两端设置放大的空间，利用人们的感知时间差，来缓解狭小空间带来的局促感。

错层叠加的走道带来空间趣味性。工作室需要很多功能空间，必须通过做夹层增加面积方可容纳。原建筑主体结构为钢结构，局部夹层尽可能地利用梁窝空间。局部隐藏原建筑的钢梁，钢梁暴露出来的部分强化了空间的节奏，将结构转化为美的表达。下挖保证一层核心功能空间具有足够的净高。

（a）内部空间

（b）内部

（c）入口

图1-42　影视音乐工作室
来源：建筑学院网站，ESA摄影

图1-43 平面图

来源：建筑学院网站，ESA摄影

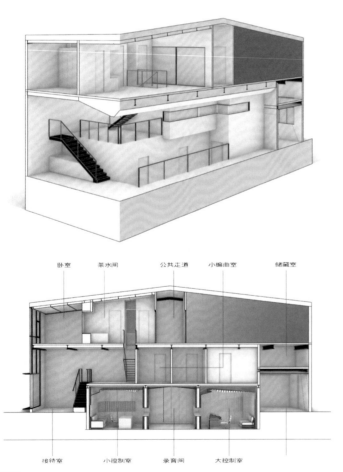

图1-44 轴测图

来源：建筑学院网站，ESA摄影

1.7　优秀学生作业

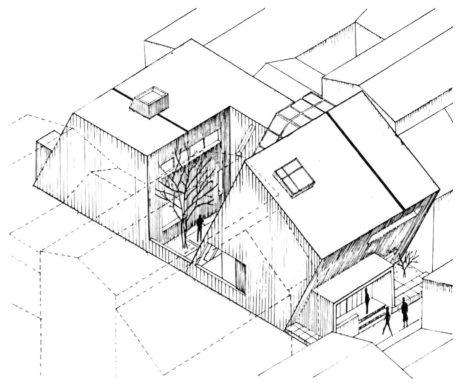

作业1：建筑学专业2019级　庞富元

1. 场地条件

本次设计任务基地位于呼和浩特市大召寺附近的塞上老街，这是一条具有明清建筑风格的古街。设计任务是设计一间建筑面积200m²左右的艺术家工作室。实地调研发现，基地所在位置南面是宁静的小区内部道路，北面是一条繁华的旅游商业街，主要经营各类特色小吃以及传统工艺制品，比较有特色的有皮画和银器，因此考虑结合此特征设计一间皮画艺术家工作室，集展览、接待、工作和生活等功能为一体。基地形状为长方形，是夹在两座明清风格仿古建筑中间的一块空地，两侧建筑北面为二层高的商铺，南面为一层高的庭院，在特征如此明显面积又稍显局促的基地上设计一个功能不同于周边商铺的建筑，必须要认真考虑与建筑和环境的关系，既要满足建筑的功能需要，又要与环境融合。

2. 体块造型

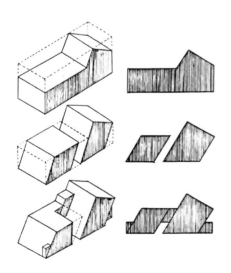

本次课程设计作业就是基于建筑与环境的关系进行设计，体块为两个四棱柱体组合而成，从剖面看是两个大小相同的直角梯形，像是一个长方形从中间斜切后旋转组合放置，如此的剖面形式很好地与环境融为一体，北面的四棱柱最高处与两侧建筑屋脊连成一条线，直角边则与两侧商铺一层屋檐边缘平齐；同样的，南面的四棱柱最高处与两侧建筑南侧屋脊相连，锐角边也限制在两侧建筑墙角线的位置，如此一来，整个工作室没有任何一点高出两侧建筑，又最大限度地利用了空间。在满足前面与环境相协调的条件下，北面入口处的倾斜，一定程度上可以远离商业街的喧嚣，南面的倾斜则可以增加南向采光面积，两个体块之间空出的间隙则可以打造一个庭院，给内部空间带来更多通风和采光。

3. 功能流线

体块造型确定以后,大体的功能布置也有了答案,临街的体块为接待与展览,工作与生活则安置在南侧的体块内,动与静、开放与私密被庭院隔开。北侧一层接待二层展览,南侧一层生活二层工作,北侧主入口主要接待客人,南侧次入口主要为满足艺术家日常生活出入的需要。两个入口都在东面一层,所有的内部交通空间都在西面二层,南北工作室和展厅之间有玻璃连廊连接,同时接待室与生活区也可经过庭院连通。游客从商业街通过接待区可上二层展厅参观,艺术家接待完客人可以通过庭院回到起居室,在工作区创作的作品也可以直接运到展厅进行展览。

4. 建筑空间

整体建筑由清水混凝土砌筑而成,入口与窗框采用红色耐候钢板,建筑两侧紧贴旁边建筑无法开窗,便只能在屋顶上多开天窗,三个天窗凸出表面,两条细缝切割整个屋面。从剖面来看,前后的倾斜墙体形成的空间难以利用,可通过几种不同的方式来解决此类问题:首先,主次入口都采用由垂直的方盒子插入的手法,消解了近距离面对倾斜墙面的不适,前后的出入口盒子位置相对高度相当,从剖面看像是一个长方体贯穿整个建筑;其次,接待室与庭院之间用一排倾斜的柱子延续了上方的斜面,也留出一条走廊,与连廊下方的茶室将庭院划分为不同感受的三个部分;最后,通过布置家具来利用空间,在墙体与地面形成锐角的位

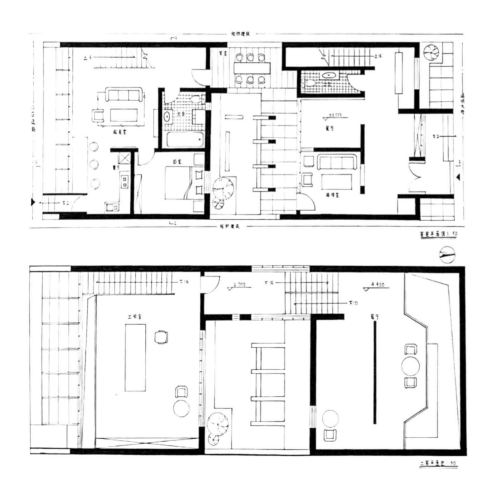

置靠墙放置桌子，如此一来桌子上方的空间也可以很好地利用，在墙体与地面形成钝角的位置嵌入条凳，向后倾斜的墙体可以作为靠背。

5. 模型图纸

图纸表达是一大败笔，手绘时过于谨慎，担心出错，除基本该表达的东西以外不敢多加一笔，导致整体缺少张力，没有任何亮点。应该要大胆一点，可以通过加重阴影、加粗轮廓等方式增加黑白对比，可以多画一些配景烘托氛围，也可以将环境表现得更清晰来突出建筑的特点，甚至排版方式也可以依据整体建筑倾斜的角度来创新，总之设计内涵固然重要，但能吸引人眼球的表达也是必不可少的。

6. 总结反思

这次课程设计是我比较满意的，简洁明了的体块、奇特的造型完美地契合了环境，这个建筑放在其他任何一个地方都显得很不合理，但在这个基地条件下是合理的，是一次从建筑与环境关系出发进行设计的大胆尝试。当然现在回头看也存在不少问题，主要体现在内部空间布局上，基地面积比较局促，导致有些空间过于窄小，如庭院的走廊、茶室以及接待室的厕所，其实这些问题也是自己设计逻辑的混乱与设计手法的缺乏，缺少对整体的把握与掌控，在一些细节的地方徘徊犹豫，最后再把所有细节拼凑在一起造成的。后阶段缺少回溯改变的勇气，确定了一个空间就不想再去调整，但其实建筑是一个整体，重要的是各部分的协调，要敢于舍弃和改变一些既有的东西来达到整体的和谐与统一。

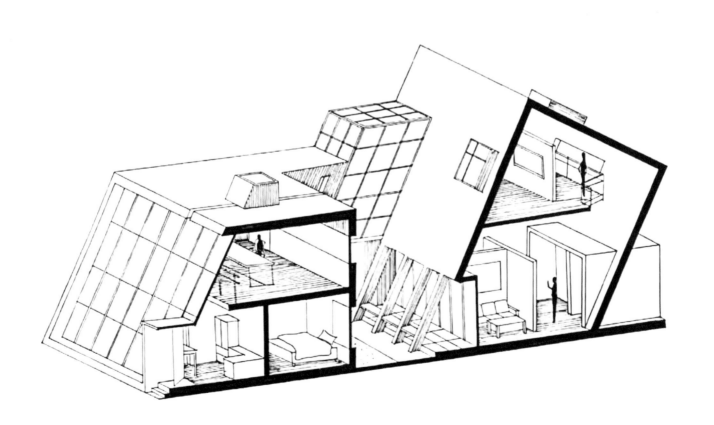

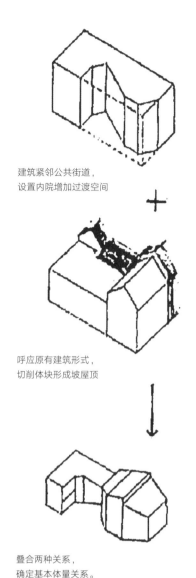

建筑紧邻公共街道，
设置内院增加过渡空间

呼应原有建筑形式，
切削体块形成坡屋顶

叠合两种关系，
确定基本体量关系。

作业2：建筑学专业2019级　张铭轩

1. 设计概念

　　本次设计场地位于呼和浩特市大召寺附近的塞上老街，场地内分布大量晋风传统民居，在归绥古城时期就形成了"路-街-巷-院-屋"的独特空间序列并延续至今。设计期望呼应场地原有的地域特色，保留场地旧有人群的行为记忆；同时，梳理"公共-私密"两股人流及其所属空间的关系，实现"隔而可感"的空间体验。

2. 方案生成

　　（1）体块生成。首先，新建建筑的形式应当顺应原有场所建筑特点，延续"院-屋"的空间层次，设置内院。考虑到建筑对场地人群的影响，将内院入口处斜切一刀，形成喇叭口形状，减少入口压迫感，吸引路过人群的自然流入。同时，斜切的手法塑造了由公共街道进入建筑时"宽-窄-宽"的空间结构，加强了"别有洞天"的空间感受，强调了内院本身。从人群体验层面来看，窄处的空间卡口进一步加强了内院的围合感，也从人的视角强调了内院本身的活动。此外，

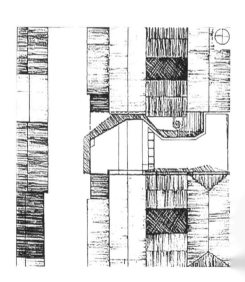

考虑区域特色建筑形式，调整立面轮廓。顺应周围建筑体块关系，削减南侧体块高度；统一屋面形式，削减形成坡屋顶。至此确定基本体量关系。

（2）流线梳理与功能区划分。根据任务书要求，将建筑功能与使用人群划分为两类：公共功能（区域游客及参观者使用）及私密功能（建筑主人使用）。首先，确定二者流线应当做到相互分隔，互不打扰。因此，将两类功能划分为两大区域。场地南侧临居民区，北侧临商业街，南侧人流量小且更安静、私密，北侧人流量大且吵闹、公共性强。因此，将私密区域安置在建筑南侧，将公共区域安置在建筑北侧。其次，为增加空间层次及趣味性，调整功能分布及隔墙材质，

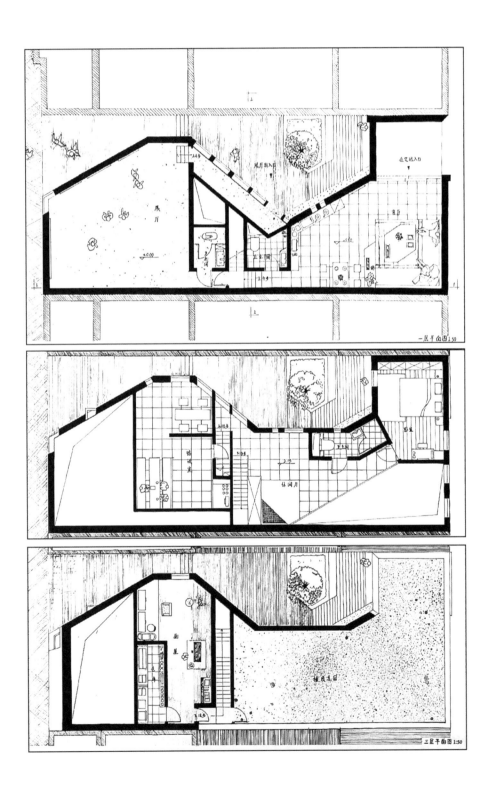

使两方可互相感知，形成介于"公-私"之间、两方均可受影响的区域，无形中在感知层面增大使用面积。最后，调整细节，打通"主人管理公共区域""客人看展、议事"等流线。另外，给予内院一定的灵活性。至此，建筑功能块分布与人群流线已经基本成形。在此基础上，内院连接卡口处设置折叠门，建筑有展览活动时将大门折叠，迎入人群；没有展览时关闭折叠门，形成一个完全内向的院落。

（3）基于空间感受的立面调整。区分人群活动，界定不同功能区域的氛围，调整界面虚实关系。总体上，形成两种特殊空间：C形空间及高窗空间。C形空间的地面、天花和单侧墙壁为实界面，另一侧墙壁大面积开窗。以内院进入展厅的廊道为例，面向内院的一侧直接以大面积玻璃构成，其余界面均为实界面，不开窗。廊道在空间感受上被纳入了内院，作为内院的拓展空间；高窗空间的墙壁上开高窗满足光线需求，但隔绝了室外对空间的干扰，在公共空间的展厅部分、私密空间的客厅部分均使用这种空间。

3. 设计表达

（1）模型制作：通过去掉一个界面以表现内部空间。在材料选择上取用白色雪弗板和亚克力板，尽量纯粹地表现空间关系；部分内部空间和外界面采用木表皮、水泥板和布料三种材料，并放置少量家具模型与人体模型。总体上，内部模型和附加材质扰乱了空间、光影表达；外部表皮未深入推敲，纹理表皮比例过于夸张，不如素模的表现力。

（2）图纸绘制：以单纯的黑白关系表达，通过深浅、明暗凸显设计内容，强调空间关系。但忽略了图纸绘制应当以清楚简洁表达设计思想与结果为首要任务，图纸缺少对设计方案生成与推进的叙述，并未清晰完整表达设计思路，缺少设计方案合理性论述。

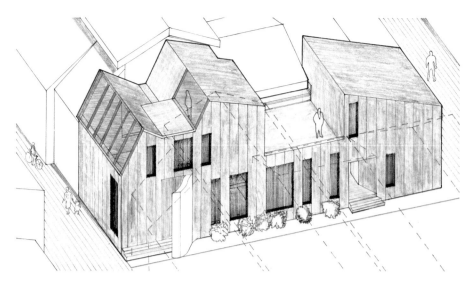

作业3：建筑学专业2019级　胡坤

1. 设计概念

　　本设计场地位于呼和浩特市大召寺附近的塞上老街，这是一条具有明清建筑风格的商业街。拟在此场地设计艺术家工作室。基地为商业建筑间一个长条形的空地，东西向窄，两侧有屋檐的挑出，南北向长，北向临街。设计注重环境呼应、关系处理，打造一座现代艺术的创作空间。在设计艺术家工作室时，重点考虑了以下几个问题：①环境关系和形体生成是很重要的。艺术家工作室所在的商业街具有较强的历史文化氛围，因此设计方案考虑了商业街的历史和文化背景，与周围的建筑环境相协调并融合。同时，工作室的设计需要有良好的自然采光。②功能需求：需要了解艺术家的需求，确定工作室需要什么样的功能。初步确定一个定位，根据需求来设计空间布局和设施。③设计时需要考虑诸多关系。（a）空间与功能的关系：应考虑各个区域的功能需求，如画室、储物室、卫生间等，同时也要考虑这些区域之间的相互关系和空间流通的问题。（b）艺术家与观众的关系：艺术家工作室也兼具展示空间的功能，因此考虑如何平衡工作和展示的需要。（c）私人空间与公共空间的关系：工作室通常包含私人和公共两种空间，应考虑这两种空间的布局和设计，以满足艺术家的工作需求和日常生活需求。（d）动态与静态的关系：需要考虑人在工作和休息时的需求。例如，艺术家需要一个安静的环境来进行绘画创作，因此可以设计一个相对隔离的画室；为了缓解工作中的疲劳，也需要为艺术家提供一个放松的休息区。

2. 方案生成

　　场地位于历史文化街区，在做设计之初考虑的还是呼应周围建筑、融于街区环境、与整体风貌相衬。在初步的形体生成方面也是基于这一设计目的。在用地范围内首先确定矩形的建筑体量，其高度不超过两侧建筑的屋脊高度。场地两侧建筑为院落形式，呈现北高南低的特点。为呼应整体环境，在体块的处理上便将南侧压低，在中部做适量切削，在有限的场地中形成室外空间，这部分空间是内向性的。经过这一步切削，体块在水平向上可以分成三部分。

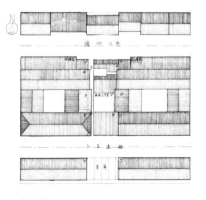

总平面图

在公共性与私密性、动态与静态等方面的思考：北侧商业街是当地居民和游客的热门目的地，属于动态环境，南侧衔接城市居住区，属于静态环境，设计需要考虑到人群的活动和流动。考虑到艺术家工作室需要一定的私密性，可以引导人流进入工作室，但同时也需要保持良好的隐私性。在这个商业街考虑人群活动的时间性：对游客来说，晚间人群活动较多，其余时间段较少；而对艺术家来说，白天是其创作的主要时间，在晚上则要休息。为了平衡多种关系，将展厅与工作室放在北侧，工作室放在上部安静、不受干扰的区域，有一定的私密性。展厅在下部与道路联系，以在商业街中突出工作室的特色和展示效果，有一定的开放性。南侧放置生活起居相关功能模块，与南侧的小区联系，生活便利。总体来说，这样的处理使得这个工作室更偏向于内向性。

建筑的外部形式应当与其内部的功能紧密相连，使其具备一定的实用性和美感，做到形式与功能的统一。以艺术家工作室的设计来说，工作室对于光的要求较高，外部的折型屋顶呼应了周围建筑传统的双坡顶，同时在折型屋顶上进行开窗，满足了画室利用高侧光的需求。高耸的屋面也满足大幅画作创作与展览的需求。

3. 设计表达

设计最终还是要表达到图纸与成果模型上的。

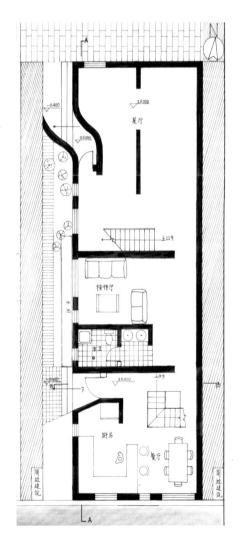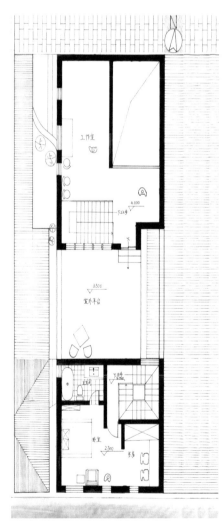

图纸中要注重思考逻辑性的表达，这是图纸中的分析图部分，包括前期、中期、后期分析；要注重制图的规范性与表达的清晰度，分出表达的层次，分好线性，掌握好规范；要注重表达的艺术性，要抓人眼球。画效果图时，就要考虑这张图要表达什么，要突出重点，清晰明了，在艺术方面就是构图、光影、比例等方面的内容。

就模型来说，过程模型很重要，它是设计者思考推敲的工具。设计者有一个大概的设计意图，所做的东西无论要突出于环境还是消隐于环境，无论是要用什么操作手法，过程模型都是最好的推敲工具。成果模型是对设计的表达，包括空间、形式、材料、质感等内容，因此要注重模型的干净、美观。

4. 总结反思

现在回想当时的设计，觉得设计时针对问题的解决策略还是有待提高。呼应传统不应是简单地照搬传统建筑的样式，而应在保留传统建筑特点的基础上，大胆运用操作手法，营造空间，设计形式。在这个设计中，操作手法简单，室外空间不够丰富，建筑缺少凹进凸出变化。多阅读理论书籍，多实践设计手法还是很有必要且重要的。虽有许多不足，但通过这个作业的训练，我对于场地、环境、建筑、空间、形式、功能等有了进一步的理解，在制图表达等方面也有了一些进步。

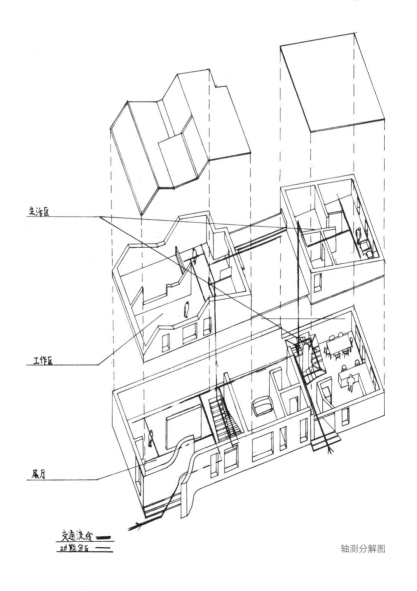

生活区

工作区

展厅

交通流线
功能分区

轴测分解图

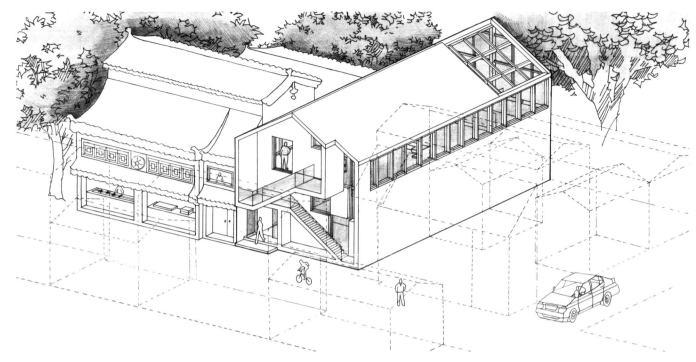

作业4：建筑学专业2019级　刘济楚

1. 设计概念

  本设计场地位于呼和浩特市塞上老街，该目标建筑立足于古建筑群中，选取周围建筑中的元素形成双坡顶的造型，同时运用现代几何元素形成建筑造型，使建筑生于环境而不与环境全然融合。建筑以嵌合为设计概念，意图通过虚实的体块嵌合来实现空间的虚实对比，形成不同的空间氛围，从而满足艺术家会客和居住的不同需求。

2. 方案生成

  第一步是确定设计的形体。由于形体需要和环境产生关系，所以从周边建筑中提取双坡顶元素作为建筑的总体形态。同时考虑到周围建筑北高南低的特点，故在形体嵌合时，将南部设置为玻璃材料形成虚空间，削弱建筑南部的体量感，从而呼应场地。第二步是内部空间的划分。任务书要求建筑规模为200m²，需要包含艺术家工作区、生活区、会客展示区以及其他交通、辅助、景观和自由空间，所以在进行设计时首先进行了公共区域和私人区域的划分。由于我设计的建筑是纪录片导演工作室，所以在功能设置上存在放映厅等暗室的需求，综合人员流向考虑，将一楼作为会客及活动的公共区域，二楼作为私人居住区域。第三步是空间上的操作手法。首先，在内部空间的操作上采用和形体一致的虚实嵌合操作，形成空间的对比，从而在基调统一的层面上形成变化，丰富空间。一层的会客展示区处于实体围合的状态，故插入虚体的玻璃盒子作为门厅进行流线调节，尽可能减少在放映时人员活动对观影的打扰。二层的居住区处于通透的虚空间，故插入实体的盒子作为卫生间，增强私密性。其次，在空间设计上采用了引导和暗示的手法，在二层东侧地板上设置一层的玻璃天窗，形成进入一楼工作区通道暗示。最后，细节上的设计。一是一层放映幕布和玻璃门厅的东侧对齐，在影片

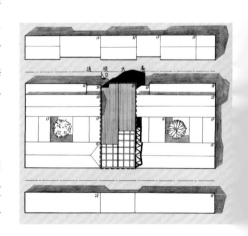

放映时和不放映时形成两种不同的活动流线，同时避免东侧天窗的光照影响。二是将卫生间入口安置在观影台后方，避免在放映时人员活动对观影的打扰。然后将工作室和居住区的流线贯通，满足艺术家基本生活工作的需求，使艺术家的使用流线和参观者的流线互不打扰。三是将二层实体屋顶下空间设置为起居室，保留空间一定的私密性，将二层虚体屋顶下的空间设置为运动及活动空间，可以更好地与自然光接触，同时屋顶采用格栅设计，在阳光洒入时可以得到丰富的光影效果。

3. 设计表达

在本次设计过程中，我首先尝试了同步进行模型推导和平面细化，这个方法

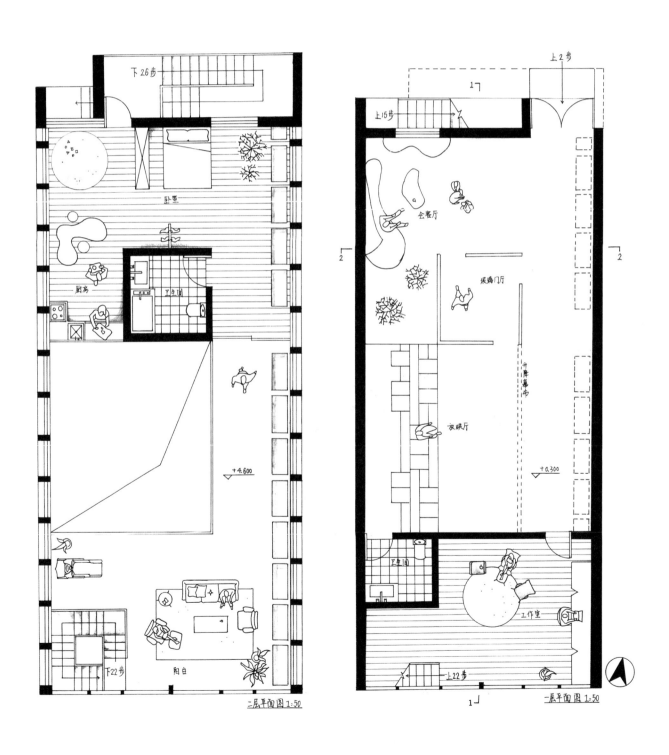

非常有效，因为它可以让形体和平面功能的结合更加紧密，并且可以得到一个功能完善的设计方案。通过进行同步的模型推导，我能够更好地了解形体的构造和它在实际使用中的功能。在这个过程中，我使用了一些计算机软件，它们能够以三维的形式帮助我形成一个更加清晰的想象。并且我总结了这个设计的需求，以便更好地选择最合适的方法来解决问题。在同步进行的平面细化中，我开始将3D模型转化为二维平面图形，并将其细化到最适合的比例和尺度。通过这个过程，我可以更好地理解建筑的基本形状以及它们是如何组合在一起的。在最后的图纸表达上，干净简洁的图纸可以最直观地看出设计的重点和细节，所以在图纸绘制时更应注意准确地将设计重点和细节体现在图纸上，避免过度的装饰性元素掩盖设计本质。前期推导时多采用SU模型，设计方案可视化可以更好地帮助我深化概念和改善细节，更加清晰地展现设计思路和确定设计方向。最后成品模型运用了木板和亚克力板进行制作，基本还原了我最初的材料构想。为了更好地展现模型尺度，我们在模型内和周围放置等比例小人，以便更直观地体会模型尺度。

4. 总结反思

在设计中，我通过深入研究了解了体块生成的方法，同时初步掌握了建筑空间操作的技巧。通过对这些技巧的研究和实践，我了解了如何使用它们来达到更好的设计效果，让建筑空间更加丰富和流动。并在逐渐优化设计方案中，确保其在视觉和使用上都能得到最佳的效果。我也学会了如何在设计中运用色彩理论和材料选择来达到所需的表现效果，通过对不同材料性质和特点的了解，也更好地理解了它们在建筑中的应用。

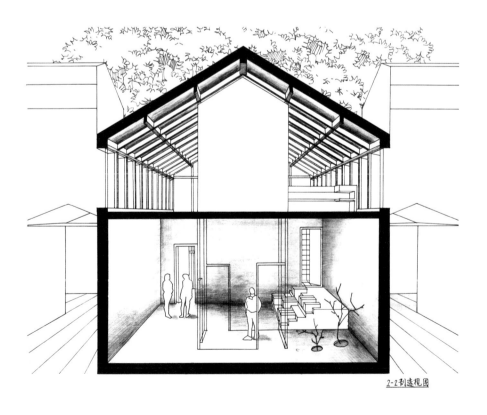

2-2剖透视图

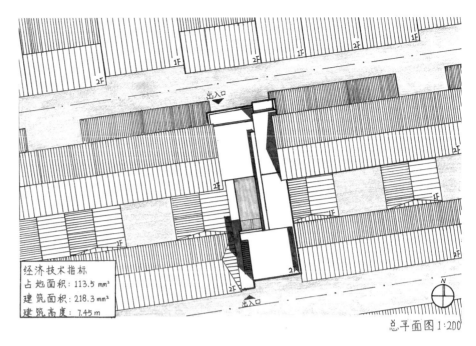

经济技术指标
占地面积：113.5 mm²
建筑面积：218.3 mm²
建筑高度：7.45 m

总平面图 1:200

作业5：建筑学专业2019级　蒋慧佳

1. 场地条件

　　该设计场地位于呼和浩特市中心，周围交通繁忙，人流密集。同时，由于其靠近大召寺，存在一定的宗教氛围。此外，该场地所在的商业区是呼和浩特市最繁华的地区之一，商业活动频繁。这些环境因素都会对建筑设计的选择和实现产生影响。

　　首先，对于场地的环境分析，我们需要考虑以下几个方面。

　　（1）气候条件：呼和浩特属于温带大陆性气候，夏季炎热干燥，冬季寒冷干燥。因此，在设计中需要考虑采光、通风、保温等问题，以确保室内舒适度。

　　（2）噪声状况：由于场地位于闹市区，周围存在噪声污染源。因此，在设计中需要考虑采用隔音措施，以减少噪声对人体的影响。

　　（3）空气质量：呼和浩特市空气质量较差，存在一定的空气污染问题。因此，在设计中需要考虑采用空气净化设备等措施，以保证室内空气质量。

　　其次，对于场地本身的特点分析，我们需要考虑以下几个方面。

　　（1）空间限制：该场地狭长，且位于两栋商业建筑之间，这就限制了场地的通行和采光。因此，在设计中需要充分考虑如何利用有限的空间，提高建筑的使用效率和舒适度。

　　（2）地形条件：该场地地形较为平坦，没有自然高差。因此，在设计中需要考虑如何利用地形来创造空间层次感和视觉效果。

　　（3）光照条件：该场地光线较为充足，但存在阳光直射的问题。因此，在设计中需要考虑采用遮阳措施或开窗通风等方式来平衡室内光照和温度。

　　最后，对于建筑的功能需求分析，我们需要考虑以下几个方面。

　　（1）艺术家工作室需求：作为艺术家的工作室，需要有充足的自然光线和通风条件，以及合适的展示空间和储藏设施。此外，还需要考虑如何满足艺术家的工作和生活需求。

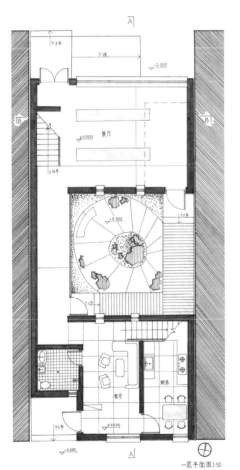

一层平面图 1:50

（2）居住需求：除艺术家工作室外，该建筑还需要兼具居住功能。因此，在设计中需要考虑如何合理分配空间，满足生活需求。

（3）展览需求：作为艺术家工作室兼具展览功能的建筑，需要考虑如何设置合适的展览空间和展示设施。此外，还需要考虑展览行为。

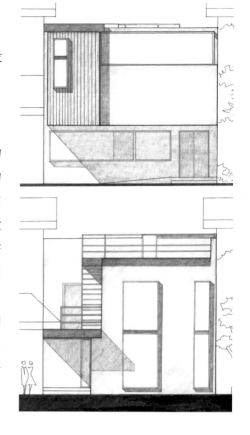

2. 方案生成

在设计过程中：①确定建筑用途和功能：艺术家工作室兼具展览和居住功能。②确定建筑位置和周边环境：建筑北侧为呼和浩特塞上老街，是具有餐饮功能的闹市区，南侧为安静的居住区。③设计建筑外观：采用现代简洁风格，以白色为主调，搭配灰色、木色等辅助色调，使建筑与周边环境相协调。同时设置大面积采光窗，保证室内明亮舒适。④划分建筑内部空间：根据艺术家工作室的需求，将展览区、会客区、创作起居区等功能区域进行合理划分。⑤设计入口和出口：在建筑南侧设置宽敞的入口和出口，方便人们进出建筑。⑥考虑交通空间：在建筑周围设置合适的停车场和人行道，方便人们停放车辆和步行通行。⑦完善建筑细节：在建筑外立面设置艺术品展示区，展示当地艺术家的作品；在建筑内部设置艺术装饰品，营造浓厚的艺术氛围。通过以上步骤的设计，最终生成了一座符合艺术家工作室需求的现代化建筑。

3. 建筑空间

建筑采用黑色长条凸窗和木饰面相结合的设计，营造出现代简约、高贵典雅的空间氛围。在北侧的展览区开长条的顶窗，适宜展览，南侧开较大的长窗，使居住区明亮适宜。同时，建筑南侧拥有屋前的独立花园，为居住者提供了一个私密而美丽的休闲场所。建筑中央有一个挖空庭院，其中是类似枯山水的设计，从展厅与走廊都可以看到。进入建筑内部，宽敞明亮的大厅让人倍感舒适。大面积的玻璃幕墙让自然光线充分照射室内，营造出通透明亮的感觉。大厅内设置了多

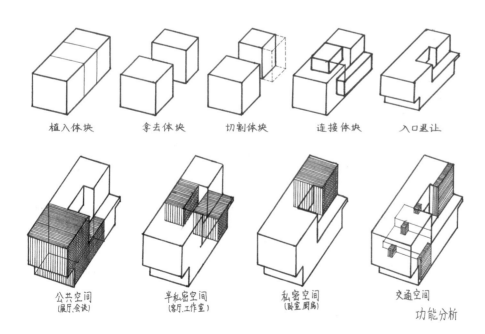

| 植入体块 | 拿去体块 | 切割体块 | 连接体块 | 入口退让 |

| 公共空间
(展厅、会谈) | 半私密空间
(客厅、工作室) | 私密空间
(卧室厨房) | 交通空间 |

功能分析

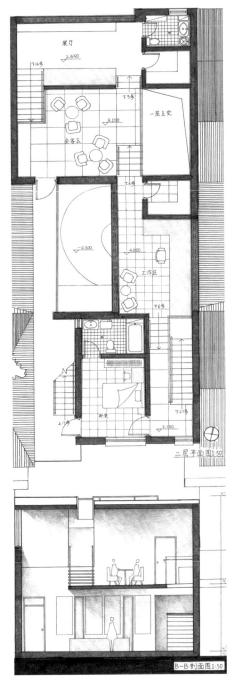

个艺术品展示区，展示着当地艺术家的作品，增添了艺术气息。此外，大厅还设有休息区和咖啡厅等功能区域，方便人们进行交流和休息。沿着楼梯上行，进入展览区。这里是一个宽敞明亮的空间，适合举办各种展览活动。展览区的天花板采用了大面积的采光玻璃，让自然光线充分照射室内，营造出舒适自然的氛围。此外，展览区还配备了专业的灯光和音响等设施，为展览活动提供便利。进入居住区，可以看到南侧的大窗户使阳光透过玻璃洒进室内，整个房间变得温馨舒适。居住区内的卧室、客厅和餐厅等空间都采用了大面积的落地窗，让人们可以欣赏到美丽的景色。此外，居住区内还设有独立的花园，居民可以在家中享受到大自然的美好。总的来说，现代简约的空间氛围，私密而美丽的独立花园，以及建筑中央的挖空庭院为整座建筑增添了浓厚的艺术气息。

4. 功能与剖面

在整体的功能布局上运用了分区的手法。北边偏重于公共，南边偏重于私密，而中间则用客厅工作室这样的半私密空间进行衔接。这种布局不仅使空间的功能分区更加明确，还使整个建筑在视觉上呈现出一种和谐而富有层次的美感。在剖面设计上，巧妙地利用了天窗和二层不同的标高，来满足不同功能的使用需求，并增加了空间的层次感。天窗作为一种特殊的建筑元素，不仅能为室内带来充足的光线，还能在视觉上产生深远的效果。通过在不同位置巧妙地设置天窗，能够创造出一种层次分明的空间感，为整个建筑增添了一种灵动和活泼的气质。而二层不同的标高，则是在剖面设计中常用的手法之一。通过改变二层的标高能够在有限的空间内创造出更多的层次和变化。这种设计手法不仅能够满足不同功能的使用需求，还能使建筑在视觉上更加丰富多彩，可以获得更好的视野和采光效果。当将天窗和二层不同的标高结合起来考虑时，就能创造出一种既实用又美观的建筑剖面设计。天窗为室内带来了充足的光线和视觉上的延伸感，而二层不同的标高则增加了空间的层次感和变化性。这样的设计不仅满足了不同功能的使用需求，还使建筑在整体上更加和谐、美观。

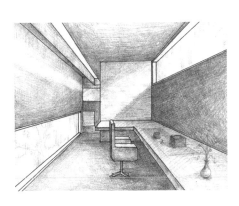

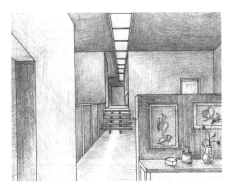

作业6：建筑学专业2019级　马晓伟

1. 区位分析

　　此次设计的场地位于呼和浩特市大召寺南门西侧的一条横街上，其东出入口处立一牌楼，名为塞上老街，该街为一条具有明清建筑风格的古街，全长约380m，被誉为老呼和浩特的旧影浓缩。任务场地位于塞上老街中部的一条南北空巷中，整体为长方形，东西各为老街原有仿古建筑，北部为一条美食街，南部相邻一条城市道路，与一住宅小区相望。在此次设计任务中，经初步实地调研发现，该任务场地北面的美食街人流量较大，整体环境较为嘈杂，而南面则相对比较安静。任务场地南北长20.8m，东西宽8.6m，而场地东西的原有仿古建筑高度大概在10m，因此该任务场地从人视点望去，显得较为狭窄且采光也不甚理想。

2. 设计概念

　　方案的形体从侧面看像一个平躺的字母"Y"，其设计的趣味性在于建筑中部的交通空间，通过一层的室内楼梯到达二层之后，便可以发现二、三层室内外楼梯形成了一个完整的联系室内与室外、上层与下层的交通体系，类似于默比乌斯环。来此参观的游客可以通过该交通空间，感受建筑的室内外氛围。建筑通过一、二、三层体块的退让交错，在场地南北方向上各形成了对应的室外平台，在不同平面层都形成了室外空间。游客在上楼与下楼的过程中，可以通过二层北面与三层南面的室外屋顶平台，体验到场地北面热闹与南面安静两种截然不同的环境氛围。

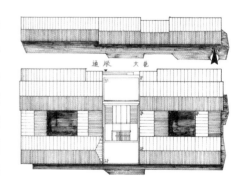

总平面图

3. 体块生成

　　首先，在用地红线内，置入一个与场地尺寸相仿的方形体块。由于该艺术家工作室需要包含艺术家工作区、生活区和会客展示区三个功能区，因此将置入的基础体块在垂直方向上一分为三，同时沿南北向进行体块的退让与交错，再结合场地南北部分环境条件的不同，分别将三个功能区安排在三个体块中。一层相邻北部美食街，人流量大，因此将艺术家工作室的会客展示区安排在一层空间，同时将观展主入口安排在北面一层，有利于周围的游客进入观展。二层的体块远离北部的美食街，邻近南部的居住区，环境更加安静，同时采光条件更加优越，将艺术家生活区安排在二层较为合适。三层则安排为艺术家工作区，虽然三层靠近北部美食街，但是通过垂直方向上的缓冲，环境相较于一层得到了些许调节，艺术家在此进行艺术创作，既不会脱离普通市民的日常生活，也不会受到环境太大的影响。同时由于体块的南北退让交错，在二、三层形成两个屋顶室外平台，二层室外平台结合环境条件，同样设置为观展空间，游客可以在此观赏展品，也可以一览塞上老街的风情。三层的室外平台则相对安静许多，因此设置为艺术家的创作与生活会客空间。最后，为了将游客流线与艺术家私人流线划分开来，在建筑的中部偏南，插入一个垂直交通盒，该交通空间的出入口设置在场地的南部，作为艺术家的私人入口。由于整个建筑的造型相对活泼，所以在材料的选择上偏向简洁，采用了混凝土浇筑的墙体，浅灰色也与周边的仿古建筑色调相统一。

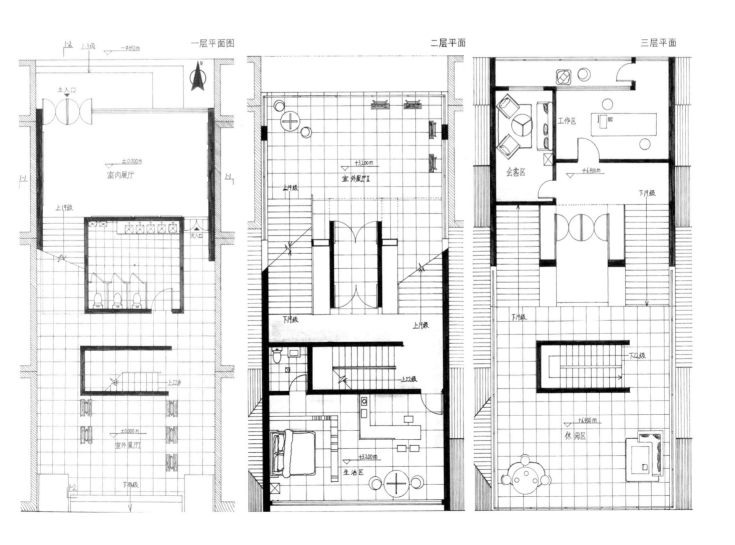

4. 总结反思

在此次设计中，我充分了解到实地调研对设计的重要性。在没有实际到场地中去时，我无法了解到这个场地最真实的情况，通过卫星图、实地照片等图片，可以看到场地的样貌、形状、地形、周边的建筑等，但无法切身感受场地中的声音、气味和氛围。一个建筑设计，不仅仅需要的是毫无依托的单一的形体上的美观，还需要这个建筑与所在场地，与周围的建筑、环境、色调、风格等产生联系，同时还要充分考虑到场地周边人群的构成，使得建筑与场地、建筑与使用人群产生对话，让建筑不再是一个冰冷冷的砖与混凝土堆砌而成的物品，而是一个有着灵魂、思想与情感的个体。同时，在此次设计中我也存在着诸多问题，其中最大的问题是我仅充分考虑了南北和垂直方向上空间的处理，并未完全考虑东西方向上空间的设计，导致整个建筑只有两个维度的变化，缺少第三个维度上的空间体验，使得整个建筑在东西走向上的体验感较为单调乏味，从东到西甚至是一眼就可以望到头的状态。在这一点上我还需要继续改进，需要充分处理好建筑空间中各个维度之间的关系。

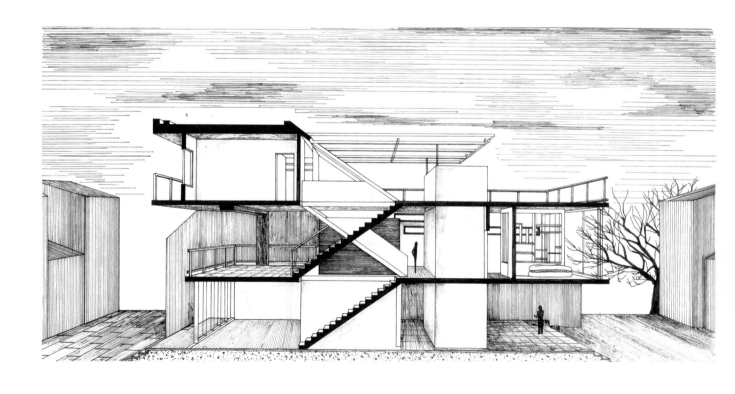

作业7：建筑学专业2019级　张琦

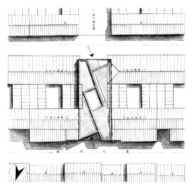

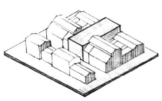

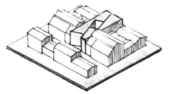

1. 设计概念

本设计以中间嵌入二层庭院为封闭的建筑引入光源作为主要核心，使较低层高的庭院享有充足的阳光，同时通过庭院将画家的私密空间与公共空间清晰划分，意在达到从"扭转"的庭院中仰望天空的效果。庭院与外墙形成恰到好处的角度，在周围留出了充足的空间，无须过道划分与连接，便自然分隔成不同功能的空间。这种布局加强了空间之间的联系，增强了住宅的凝聚感，方案还塑造出强烈的空间感，在整体外立面材质上，与周围的仿古建筑相互照应。

2. 方案生成

第一步是体量的确定。基地形状是一个长20.8m、宽8.6m的长方形场地，保持与周围的仿古建筑相似的高度，置入一个长方形的体块，顺应整体的环境肌理。由于占满的体块存在采光不足的问题，于是想到嵌入一个中间庭院，引入光源到一层空间。同时，由于流线和功能两方面的需求，一方面要满足艺术家私密空间的需求，另一方面要满足作为游客欣赏展厅的需求，所以将插入的体块进行角度扭转，与南侧的高楼形成同一个角度，既保持了肌理的一致性，又满足了空间功能的分隔。由于是在一个有历史感的小吃街区建立艺术家工作室，所以将入口向后退出一小段距离与小吃街的整体立面分隔开，凹进去的入口强调出体量。同时，在建筑的后面，作为艺术家的私密花园，也进行一个凹入的对称式布置，既满足了艺术家对花园的需求，又满足了整个形体的对称。第二步是平面的推敲。根据历史街区凹入的部分，作为展厅的主入口，供游客和周边的居民进来参观使用，在展厅的尽头布置休息区和卫生间，中间的中庭作为一层空间的天窗引入光源。展厅内部有一部直跑楼梯通入二层，二层空间中主要对游客服务的是休闲区，人们可以在二层嵌入的庭院里欣赏美景。

艺术家生活区域位于展厅的对立侧，艺术家可从南侧进入自己的生活区，北端安排了工作室作为艺术家的创作区域，因为北侧靠近比较活跃、生活化的小吃街，更容易激发艺术家创作的激情。二层中另一部分是艺术家的休息区。整体流线上，艺术家生活区域和艺术家作品展示区域流线互不打扰，可以通过中间的中庭空间在一层和二层进行串联，形成整体的流线通达性。平面整体铺装与室外形成对比差，在展厅部分与生活区部分也利用不同的铺装结构，产生材料的对比性。斜向的空间形成的角度经过合理利用，与周边的环境形成一种对比。第三步是立面的形成。整个建筑采用开大小窗进行采光，要求侧面与周围建筑形成的空隙也开窗，增加采光度，中间的中庭采用的是格栅窗户，既满足了采光要求，又形成很好的光影感，在不同时间段形成不同的光影变化。整体立面与周边的历史建筑立面采用一致的材质，既符合历史街区的历史厚重感，也通过体量的不同突出了其功能的特殊性。立面的开窗，根据整体立面凹入所剩下的部分进行开窗，沿街的立面主要开两个大的长方形窗，右侧开一条完整的长方形窗，使沿街立面更加通透，人们可以透过窗户看到内部丰富的空间层次和楼梯景观，南侧的立面开窗相对沿街侧较小，由于南侧有一个小院，为了保证艺术家的私密性，做了一个木制挡板进行围合。小院内部种植景观植物，探出挡板的高度，形成一种遮挡的美感，南侧门的雨棚也满足整体的高度，形成不同的高度视觉感。

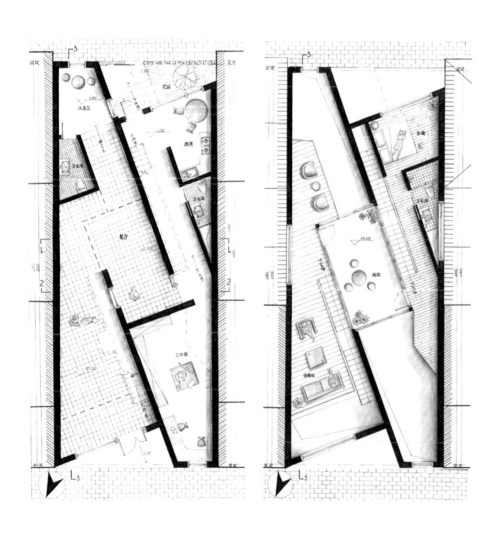

3. 设计表达

建筑创作是一项十分复杂的社会实践活动，所有从事创作实践的建筑师，都对其有自己的认识和理解。我们往往有这样的体会：即使面对相同的项目，不同的建筑师都有不同的思维过程和表达方式，这样就形成了不同的设计作品。所以，对于建筑师来说，设计的过程很重要，如何进行构思与表达也很重要。建筑设计是一个不断思考、不断表达的过程，是一种手、脑、眼循环往复，协调工作的过程。在整个过程中，构思与表达是互相依存的，一个阶段的思维必须借助一定的表达方式帮助记忆，借助一定的表达方式进行分析，从而有步骤地进入下一个层次。建筑师往往会有这种体会：构思是在草图的勾画中不断发展和完善的。因此，我们可以说，构思与表达的过程是由不清晰到逐渐清晰的非线性过程。在设计的表达上，图纸和模型的作用都十分重要。图纸可以最直观地看出设计的整体形象和细节，所以图纸需要精准干净。模型则方便进行多角度的观察，这个设计全程都是在模型上进行推敲，所以在成模制作过程中，可以注意到更多细节的问题。在模型的色彩上，我选择了灰色卡纸做墙体，还原历史街区肌理，内部墙体用木板材料，模型内外材质有所区别，产生对比感。图纸表达则要注意线型、技术图纸的正确性和表达的美观性，我在作业图纸表达的精准度上还有不足，线型区分不明显，配景不够美观，后期应进行改正。但通过这个作业的训练，我的模型制作水平和手绘图纸水平都有所进步，对空间塑造的理解也更加深入。

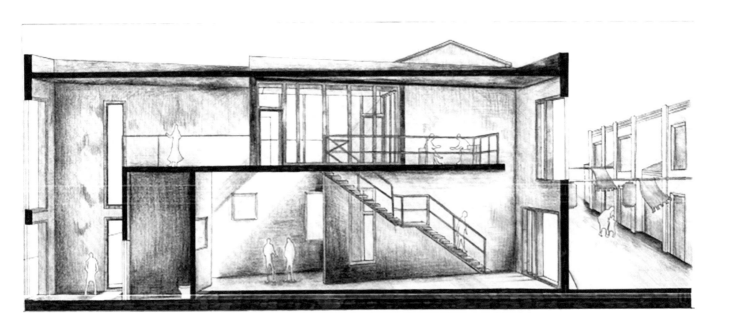

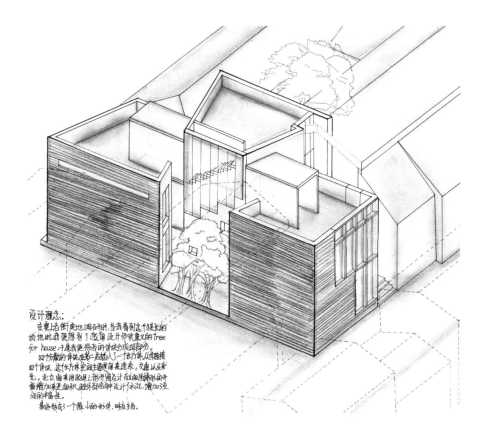

设计理念:
在塞上街奥地调研时,当我看到这个狭长的场地时就便想到了这种设计形式或意义的Tree for house 于是便将我的体块分成四部分。
四份散的体块在一起插入一个体不,从而连接四个体块,这长方体空间里便用来连系,交通以及采光。北边采用弧面曲上形问题设计在四周增加的弧形增加采用曲面的面积,使户外部空间设计的灵活,增加空间的趣味性。
最后构成3个像小桥小体,呼应景色。

作业8:建筑学专业2019级 曾水生

1. 设计概念

本次设计场地位于呼和浩特市塞上老街的核心片区,处于两个古建筑中间,为一个长20.8m、宽8.6m的长方形,十分狭窄,采光量少。北边紧邻塞上老街,人流量大且比较吵闹;南边是小区街道,相对安静。本设计的概念"幽曲"源于唐代常建《题破山寺后禅院》:"曲径通幽处,禅房花木深。""曲"译为弯曲,"幽"译为幽静的地方,即为弯曲的小路通向幽深僻静的地方。因此在方案中我融入了曲折的室外小路,在小路尽头设计了一个后院,使视野先狭窄后宽阔。小路将展厅和后院分割成三个独立的空间,同时将公共空间和私密空间进行分离。说到幽曲就不得不联想到山间峡谷,从而将山转译成形体。最后将水引入场地,沿着小路通向后院。最终形成以曲为面、以山为体、以水为景的山水画艺术家工作室。

2. 方案生成

第一步,形体生成。在场地中置入一个长方形体块呼应场地,利用概念中的"曲"对体块进行切割,切分成4个梯形体块,再将4个梯形体块前后左右移动形成路径与小院落增加空间丰富性,并且使每个梯形体块都有南向的采光。结合周边建筑高度,再将体块高度进行调整,第二个体块最高,第一、第三体块其次,第四体块最低,最终形成一个"低高低"的立面,呼应概念中的"山"。接下来进行体块减法,将第三个体块底层减去三分之二,形成一个架空庭院,主人能在这里进行一些户外活动,如烧烤喝茶;将第四个体块进行剪切,形成一个小亭

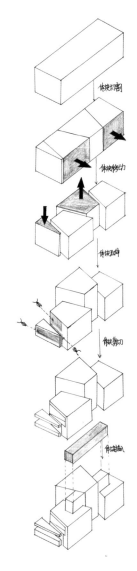

生成过程轴测分解

子，从而遮挡南边行人的视线，提高院落私密性，防止被外人打扰；最后插入一个长方形体块将分散的体块进行连接，让其形成一个整体。第二步，空间布置。根据场地中北边人流量大且比较吵闹的现状，将第一、第二个体块底层都布置成展厅，因为展厅为公共区域且对采光要求少，北侧也靠近主要街道，游客能更方便地进入看展，第三个体块底层为小茶室和架空庭院，主人在接待客人的时候可以在这里进行活动。第二层空间，第一个体块是客厅，客厅放这里的目的是让客人和主人能感受塞上老街的烟火气；第二个体块是餐厅与厨房，在客厅和卧室中间方便用餐；第三个体块是卧室和书房，放在这里是因为有最好的南向采光，也十分私密与安静；第四个体块有一个小阳台，供主人休息。第三层空间是工作室，工作室放在最上面是因为创作者希望不被打扰和有一个良好的采光环境。所有的楼梯都放在中间插入体块中，在这个连接体块中还置入了两个采光井，同时通过这个连接体块也可以通入各个体块的屋顶供主客观光。第三步，立面设计。

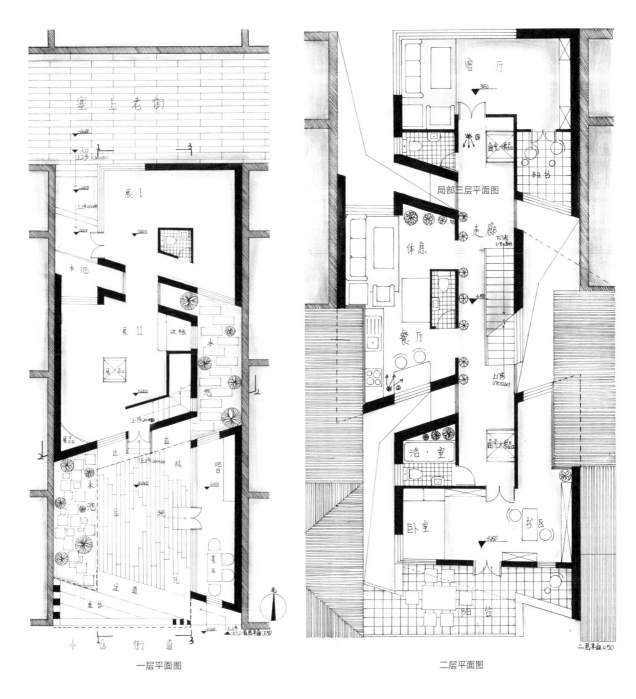

一层平面图

二层平面图

外墙用的是竹制模板的现浇混凝土，内墙用了当地的砖材料。通风的空腔将混凝土和砖墙隔离，采用这种方式能让体块更像是悬崖峭壁，让人如同置身于山间小路上。北立面开窗，主要采用L形大窗，目的是将展厅更好地暴露给游客，吸引游客进入。南立面主要采用角窗和小窗，防止太阳西晒和减少热量的散失。东立面第二个体块采用阶梯式玻璃幕墙，让立面形成破碎感，主人也能在此看到外面的景色。在连接通道中采用了采光井，增加过道的高度。

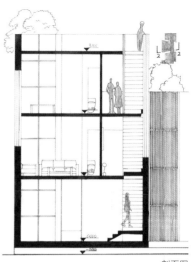

剖面图

3. 设计表达

此次作业的表达方法主要是采用黑白灰的线稿绘制A1图和最终展现的实体模型。图纸能表现方案的生成过程，能清晰地阐述功能分区，也能表现出与周边建筑的关系，同时也锻炼了手绘能力和排版能力。模型能帮助我们更好地推敲方案，控制整体体量关系，最后的实体模型也能更直观反映空间与人的关系，空间尺度是否合理，材质贴图的制作也能直观地看出哪种材质适合方案，什么颜色能更好地搭配周边环境，不同房间需要什么样的材质才能更舒适。

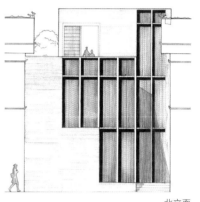

北立面

4. 总结反思

通过本次设计，我认为用实体模型推敲方案很重要，它能激发我的创造能力，可能一个不经意的切割就能推导出一个方案，而且最后实体模型的展现也能让我清晰地看到不同空间的尺度，能感受到空间设计是否存在问题，同时看到材料的质感。在平面布置时，我学习到了不同房间对采光的需求，也知道了功能动静的分区。在此次作业中我也发现了许多设计的问题，方案中我采用了斜切的手法，导致出现了很多锐角空间，还出现了一些黑房间，最初概念中连贯的曲折小路也被连接空间打断了。手绘图纸的能力不够，最终表现的图纸质量不高；在模型的制作中太注重细节的还原，导致花费了很多的时间，而且过多的布置失去了对空间最纯粹的体验。

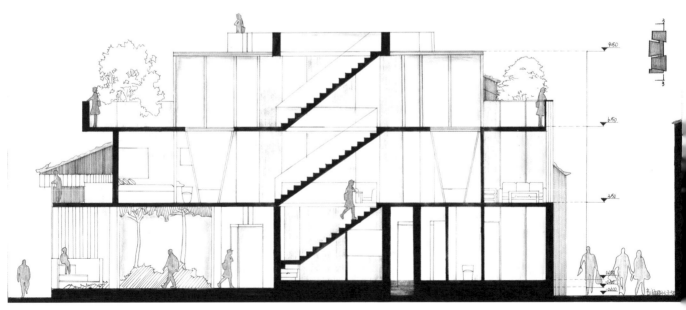

剖面图

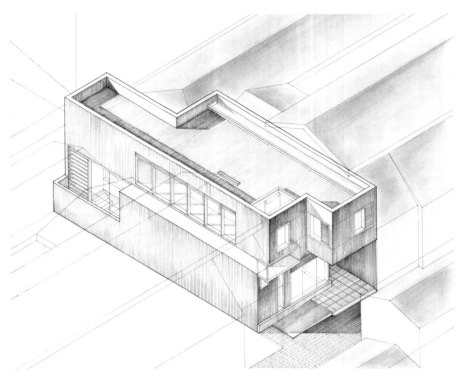

作业9：建筑学专业2019级　赵树杰

1. 场地条件

    该设计场地位于呼和浩特市塞上老街，老街内建筑体现着明清时期建筑的风貌特点，且建筑密度大，多为合院，沿街以二层为主。场地夹于东西两建筑间，北侧为商业街，较为喧嚣；南侧道路对面为居住区，较为静谧。场地总体呈南北长、东西短的狭窄矩形，形成了南北开放、东西封闭的条形空间，因此如何应对周边的历史建筑和限制性较强的狭小场地成为本次设计的主要设计难点。

2. 形式空间

    建筑对场地的呼应来自场地对建筑的限制。虽然历史建筑以封闭的侧面"冷落"着场地，但场地上空，两侧建筑的屋檐却从青灰的墙上伸入场地，仿佛是在以这种方式与场地交流，诉说着其背后的历史与文化。旧有建筑的屋檐带来了两种信息，首先是高度，北侧沿街为两层，南侧为一层，屋檐方向与高度也随其变化，高处檐下有8m，低处檐下有4.2m。其次是空间，空间分两种，一种是显露着的，是檐下灰空间；另一种是隐喻着的，是多个屋檐不同方向产生的线性延续，进而相互交叠组合，暗示着院落的存在。屋檐的高度教会我该如何尊重周边的历史建筑，屋檐的空间教会我该如何应对狭小场地。因此，控制建筑的高度成为设计的首要操作，体量升起至8m，以俯首之势面对周边历史建筑，体量在4.2m处上下部分东西向错动，一侧形成平台托举旧有屋檐，另一侧形成檐下灰空间延续旧有屋檐。紧接着，为使空间丰富，并解决采光问题，在南侧将下部体量削去一部分，形成院落空间，北侧退让一部分作为入口空间。一方面在南侧安静处设置院落可作为艺术家的私密空间，在北侧喧闹处退让可作为吸引观展人流的入口过渡空间；另一方面入口空间与院落空间共同作为线性檐下空间的开端与结尾，窄暗的檐下空间与开放方正的院落空间形成对比，喧闹的入口空间与安静的院落空间

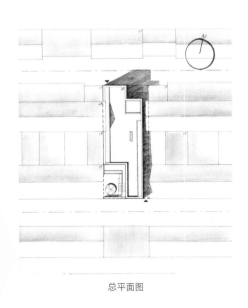

总平面图

形成对比，欲扬先抑，使人在原本狭小场地内的闭塞感减弱，小中见大。最后，将上部体量南北向错动，是对入口空间和院落空间的再次强调，体量错动为南侧院落空间打开了第五界面，增强了空间开放性，同时东侧体量界面的增加增强了建筑对于院落空间的围合性与互动性。北侧上部体量突出，以积极的姿态回应着老街，引人入内观展。至此，建筑形式与外部空间一气呵成。

3. 流线界面

　　该建筑的功能主要有四点：一是展览，二是会客，三是工作，四是居住。大致可分为公共、半公共、半私密和私密，而场地又有北闹南静的特点，因此功能布局在建筑体量中自然显现，下公共而上私密、北公共而南私密，所以下部北为展览、南为会客，上部北为工作、南为居住。接着是处理它们之间的关系，因场地较为局促，所以应当以更为简洁明了的方式组织内部空间，以防将过多空间浪费在交通空间中。场地南北两侧道路存在高差，下部展览与会客便可用高差进行自然分隔，划分空间的同时兼顾了流线的贯通，因体块错动而产生的内部空间与院落空间并置，设为会客空间。上部工作与居住空间顺应体块错动而自然地设置在体块两翼的端部，中间以厨房、餐厅、储藏和客厅的家具围绕卫生间体量做自然分隔，卫生间的体量为中部的唯一实体部分，且内部分为两部分以供工作与居

北立面图

南立面图

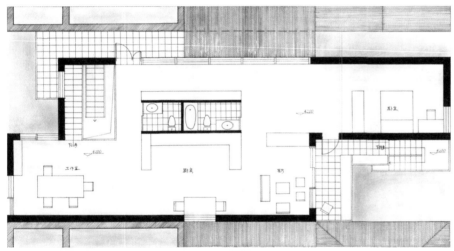

二层平面图

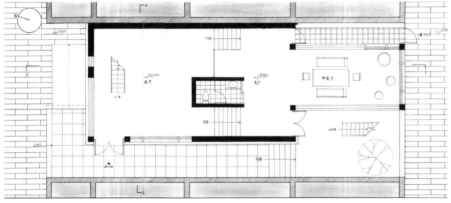

一层平面图

住分开使用，避免流线交叉，破坏私密性。另外卫生间体量亦贯穿至一层，为一层展览、会客和院落提供空间分割和视线阻挡的同时，也强调了竖向的体量，是对上下两层的联系，也是对水平向错动体量的锚固，增强了建筑空间的稳定性与重心。除了用家具与体量分割空间以达到自然引导流线，在建筑北侧与南侧分别设置楼梯加以联系，北侧以展览与工作空间的上下联系为主，方便作品的搬运与售卖，南侧以居住与院落的联系为主，并在二层入口处设置过渡空间，作为室内与室外的过渡同时也作为院落空间在二层的延续，为居住者提供了室外休憩的空间和远望历史建筑风貌的开阔视角。建筑界面因体块错动而增加了与环境的接触面积，北侧以开敞的玻璃显现室内环境来吸引人流，西侧与南侧以木格栅加强私密性，同时通过格栅的长短与大小显示内部空间的方向性与停滞感。平台分为两种，一种于北侧托举着旧有建筑屋檐，使屋檐如同展品，以不同寻常的位置与视角，成为被观赏的对象，同时北侧平台破出北立面，增加了与北侧古街的互动性；另一种于南侧作为花园阳台，是连接客厅、卧室与院落的过渡空间。

4. 总结反思

本次设计通过手工模型推导而成，其经历让人印象深刻，而最终完成成果模型更是使成就感达到高峰，尤其是之后的这几年受疫情影响，设计课程缺少了做模型这一环节，这无疑使得这次艺术家工作室的设计经历更加珍贵。模型是设计中体量与空间的真实反映，是建筑设计的重要环节，这是我对这次设计的最大收获。此外，这次设计还有一些不足，一方面设计有点过于受周边屋檐的限制，没有放开手脚设计；另一方面在制图表达上有所欠缺，使图纸有一种未完成感。因此我在之后的设计中应当更加注重设计流程，并且抓大放小，合理安排设计与表达，使设计成果可以得到更加完整和深刻的呈现。

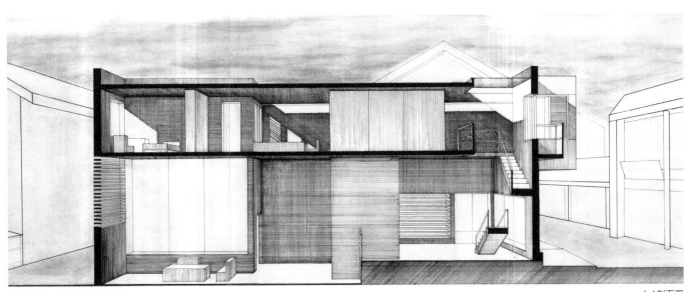

1-1剖面图

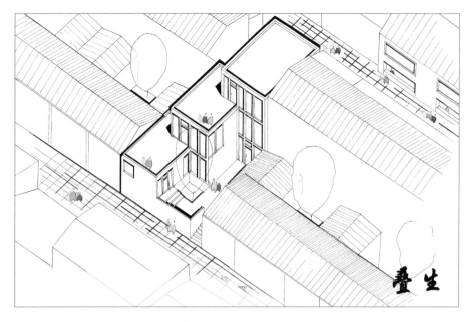

作业10：建筑学专业2020级　饶帮尉

1. 场地条件

　　本方案选址位于呼和浩特市老城区的塞上老街，这条街道保留了明清建筑风格的独特韵味，具有浓厚的历史氛围和文化底蕴。在设计中，我借鉴了大一学习时所掌握的空间操作知识，通过灵活运用立方体空间进行设计。在平面布局上，由于场地的特殊形状（一条狭长的胡同），我采取了在南北两侧切掉一个L形体块的布局，引入了充足的自然光源，同时也形成了出入口集散空间和庭院。这样的布局既满足了功能需求，又创造了流畅的空间序列和良好的室外环境。此外，剩余场地的处理则是通过对三个体块的操作来实现。这些体块相互咬合并逐层退台，从南到北形体高度逐渐升高。这样的设计不仅能够与周围建筑的高度相互协调，还能更好地接受来自南侧的光照，减少北面街道的噪声，并有效地阻挡呼和浩特地区冬季盛行的北风。通过这种逐渐升高的形式，方案在视觉上营造出一种动态感和层次感。总体而言，这个设计方案通过巧妙地操作立方体空间以及与场地相结合的合理布局，实现了兼顾建筑与周围环境的协调性和功能性。同时，通过引入光线和隔音设计，提供了良好的居住舒适度和环境适应性。通过这样的设计手法，希望为居住者创造一个宜居、宜人的空间，使其在建筑中得到身心的满足和愉悦体验。

2. 功能流线

　　在功能与流线设计方面，本方案充分考虑了游客参观路线和主人私人流线的问题，并通过分层设计来实现。建筑的一层被专门规划为公共空间，为游客提供了开放、欢迎的氛围，而二、三层则作为主人的私人生活空间，注重私密性和舒适性。为了明确区分两种流线，入口处采用了直跑楼梯的设计，直接连接二、三层，游客和主人的路径井然有序且相互独立，有效地保护了主人的私人空间。在平面布局上，方案在南北两侧设置了庭院作为出入口。这一设计不仅解决了采光问题，还通过庭院的自然景观营造出宜人的环境。此外，庭院也起到了空间过渡

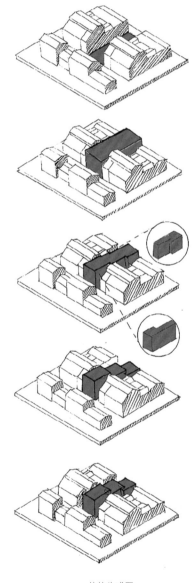

体块生成图

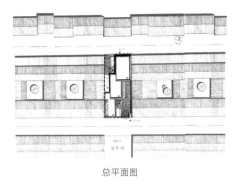

总平面图

的作用，将室内外巧妙连接，为建筑内部交通带来了更大的灵活性。在北侧出入口处，设计了一个集散空间，结合庭院的景观设计，不仅提供了额外的室外活动场所，还为游客和居住者提供了一个聚集和交流的场所。而在南侧出入口处，通过铺设木质平台并设置室外展场，将室内展厅的功能延伸至室外，创造出室内外空间的无缝互动效果，使展览和社交活动能够在户外自然环境中进行，提供了更加丰富的使用体验。通过功能与流线设计，将公共空间和私人空间进行了合理划分。同时，通过巧妙的庭院、集散空间和室外展场的布置，丰富了建筑的功能性和流线性，提供了舒适、灵活且具有互动性的空间环境。无论是游客还是居住者，都能够在这个设计中找到适合自己需求的空间，享受到舒适、宜人的居住和参观体验。

3. 建筑空间

该方案注重处理不同空间之间的界面关系，包括建筑与场地、建筑与街道以及建筑与邻近建筑之间的关系。在处理建筑与场地的关系时，方案着重考虑到在场地中留出空隙，创造出一种"宅"与"院"之间的关系。这种设计决策使得建筑与场地之间形成了自然有序的过渡，营造出与周围环境相和谐的氛围。对于建筑与街道的关系，方案遵循原有界面的性格，将整个街道作为一个整体进行考虑。新建筑与街道融为一体，很好地融入了城市肌理之中，使得建筑与周边环境相协调，与街道形成和谐统一的关系。而针对建筑与建筑的关系，方案在建筑与邻近建筑的关系上进行照应。南侧设置低矮的一层，而北侧设置三层，与东西两侧的建筑有机地对应。这种设计手法使得该方案与邻近建筑形成统一的整体，协调一致，呈现出空间上的连贯性和协调性。通过以上的空间与界面的处理方法，该方案在建筑与环境、建筑与街道、建筑与邻近建筑之间建立了和谐、统一的关系，创造出自然流畅的空间过渡，同时与周围环境相融合，提升了建筑的整体品质与美感。

4. 精读转译

设计前期，我尝试借鉴图尔加诺住宅的空间形式，发现在他的设计中，光线从一个空间进入另一个空间，形成光影的同时，巧妙地解决了底层采光的问题。

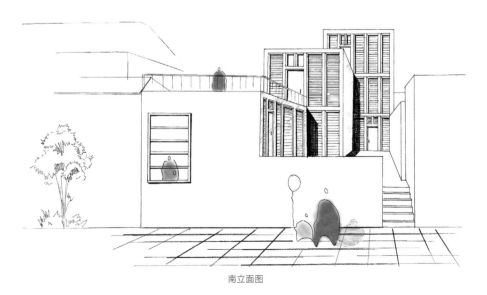

南立面图

在设计的过程中,我也希望通过体块的操作,利用三个简洁的体量去组织空间,利用退台的方式,营造私人的室外活动空间,同时和院落组合,很好地解决各处空间采光的需求。在空间操作的过程中,我无意中发现,摆放的空间体块形成了类似图尔加诺住宅的对角空间,借助这一形式的指引,我尝试把巴埃萨对角空间形式进行空间反转,生成该方案的原始体块逻辑。这样的设计思路表明我在设计过程中进行了深入的研究和思考,从先前的设计中汲取灵感,并加以创新和转化。通过对空间形式的分析和借鉴,我成功地应用了图尔加诺住宅的概念,并在此基础上进行了空间反转,为方案赋予了独特的原始逻辑。

5. 总结反思

通过这次设计的练习,我初步理解了以空间为主体的组织构成方式;学习了基本的调研方法,包括资料查询、现场测量和调查问卷,这使我能够进行简单的场地调研;我意识到场地对建筑设计的影响以及在建筑设计中应对场地的方法。此外,也了解了在复杂街区环境中处理相关建筑的方法。在这个设计过程中,我进一步认识到了建筑设计的复杂性和多元性。在丰富的城市空间中,建筑有着多个发展方向和可能性。同时,我也意识到光线在建筑设计中的重要性,特别是在高密度的街道社区中,解决光照问题并合理安排空间是一个巨大的挑战。通过这次设计的实践,我积累了宝贵的经验,对建筑设计的复杂性有了更深入的认识。这将对我未来的设计工作和学习路径产生积极的影响,帮助我不断提升设计能力并探索更多的创新方向。

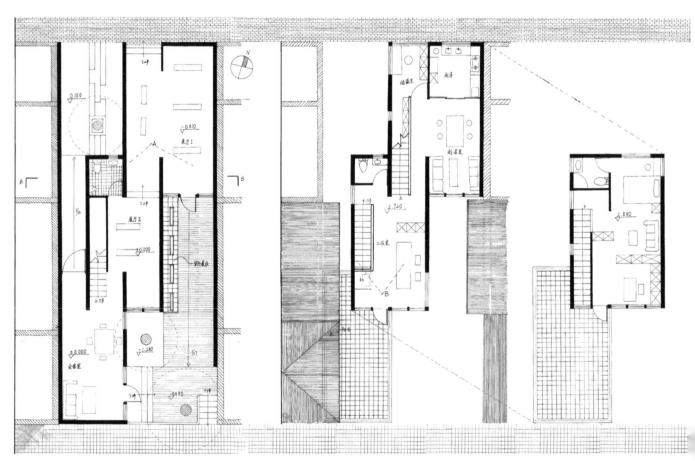

一层平面图　　　　　　　二层平面图　　　　　　　三层平面图

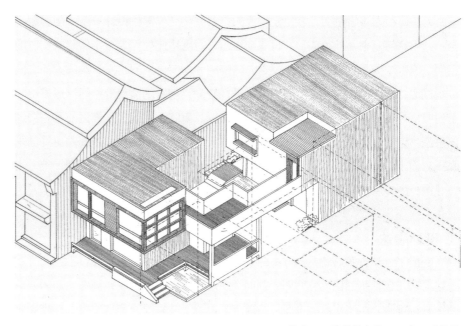

作业11：建筑学专业2019级　武静怡

1. 设计概念

　　设计最初灵感来源于安藤忠雄的作品"住吉的长屋"，这个小型混凝土建筑那么小、那么简单、那么"不功能"，给了我极大的启发。我开始想象如果我是艺术家会喜欢什么样的空间，首先要有一个"庭院空间"，艺术家可以在院子里面喝茶、工作、聊天，同时这个院子最好可以通向街道，进行一些对外的活动。因为本次设计的位置是在呼和浩特市大召寺附近，这里的建筑采用的都是汉传寺庙的中国古建筑形式，所以我想应呼应周围环境特点，加入一些中国古典特色元素，形成与周围环境相协调同时又具有自身特点的建筑。由于我个人对中国民族音乐的喜爱，也希望为这个古色古香的街道带来生机，所以将主题定位民族音乐工作室。

2. 方案生成

　　以"庭院空间"为设计切入点，民族音乐为主题开始设计。为了营造庭院空间，我将整个场地分为三部分，南北置入两个体块，中间留出庭院，两侧体块通过长廊联系。西北角和东南角形成入口，南侧体块自然与其西部建筑贴合，北侧体块与其东部建筑贴合。工作室的北侧环境较为嘈杂，人流量大，所以适合选择较为对外的艺术家会客展示区；南侧环境较为安静，人流量少，艺术家的工作区和生活区更适合放在此处。而一层与二层相比较为开放，二层的私密性较强，所以将展览区设在北侧一层，会客区设在北侧二层，南侧一层设为工作区，二层设为生活区。流线上，参观者可由北侧入口进入展览厅进行参观，二层接待前来参观的人，与其进行交流沟通，或通过庭院由展厅进入工作区。参观者也可由北侧入口进入庭院来到北侧的艺术家工作区进行进一步的交流参观。艺术家由南侧入口直接进入工作区和二层的生活区，生活区可通过长廊与会客区相联系。完成体块、功能、流线设计后，根据功能流线对体块做减法，对细部进行推敲，营造有特点、有氛围感的空间。作为民族音乐工作室，需要将民族音乐更好地展现，同时为了吸引参观者进入，我决定在北入口和庭院交界部位设计一个木制表演平台，艺术家可定期在此处表演，没有演出需求时可将此处作为一个休憩、交流的空间。庭院空间是这次设计的出发点，庭院空间与室内空间之间有小的室外空间进行过渡，过渡空间与室内空间以玻璃进行分隔，室内的参观者可通过过渡空间看到院落及表演平台，增加了视觉上的丰富度。南侧生活区和工作区的垂直交通体系悬挑于建筑外面，通过玻璃围护，形成景观楼梯，同时为室内提供更好的采光。立面上选择木材和混凝土作为材料，既符合民族音乐工作室应有的传统、古典、质朴的特点，同时可与周围环境的氛围相协调。

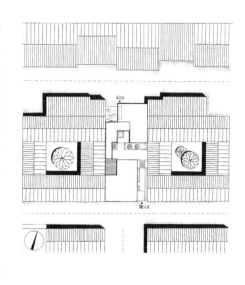

3. 设计表达

完成了设计方案后就是对方案的表达，我们需要在 A1 纸上通过手绘的方式表达出来，包括平面图、立面图、剖面图、总图和一些分析图。画图之前需要对图纸进行排版，两张图纸的排版风格要统一协调，并且要适当地留白。在排版之前，我参考了很多以往手绘风格竞赛的案例，这些案例中有很多是通过明显的黑白对比来丰富整个图面，特别是在标题、图纸或底部涂黑来增强对比效果。我选择借鉴这种表达方式，用黑白线条的方式来表达材质、明暗对比关系，通过大、中、小图打造图片层级关系，在整个图面中，鸟瞰图、剖透视图、平面图所占的

一层平面图

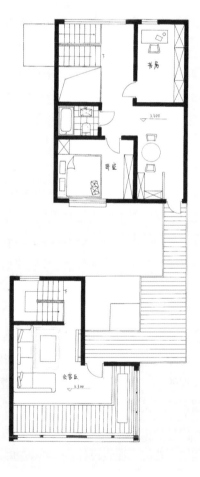

二层平面图

比重较大，分析图所占的比重较小。在绘制的过程中，需要注意很多细节，整体表达要精准、干净。一层平面图的绘制需要表达环境，环境需要与建筑进行区分，我用不同的线条表达环境，建筑内部留白，突出建筑空间、弱化环境。在鸟瞰图、立面图中将木质材料和混凝土材料分别用不同的形式表达，环境适当加灰以增强建筑整体效果。小透视图要选择有特点的空间，我选择了自己较为满意的北侧入口处表演平台和庭院空间，通过不同的线条表现不同的材质。

4. 总结反思

二年级的第一个设计任务就是在大召寺这样一座藏传佛教寺院附近，之前来过大召寺很多次，每来一次都会被那里的建筑、文化所吸引，当知道要在大召寺附近做设计的时候，我非常激动兴奋，这种兴奋使我在整个设计过程中都带有激情。在设计过程中，我因为不知道怎样设计平面、开窗、营造特点而烦恼，方案被一次次推翻，但是最后在老师的指导帮助以及案例学习后又豁然开朗。在绘图的过程中也出现了很多问题，比如过度关注图面的表现而忽视了一些基本的制图规范，由于时间有限，一些小的分析图深度不够，我深刻地意识到合理安排时间在表达过程中的重要性。无论是设计还是表达，我都须进一步学习，弥补之前的不足。这是第一次自己排版、完全用手绘的方式表达两张A1图，用了很长的时间，花费了很多的心血，非常耐心细致地完成。过程很漫长，也会有很困惑、毫无头绪的时候，但是解决问题之后会有成就感，这种成就感正是我喜欢这次设计的原因，虽然辛苦但觉得一切都值得。希望在以后的设计任务中，我可以更好地规划设计表达的时间，细心、积极、热情地完成每一个阶段的任务。

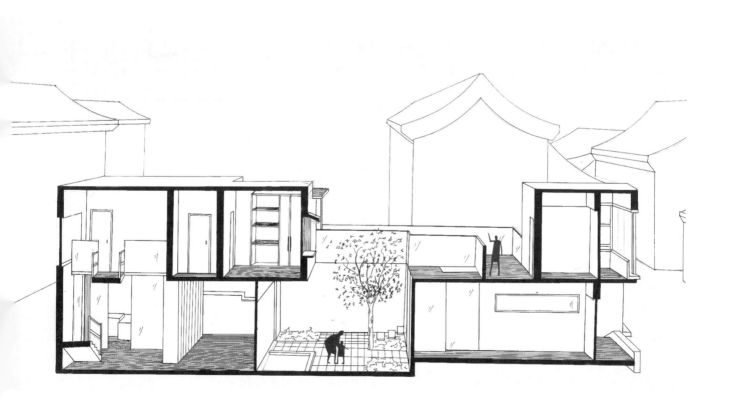

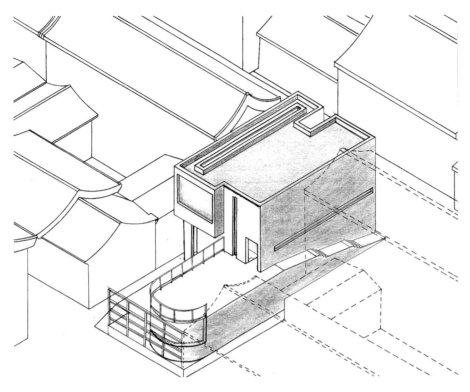

作业12：建筑学专业2020级　李巧玲

1. 设计概念

    这次的设计是给自己喜欢的艺术家设计工作室。室内的布局也要紧跟着艺术家的特性。场地周围都是四合院，并且北高南低，材料都是灰砖，整体色调都是灰色。设计是要和原场地建筑材料类似，还是要进行创新，这也是我的一个难题。在概念生成阶段，需要去考察该艺术家的工作环境、所需要的空间。因为场地身处的环境特点，需要考虑怎样与环境结合的同时，满足所期望构成的空间氛围。还有结构的考虑，在两个建筑夹缝中设计一座新的建筑，构造方法与结构细节也需要结合周围建筑，形成融合且创新的新建筑风格。相较于之前的设计，这是第一次具有这么强烈"落地感"的设计（选择一位自己熟知的艺术家，使得整个方案变得更加真实）。我搜集了有关这位艺术家的一切，包括她的日常生活以及社交平台等。将所有的资料整合之后，我清晰地感知到，她是一位温暖且有个性的女性，对于她的日常生活，鲜活且自由是她的主旋律。因此，在这次设计中，我也以此为我的设计主调。

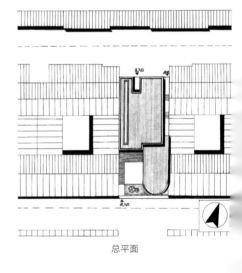

总平面

2. 方案生成

    在设计初期，我选择为我喜欢的一位青年艺术家设计工作室。通过她的微博，我了解到她家里养了很多小狗和小猫，并且她常常会邀请粉丝来家里聚会。因此，根据她的生活习性，我选择在一层布置院子和卧室。这是一个很不符合常理的决定。因为在一般的设计中，都是将私密空间布置在二层，远离一层喧嚣的环境。这样做的后果导致本该处于安静的区域，被迫与喧闹的区域结合在一起，这是最大的一个难题，怎样保证不改变设计的同时，将动与静分割开，让二者互

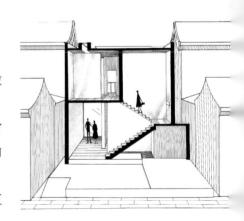

不影响。我将平面分成两个部分，南向与北向，北侧对外的部分是公共区域贴近小吃街的位置，南侧布置卧室等私密空间。因为设计的特殊性，需要一个直接进入二层的区域，这样就形成了一个长坡道，为二层直接提供一个对外的出入口，可以与一层的空间分隔开。二层是工作区域以及接待区域，一层北侧相当于书吧，免费阅读的地方。

3. 设计表达

在表达阶段，图纸的绘制以及模型的制作都是至关重要的。绘图阶段，我参考了许多学长、学姐的以及网络上的案例，对于我来说，这次设计是第一次手绘整套图纸，很多事情需要学习以及尝试。最终根据平面图的绘制风格，确定了整套图纸的绘制风格，排版方面也尝试了多次。整个图纸分成黑白灰三个色调，根据需要做相应的区分，形成整个图纸的完整性。接下来是模型的制作，为了达到简约、干净的感觉，整个模型只有两种材质，我采用的是白色的雪弗板和玻璃。在最终评图阶段，老师就我的设计提出了问题以及建议，我重新考虑并完善设计，从中学到很多。

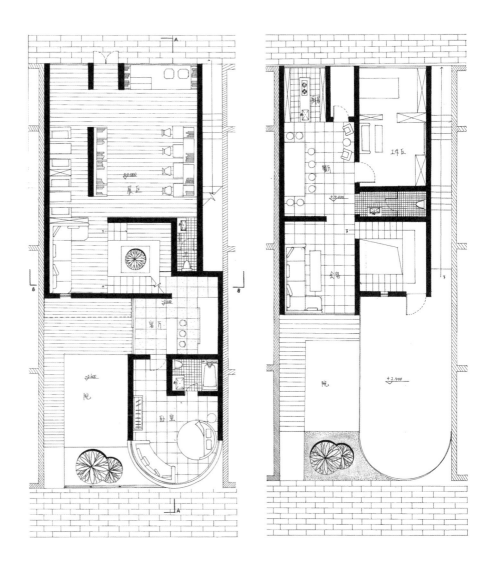

4. 总结反思

在设计过程中，我还是没有习惯去建立模数，开窗也是随意开，没有任何的规律在其中。想了很多的点子最后能保留的很少，大部分都是不断妥协再妥协，但最关键的想法能保留我还是很开心的。我觉得这是我真正意义上的一次设计，从开始时的想法形成，到选定自己喜欢的艺术家，再到后来构思，最后成果的展现，都让我很有成就感，比起之前的设计多了一些东西。我也从老师身上学到了很多，建筑设计的初始，可能只是一个感性的东西，后期通过理性的手法，让这个感性的想法落地，每一步都至关重要。当一切都尘埃落定的时候，再回头看开始的念头，很多想法没有实现，总结自己的整个设计过程，会为很多问题没有解决而遗憾，但其实设计就是不断地创造麻烦、解决麻烦的过程，遗憾也未尝不是一种完美。没有东西是能一蹴而就的，设计就是这样一个过程。学习是一辈子的事情，只有不断地尝试与学习才能充盈自己，不管到多远，不管到什么时候，都要去不断学习。

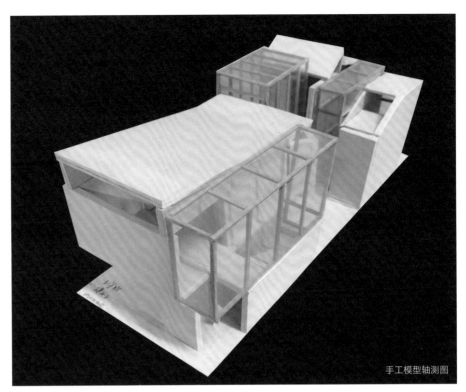

手工模型轴测图

作业13：建筑学专业2020级　王宇欣

1. 设计概念

　　本设计项目位于内蒙古呼和浩特市大召寺附近的塞上老街，需要设计一个面积约为200m²的艺术家工作室，要求在满足展览和艺术家生活的条件下，对现有场地内物体进行拆除，将展览空间、会客室、接待室以及艺术家的生活空间，均分到两个部分。通过不同人群的流线来组织功能以及调整体块。传统的长方体如何增加变化，在两个相对独立的盒子中置入了一个旋转45°的盒子，这样可以形成一个形体上的变化，在建筑内部的视觉体验上来看也会有更加新奇的感受。在旋转后的体块正对的位置用减法挖出一个类似中庭的空间作为花园，不仅可以丰富建筑内部的体验感，也可以在狭窄的场地中为建筑带来更好的采光。为了在室内强调楼梯的位置，增加楼梯空间的采光，在其上方置入了三个玻璃盒子。为更好适应场地现有条件，新建筑的屋顶配合周围建筑物做了一部分的坡屋顶，其余引入的玻璃盒子用钢框架配合建造。这样的改动和调整后，建筑内部的光影效果变得更加丰富。

2. 方案生成

　　艺术家工作室的设计方案分为以下几个步骤：第一步，确定主要流线。整体规划出两层用作艺术家的生活空间以及满足展览功能的空间，在这个过程中我进行了深入的思考。假如将展览空间放置在一层，艺术家的工作室放在二层，这样的流线是相对合理的，因为展览空间的受众对象是游客以及艺术家的朋友等，这类人群在北侧进入艺术家工作室之后，可以在参观后直接由建筑南侧出口离开；艺术家个人的流线是进入后直接上到二楼就到达了一个相对私密的空间。但是这样的处理会导致参观的人没有更多的体验感，缺少在一个空间行走的体验。将二

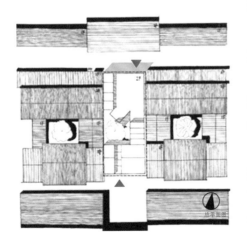

总平面图

者的位置互换，把艺术家的生活工作区放置在一层，这样方便了艺术家的生活，动线也更加合理；把对外的展览空间放在二楼，让游客有更加强烈的体验感。第二步，设计体块关系。前面已经在设计概念中叙述了关于体块设计的思考，体块的操作更多还是为了迎合室内的功能，这样会让使用者在建筑内部更好地感受光影的变化以及通过游览的路径去不断感受空间的不同。在后面的设计中也经常采用这种体块操作的方式。第三步，平面处理。有了之前的分析和思考，平面的设计就变得容易。确定了楼梯的位置之后，把建筑分为两个部分，中间通过过道连接。最重要的部分是对中央庭院的利用，如何让庭院更好地融入建筑当中？我在平面的设计过程中，将主要流线都保留在了靠近庭院的一侧，将艺术家的工作室、卫生间、书房等功能空间排布在两侧，这样的设计在满足室内功能完备的条件下也让人能欣赏到庭院的景色，在不知不觉中心情更加愉悦。二层通过对加入体块的配合，平面上也采用了和一层类似的方法，以成90°的隔墙对展览空间进行划分，二层南侧为艺术家工作室的接待室。

3. 设计表达

图纸其实是设计表达最为重要的部分，很多情况下方案做得很好但是图纸的质量不高，会很影响方案的表达。在这次艺术家工作室的图纸绘制过程中，我在规定的技术图纸要求下，同时进行了艺术性的表达，例如在平面图上添加配景和地面的铺装，这样会让图纸内容表达更加丰满，也在一定程度上可以表达自己

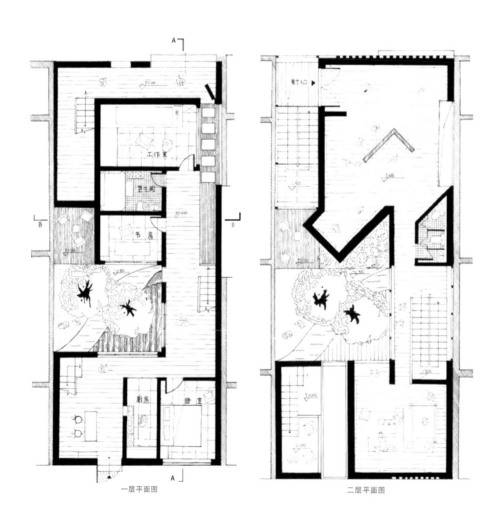

一层平面图　　　　　　　　二层平面图

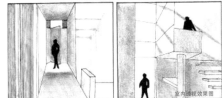

室内透视效果图

的设计思考；立面图和剖面图也是一样，添加必要的配景会让图纸更加生动，简单的人物、树木就会让画面变得有更多的故事性，房间的室内布置也会让图面完整。但是要注意不能喧宾夺主，毕竟技术图纸的表达还是要以精确的尺寸和严谨的制图去完成的，在手绘的过程中可以适当更换细支的针管笔来绘制配景，建筑的墙体涂黑、平面图上的标注、楼梯上下的符号都是必不可少的内容。艺术家工作室的手工模型制作同样需要精细的表达。和设计课上制作的概念模型不同，概念模型是为了推敲大尺度的关系，而在完成整个建筑的设计后进行制作的模型就有了更加丰富的意义。模型的精细化可以让自己重新思考完成的设计，制作中也会思考：哪个位置的墙是不是不合理，先前这里的柱子是不是没有加，楼梯的步数是不是正确。从图纸到模型再到可能实地的建造，每个阶段都是不同的感受。这次模型的材料主要为雪弗板、木棍、玻璃纸，雪弗板用于制作大部分的墙体，以木棍表达建筑中加入的玻璃盒子的钢结构，玻璃纸附着在木棍上以表达现实玻璃的材质。模型的制作最重要的是精细，每一片墙体的尺寸都要在模型制作的过程中得到体现，这会让我对尺度的把控更加严谨，每一次下刀切割，每一处墙体的连接都是对自己设计的房子的重新思考，也是有意义的过程。

4. 总结反思

艺术家工作室的设计，包括后期的图纸绘制和模型制作过程都让我受益匪浅。作为真正接触到的第一个建筑设计方案，不足地方仍有很多，例如楼梯的布置是否合理，建筑的整体性如何更好表达，材质的应用是不是还有更好的选择，这都会在我后面的学习中逐步去深入了解和研究。

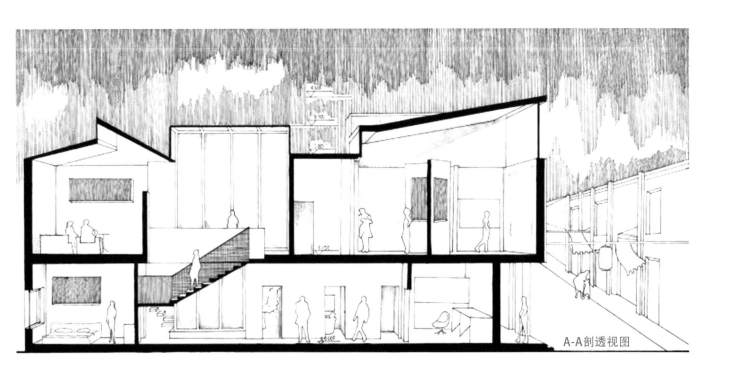

A-A剖透视图

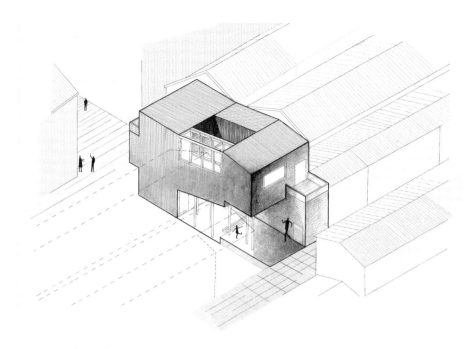

作业14：建筑学专业2020级　游曼俪

1. 设计概念

本设计为与周围环境相呼应，将一部分体块下沉与通顺大街相连；场地狭长难以采光，将体块向右移动，并上下穿孔形成下沉庭院，再将一部分体块向右推移出室外展区；加入7根半径为10cm的钢柱形成柱林，在保证结构稳定性、增强趣味性的同时对访客入口做出引导；最后前后体块向里推移，在前面形成露天庭院与下沉庭院连通加强进深，在后面形成推移以便于增加室内展厅的采光。在功能分区上通过楼层区分公共空间与私密空间，一、二层为公共空间，三层为艺术家工作生活区，工作区与生活区通过下沉庭院自然分隔。在趣味性和人情感体验方面，通过运用墙体、柱子、地面等建筑元素和光线、声音、时间等建筑调节性元素来实现，运用基本元素赋予象征意义，使建筑迸发出强烈的诗意。以庭院作为媒介，唤起使用者情感呼应，并以此为基础组织功能空间，将庭院守护在空间中心的同时用于首层连通。建筑整体以人感知体验为核心，让钢柱林与庭院形成的入口展览空间在引起参观者好奇心的同时有效对接空间，在观展时形成环境、形态、空间的流线循环。

2. 方案生成

在这次方案设计中，第一步是进行场地调研，了解场地周围的建筑环境及其数据、场地周围的文化历史。该场地位于塞上老街的店铺夹缝之间，场地狭长，东西方向被原有建筑遮挡，南向成为主要采光方向。第二步是空间设计。本设计从气泡图出发确定工作室具体功能与交通流线，以庭院为核心进行设计。该艺术家工作室分为公共空间与私密空间，一、二层为公共空间供画家展示画作、会客、创作；三层则是画家私密空间。工作室的一、二层满足了来访者座谈、观展、观景等多种功能需求；一层配备有厨房，方便供人使用的同时让泔水不必从二楼运输，可以作为独立的楼层使用。之后是形态生成，首先将右侧体块推移

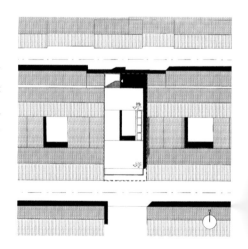

形成室外展区；其次是以3m为模数进行划分，挖去中间体块形成建筑内部庭院的同时削减外部部分体块，形成进深8.2m的外庭院；为保证结构稳定性，于体块右侧加入7根半径为10cm的钢柱形成不规则柱林；最后，削减体块形成前后两个室外阳台。对于形态生成而言，我试图创造"体贴"、亲近自然的建筑，优先考虑居住使用的生活乐趣和舒适性，满足使用者追求工作生活平衡、内心平静的需求，在夏日中找到树影与凉风，寻求与好友访客共乐的空间、能安定不受打扰的工作环境。对于空间组织方式而言，延续以庭院为核心，创造"体贴"建筑的概念。由之前的场地分析得知，从通顺大街方向进入建筑更为便捷，入口部分被拉长，在引导访客进入住宅之前需穿过外部庭院与钢柱林，增强趣味性且清晰地表达访客入口位置，使访客在经过室外展览后进入会客区的同时观赏内部庭院的景象。为保证访客不进入画家私人空间，将通往二楼的楼梯变为艺术展廊，除交通功能外还具备展览功能。在此进行流线分流，主人通过被内部庭院遮挡的楼梯进入工作室和卧室；访客则通过艺术展廊进入二楼展厅，参观后通过二楼后置楼梯下至会客室。如此一来，主人与访客在夏秋之际皆可在庭院以及室外展区布画和参观。春冬之时，由于呼和浩特夏暖冬寒，访客可以通过艺术展道进入室内展区观展，形成多样的观展流线。在水平界面上，依据功能需求调整楼板与坡屋顶的高度；在竖直界面上，根据游客的视线和采光需求设置窗户并进行自由分割；在交界处，为引入自然光线进行切削，光线在不同位置产生光影，进一步渲染氛围，露天庭院与下沉庭院在一层相互连通加强庭院进深，形成推移以便于室内展厅进行采光的同时形成巧妙的动线设计，让使用者将游庭览景的情致引入建筑内部，突显整体空间特质。为与周围环境相呼应，将屋顶设计为坡屋顶，庭院墙壁开三个矩形小窗供人观赏风景、建筑西侧设计折窗增加采光并将墙壁材质设为灰墙，与带有金属光泽的钢柱结合，旧中有新、新中有旧，两者相互碰撞形成独特魅力。

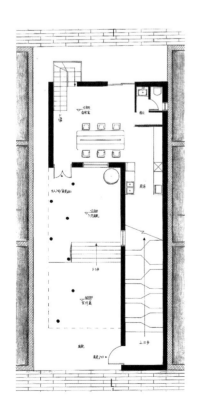
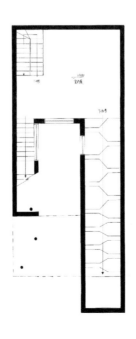
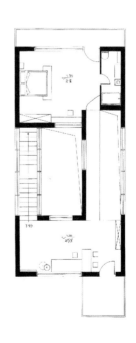

3. 设计表达

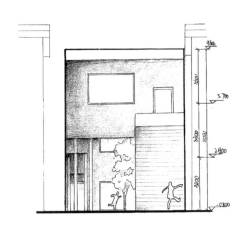

在设计表达上，图纸部分整体选择素描与黑白钢笔画相结合的方式进行绘图表达，通过线条的排列、交叉和重叠来反映光影的变化，通过黑、白、灰的合理分布来增强画面的视觉冲击力，使三维关系更加强烈。对于鸟瞰效果图，延续黑白效果，两点透视将建筑、景物自然有机地组织到一个画面里，构图自由的同时使表现幅度具有极强的延伸性、可塑性。着重追求建筑的体量和空间，选择描边手法使建筑与周围环境关系更加明确；平面图反映建筑物的功能需要、平面布局与功能关系，采用不同的黑白线型区分重点空间与周围环境，保持画面干净整洁；剖面透视图可以表达建筑内部的结构或构造形式，分层情况和各部位的联系、材料及其高度等，其表达同样重要，遵循画图规范，剖到的结构压黑，其余采用素描突出明暗关系与层次，在调子上追求整体感，把对空间的刻画作为节奏上的重点，将阴影作为辅助，周边房子则以留白的方式，突出光照效果的同时强化空间关系。对建筑学专业的学生而言，图纸与模型同等重要。在本次设计中为了设计深度，舍弃一部分画图时间导致最终图纸呈现深度不够，部分图纸呈现出灰调；在模型上以白色雪弗板为主材料制作墙体、地板以及柱子，整体纯白素净，在庭院位置赋予绿色草坪材质，突出空间重点，再一次强调核心空间氛围，突出概念。

4. 总结反思

在本次设计中学习平衡取舍，多方面综合解决问题是我最大的收获。随着时间推移，设计深度不断增加，在老师指导下，我通过寻找案例来激发灵感，发现合适的概念并从始贯之，学习了多种复合空间组织方法，掌握如何使建筑与自然环境和人文环境之间产生关系。在设计的过程中创作任务书，不停地对方案进行调整，为了满足庭院、"体贴"建筑的概念而不停地调整平面布局，进行立面的不断优化以及入口造型的制作。在这个过程中系统地学习，认识到设计就是形式与功能之间的不断平衡；认识到当主要问题与次要问题产生冲突时，即使痛苦也要抓大放小，不要对细节进行过多纠结，从整体入手；感受到建筑学是需要不断思考、综合考虑来解决问题的神奇学科。这次设计让我对于平面布局、立面形式语言的统一都有了较大提升，对于图面的表达有遗憾的地方，希望在之后的设计中可以加入对于结构的思考，进一步深化设计。

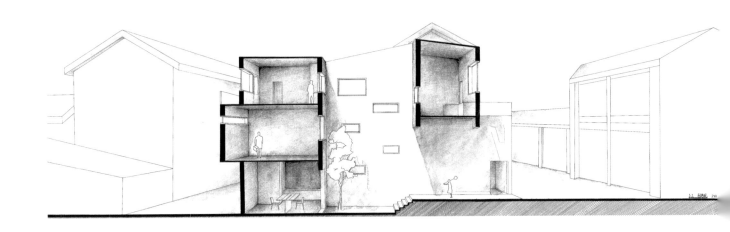

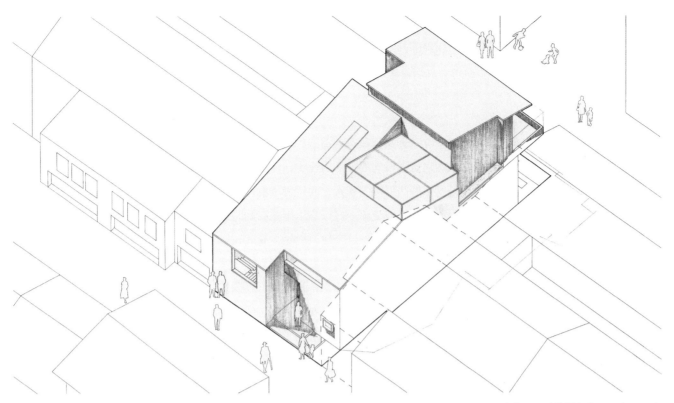

作业15：建筑学专业2020级　王安

1. 设计概念

　　本次设计项目位于呼和浩特塞上老街南侧，拟建版画艺术家工作室一间。本设计以坡屋顶的方式来呼应老街元素，顺应周边四合院形成体块，外部形体考虑到对周边环境及居民心理影响的因素，在内部空间体块彼此穿插堆叠的影响下产生改变。玄关之后的转折，将覆盖着玻璃屋顶的通高中庭作为整个空间序列最后一步核心呈现在眼前，而后再进入展厅欣赏画作。在这个过程中，两层楼之间的动静区分明确，艺术家与参观者同时都能得到最好的感官体验。该工作室的形体关系独特而又实用，坡屋顶形式的设计不仅可以提供良好的采光和通风，还可以为艺术家提供一个宽敞的创作空间。新的建筑和旧的场所求同存异，春兰秋菊，各擅胜场，房子只是艺术家的载体，而在其中得到的生活，才是全部。

2. 观察操作

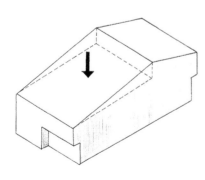

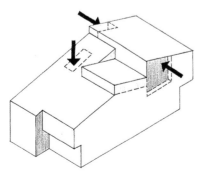

　　本设计建筑场地处于商业店铺间的夹缝，场地狭长且高度受限，这是我在前期设计中遇到的两大难题。尤其是建筑主体东西两侧几乎被场地原有建筑完全遮挡封闭，南立面就剩下可怜的一小部分，采光也成为一个需要妥善解决的问题。要满足众多需求，那么功能分区的处理必然会成为首要问题。我将室内规划为两层楼，分别容纳了不同功能区，包括一层的对外空间与接待空间，以及二层的艺术家工作室及住宅区。两个楼层由较为私密空间处的楼梯连接起来，在部分区域以通高处理。项目的一层满足来访者的功能需求，并配备有日常生活空间，可以作为独立的楼层使用。在建筑内部，标志性的通高空间延续了由小放大的艺术表达，围绕着这个核心空间，空间的透明性相互渗透，视线形成了动态的联系。内外空间既融合又重组，不断地与光线和周边环境发生互动。这是一个既可独自沉思又可自由交流的空间，记录着时间的流逝，捕捉了一天中转瞬即逝的时刻。坡屋顶的部分呼应了周围的建筑环境，平屋顶部分则设置了小型屋顶绿化，二楼阳台与工作室相连，便于艺术家放松心情、寻找灵感。

3. 建筑空间

在材质的选择上，我本想选用类似于红砖青瓦等具有老街特色的建筑材料，后来却选择了更有金属质感的材料。纵然建筑需要向场地作出让步，但是从另一个角度来说，有旧就需要有新。老房子就像德高望重的老人，而新房子就像朝气蓬勃的青年……它们彼此之间会碰撞出更加独特的交流，好似它本来就在此时此地，就在现在得以重新启动一样。做新，亦如故。在做这个建筑伊始，我就在思考，一个当代艺术家的艺术空间原型到底应该是个怎么样的世界？或许正如巴瓦自宅，外部平平无奇，内部别有洞天。通过我的艺术家工作室，我希望可以探索出一个属于我们大召文化熏陶下的艺术家的心象风景的外部显现，希望这样的设计能够给人们带来快乐和美好的回忆。在这个艺术家工作室中，金属材料的现代感设计为外部空间注入了前卫的工业气息，而夹在老建筑之间的位置和呼应老街而形成的坡屋顶形式，为工作室增添了一份神秘感和艺术气息，让人不禁想探索其中的秘密。当访客或者艺术家走进工作室内部，体验门口一系列空间形式之后，明亮开阔的通高空间立即映入眼帘。在建筑的内部空间中，艺术家的生活空间、交流空间和开放展览空间得到了合理的规划，充分满足了不同人群的需求。从总平面图便可以看出，天窗的设计为工作室注入了自然采光和空间层次感，让空间更加立体；在这个工作室内部，简洁、现代的设计风格和历史建筑元素的完

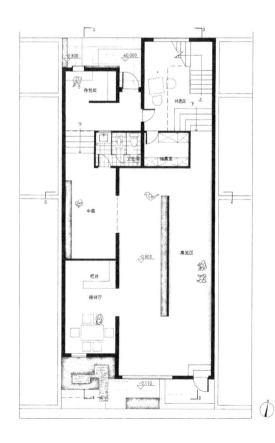
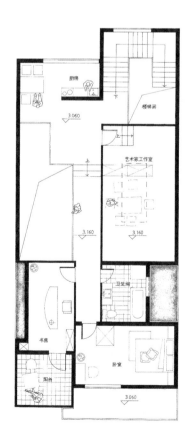

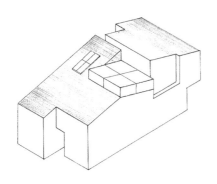

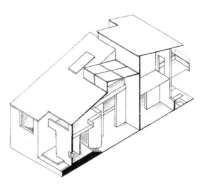

美融合，营造出了一种独特的氛围，让人沉浸其中，感受到艺术与生活的交融与碰撞。同时，夹在老建筑之间的设计也为工作室提供了一种独特的隐蔽性和私密性，在考虑了周围环境的情况下体现了对周围环境的尊重。整个设计目的是创造一个舒适、实用、独特的艺术创作空间，同时通过融合新旧建筑元素，为城市文化遗产保护和创新做出贡献。

4. 功能流线

我对于艺术家工作室的人群流线设计进行了充分的思考，一般来说，艺术家喜欢安静地在工作室内进行思考与工作，考虑到艺术家的实际需求和行为习惯，我想要人们在工作室内部的流动如河水般自然流畅。工作室内部的流线被划分为三个区域：个人生活区、交流区和展览区。个人生活区位于工作室的二层，这里是艺术家的私人领地，包括个人生活空间和工作空间。这个区域的流线以个人为中心，满足艺术家的创作和生活需求。在这里，艺术家可以自由地创作，也可以在阳光下享受片刻安逸，面向安静的居民区还设计有一处阳台，便于艺术家自己偷得闲暇时光。交流区也位于工作室的二层，这里是居住者互动的场所，包括简易厨房、餐厅和休息区，这个区域的流线以互动为主，让艺术家与亲近的朋友在这里交流、分享和思考。在厨房和餐厅，使用者可以一起品尝刚刚在塞上老街购买到的美食、交流内心的灵感；在休息区域，人们同样可以放松身心，享受片刻宁静。展览区则位于工作室的一层，这里是艺术品的陈列和展示地，包括展览空间和艺术品储存室。这个区域的流线以艺术品为核心，让艺术家和参观者在这里共同感受艺术的魅力，艺术家可以展示和销售自己的作品，参观者可以在这里沉浸于艺术的世界，整个工作室内部的人群流线自然流畅。不同区域之间的流线交错而不紊，赋予了工作室更多的生命和灵感，让艺术家和参观者在这里感受到艺术的真谛。在建筑的整体规划中，我也考虑到本方案作为一个版画艺术家工作室，必须满足艺术家的特殊需求，包括充分的太阳光照明、良好的通风、储存并制作工艺品。建筑材料方面我选用混凝土与金属材料相结合，并不只是为了外表上形成新与旧的对比，也是为了满足北方的建筑规范与标准，因此选用了具有北方粗粝气质感觉的材料，例如耐候钢板与铝合金板，达到了建筑材料、墙体厚

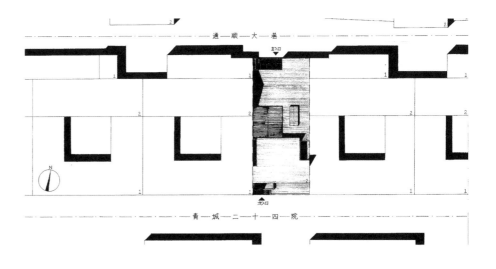

度、支撑结构等方面的基本选用要求，并且能够承受北方的气候条件。最后，就艺术家工作室整体而言，在外观设计上，我力图使它与周围的老建筑形成鲜明的对比，却又不失和谐；而在内部空间设计上，充分考虑到艺术家的空间需求，对每个区域做出了合理规划。作为版画工作室的主题设计，在它能够符合相关的建筑规范与标准的同时，我还考虑到建筑的可持续性，根据被动式建筑的概念，最大限度地利用了自然光与自然通风。这个设计题目让我深刻理解了建筑设计既要注重细节积累，也要不断地思考和改进。

5. 总结反思

　　完成这学期的艺术家工作室设计后，我既满意又不太满意。我能够完成一整套设计，完成一个符合基本建筑规范和艺术家需求的工作室设计。但是，我也意识到我的设计还存在一些不足之处，没有充分考虑到艺术家的工作流程和实际需求。这次设计作业我还有许多不足之处，非常感谢各位老师对我的教导，即使是被我耽误了许多时间，也愿意为我细心分析，并努力理解我的想法。老师的指导和帮助带着我真正进入了建筑的设计流程，同时也让我感受到了老师对我的关心和支持。我甚至觉得由于时间紧张，倘若没有老师的帮助，这个设计作业就要被我自己糊弄过去了。在最后的评图过程中，老师们的评价也让我知道了我仍有许多欠缺的地方，我会加以改正，谢谢老师们！

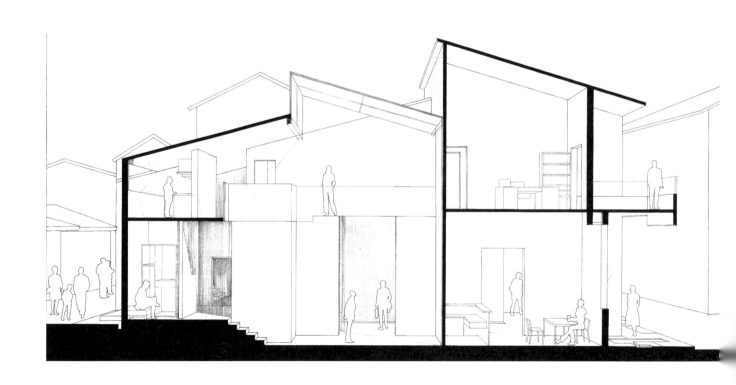

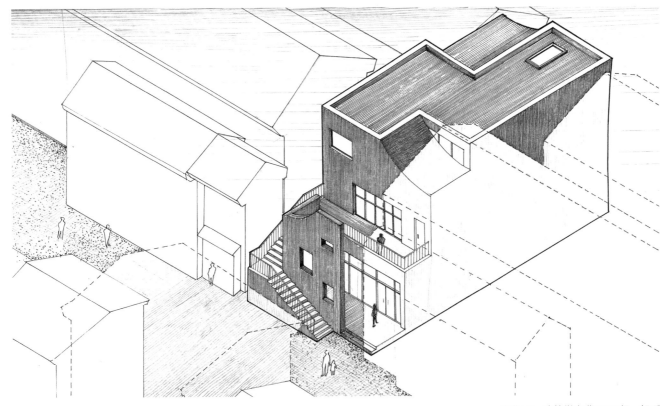

作业16：建筑学专业2020级　解瑶

1. 设计概念

    本设计项目为位于呼和浩特市塞上老街的摄影＋装置艺术家工作室，出于对功能和场地的考虑，建筑主体后退，让出过渡空间，利用隔墙进行公共空间和较为私密的建筑内部的隔离，隔墙和建筑立面复现了富有层次感的街道的形象，使新生建筑可以无声地融入传统建筑街区。在空间的安排上，本设计根据其"摄影＋装置艺术家工作室"的功能将建筑分为一层的公共空间及展厅和二层的艺术家生活空间，用室内的竖向交通将一层公共会客厅与二层艺术家的私人会客厅连接起来，整个建筑的空间布局是由公共到私密逐渐递进，为艺术家提供高质量的生活与工作空间。

2. 方案生成

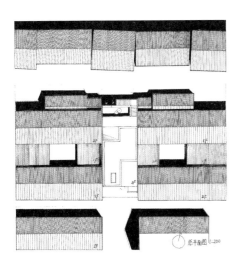

    塞上老街是呼和浩特市具有文化特色的商业街区，场地位于塞上老街的小吃街，周围是独具特色的仿古建筑和非常具有烟火气息的街道，附近是大召寺、席力图召寺等呼和浩特市重要藏传佛教召庙建筑。在这样一个结合了历史文化、商业和美食的街道，要设计一个艺术家工作室，就要考虑到很多因素。

    首先要考虑的就是在这样一个场地上需要一个什么样的艺术家，这是深化场地调研的关键之处。首先，根据对周围业态和历史文化的调研，我将工作室的功能定义为：为摄影＋装置艺术家设计的，既可以进行商业拍摄，又可以进行照片和装置展览的工作空间。因为该地位于具有强烈文化色彩的藏传佛教寺庙附近，建筑环境较为独特，会有大量的拍照纪念需求产生，所以工作室的商业模式可以是为有纪念需求的游客提供化妆、服装和主题拍摄的服务。工作模式可为室外拍摄结合摄影棚拍摄。根据近年来互联网和社交媒体的流行分析，艺术性展览不再仅是展品的舞台，而是要同样注重与观者互动，让观者也成为展品的一部分，并用镜头记录，在网络上进行发布和交流。所以室内可以提供装置艺术的展览空间，供拍摄和展览两用。

基于以上的功能设定，将建筑的空间划分为接待客人的商业空间、独立的展览空间以及艺术家生活空间。商业拍摄是工作室主要的收入来源，所以商业空间设置在最北侧，紧邻人流量大的街道，使用玻璃幕墙让外面的客人可以看到内部活动，但因为小吃街在特定时间人流会非常大，所以为了室内空间的质量，商业空间并没有完全暴露在街道人流面前，而是将建筑本体后退，用一道隔墙隔出一个精致的小面积过渡庭院，采用有开窗的隔墙和绿植有机地隔绝开，让商业空间不会过于接近热闹的街道，同时可以引来客流。商业空间南侧连接展厅空间，与商业空间共用入口过道但动线互不干扰，展厅空间用于艺术家的摄影及装置作品展览，大尺度空间内使用可移动展板，根据展览需求调整展板位置。参观者在展厅参观结束后，可通过商业空间南侧的门进入商业空间，进行服装和造型设计，也可以仅观赏展品后直接离开。这样的空间组织让建筑一层商业服务 + 艺术展览的功能较好地结合在了一起。

二楼为艺术家的私人空间。即使是私人使用，也有从公共到私密的空间变

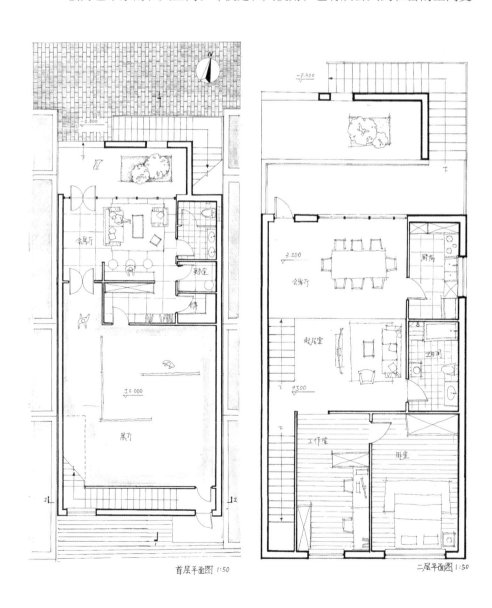

首层平面图 1:50　　　二层平面图 1:50

化：北侧楼梯与二楼的会客厅相连，这里是北侧靠近热闹街区的位置，相对更嘈杂，也更开放，适宜做会客厅使用。南侧楼梯大多为艺术家个人使用，连接到展厅上方的艺术家的个人起居室，这里相较于会客厅更加私密一些，结合展厅需要的层高进行抬升后在高度上完成了与会客厅的区分，两个空间相连但有边界，形成了较为良好的关系。最南侧室外环境安静，采光最好，私密性最高，所以被设置为艺术家的私人办公室和卧室。通过对环境和行为的回应，整个建筑的公共空间和私密空间就被有条理地组织了起来。

3. 设计表达

本次设计成果用手绘方式进行表达，手绘图纸在注意技术图纸的规范性和细节的同时，对建筑效果的艺术性表达也很重要。在内部家具的绘制上，我使用了更灵活的手绘线条，与尺规绘制的墙体形成对比，让画面看起来更平衡。轴测效果图最能体现建筑的形象、体量和场地信息，所以我在尽可能地将场地的内容表达出来的同时，主观地让场地其他的建筑弱化或透视，来突出我设计的建筑，完整地展现艺术家工作室的形象。

4. 总结反思

在这次设计中，老师强调了回应环境和行为是建筑设计的关键，所以我在设计时非常关注环境对建筑的影响，严密地结合不同使用人群的行为。由于对这两种因素的不断思考和打磨，我设计的建筑在功能和空间层次上形成了我较为满意的结果，形体也在这个过程中变得更契合环境和主题。在这个设计中我学到了如何用建筑设计的手法解决场地既有的环境问题，也学到了如何结合使用者一天中不同的行为、结合使用者的生活场景去进行空间乃至家具的布置。这个设计作业使我受益匪浅，在今后的设计中，如何进行场地规划和如何满足使用者需求会成为我非常注重的问题。

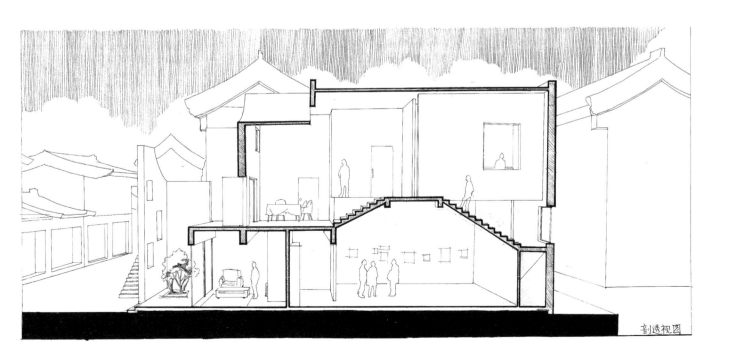

剖透视图

作业17：建筑学专业2020级　刘泽钰

1. 设计概念

　　本次设计作业为在塞上老街南侧所规定的地块范围内拟建一个占地200m²的艺术家工作室，并且在给定的区域内选择地块调研，自定艺术家的工作领域，进行功能细分设计工作区域，同时满足艺术家的基本生活和会客展示，并对场地进行整理，设计周边景观环境。首先我将建筑划分为两个体块，对应不同的功能区；利用屋顶的变化凸显流线的逻辑，顺应周边环境屋顶方向的体块作为公共展览区域，并在入口处设计半开放停留空间；而将旋转体块作为艺术家的生活和待客空间。利用流线的交叠和分割，达到区分功能的效果。

2. 方案生成

　　首先，对环境进行充分的调研了解。在初期调研阶段，了解环境场地性质，基于场地出现的问题利用空间关系解决这些问题。我选择的是B地块，对于B地块经过调研主要有两个问题。第一，采光需求。场地北面、西面和东面都有建筑遮挡，对于采光有很大的限制。基于此，首先在建筑中间采用贯通的形式，提供采光的同时增加空间的丰富度；采用了大量的玻璃砖替代墙体，达到透光不透物的效果。第二，展览空间的规划。根据中间贯穿的空间，设计了展览长廊提供沉浸式的展览体验。不仅可以观赏作品，还可以看到建筑的各个功能区域，长廊的对面则是艺术家的个人廊道空间。在一层设置了半开放式展览空间，从视觉上放大空间，弱化尺寸的限制，同时与二层空间进行联系。半开放式的展览空间为参观者提供了一个较为开放的停留空间，吸引他们来到工作室进行观赏和停留。

　　其次，对于艺术家工作室的类型定位。基于羊毛毡烙画艺术家的工作室性质设计工作流线和空间特性。首先要区分主人流线和客人流线。由于主道路的要求，需要弱化主人入口，所以着重加大了客人出入口的面积。在视觉上形成了一个环形流线，隐藏主人流线。同时根据塞上老街的人流限制，设置主次入口的流线形式，规定了游览路线。利用路线区分主人、客人流线，保证艺术家私密性的同时满足其正常工作需求。因为羊毛烙画工作区域要有充分的空气流通，并且远离居住空间，所以我把工作区域设置到半开放空间上方。工作室连通生活区域和游客区域，满足两个空间的交流，方便主人接待客人；工作室视线上连通半开放场地、展览长廊和接待客人的区域，主人与客人在视线上产生联系。主人可以看到各个功能区域的客人情况；在工作室和待客室等区域，参观者也可以看到主人的工作状态。在空间限定的基础上，对于复杂的空间流线，采用剪力墙和玻璃砖的形式，创造出富于变化的空间。在半开放展览空间里，利用剪力墙创造一个游览交流空间，并使用矮墙阻隔视野。利用玻璃砖代替墙体，创造丰富的空间体验。整体风格采用坡屋顶的方式贴合环境，偏古风但在空间和开窗入口方面又融入现代的元素，温馨又贴合主题，融入古街的同时又体现了现代风格。同时在材质的选择上，利用混凝土创造自然的艺术风格，同时采用木制窗框，为混凝土结构带来柔和的视觉感受，贴合羊毛毡烙画的主题又融入现代的材质，使建筑凸显于塞上老街之上。

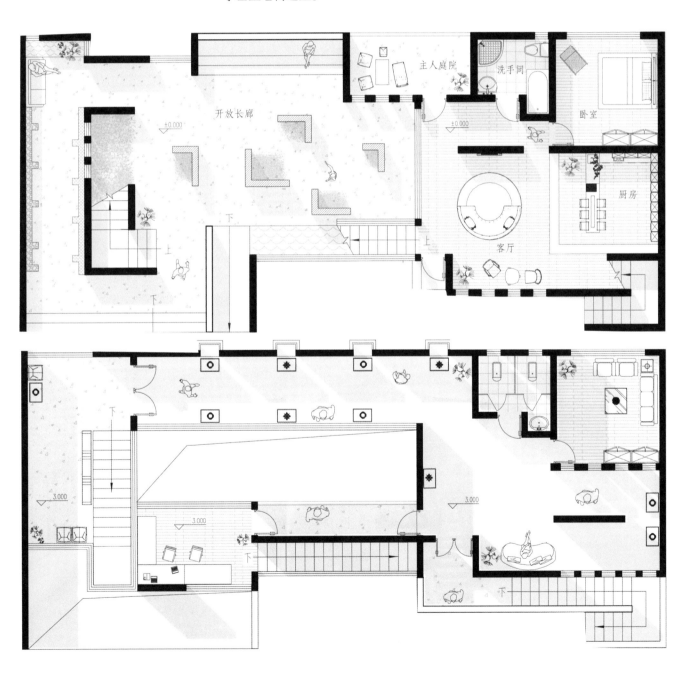

3. 设计表达

在设计的表达上，图纸和模型的作用都十分重要。图纸可以最直观地看出设计的整体形象和细节，所以在表达上需要精准干净。模型则方便进行多角度的观察，这个设计全程都是在模型上进行推敲，所以在成模制作时，可以注意到更多细节问题。在模型的色彩上，我选择了白色的雪弗板做墙体，干花作为灌木，整体颜色较为统一，更有洁净感。我在这个作业图纸表达的精准度上还有不足，线型区分不明显，配景不够美观，后期应进行改正。但通过这个作业的训练，我的模型制作水平和手绘图纸水平都有所进步，对空间塑造的理解也更加深入。

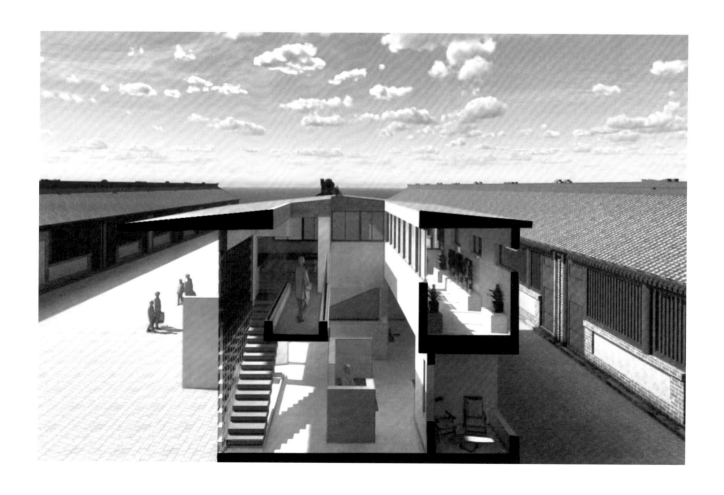

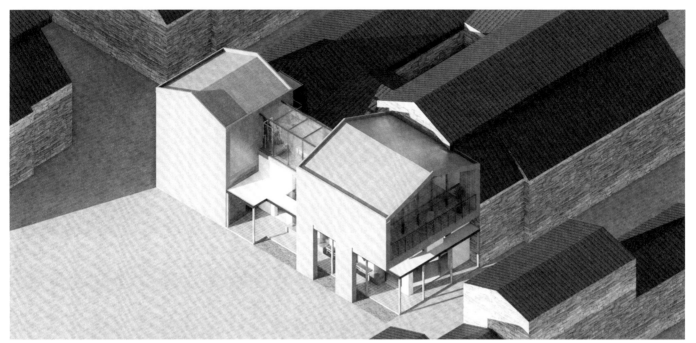

1. 设计概念

    本设计为在呼和浩特市塞上老街所规定地块内拟建一个艺术家工作室，场地北面为小吃街，南面为安静的四合院住宅，周围建筑具有明清建筑风格。在深入考察了这块场地之后，我想要做一个艺术家与烟火气对话的场景，概念为"艺术之窗"。建筑本身作为艺术家向大众展示自己艺术的一个平台，具有窗口的象征意义。我选择为木雕艺术家设计工作室，充分考虑到艺术家对光照以及展示木雕艺术品的需求。本次设计的策略为闹中取静，面对热闹的小吃街，保证艺术家的工作与生活的独立性，设计了缓冲空间与互动平台。通过自然光线为艺术品追光，更好地向过往游客展示雕刻之美。本设计通过体块推拉堆叠保证了艺术家生活空间与工作空间的相对独立与连接。

2. 方案生成

    本设计的考虑从光的利用出发，我选择的B地块场地较为狭长，而且东西向皆有建筑，既有建筑向场地上方伸出了两处檐口，挤压了场地上方空间。分析场地的同时要考虑艺术家生活空间与工作空间的两面性，保证艺术家工作与生活互不干扰。本次设计使用了体块叠加的操作方式，同时使用了其他手法丰富建筑细节：①通过功能划分体块，设置了艺术品展厅、艺术家生活区、艺术家工作室等功能块。②进行体块推拉，形成出入口灰空间，加强体块感。③增加体块间交通、增加连廊引导游客，形成有丰富层次的界面。④切削体块形成坡屋顶，形式上与周围建筑相呼应。根据功能分区，结合体块进行光线设计，光线聚焦在展厅空间，为艺术品追光。在复杂城市界面，建筑与周边环境的过渡显得尤为重要，我围绕出入口进行设计，布置了绿色植物和小型景观。主人和客人都有各自的进出口。探出的二层体块，像一扇艺术之窗，艺术家在阳台也可以与行人形成良好互动。建筑东北角的木制走廊作为界面与街区的缓冲空间，增加了场所氛围，北面面对热闹的小吃街，营造一种大隐隐于市的氛围。连廊作为缓冲空间，增加了界面层次感的同时，丰富了入口处；采用有秩序感的组合方式，与建筑进行良好结合，丰富了空间层次；作为建筑的主要入口，起到了吸引游客、服务大众的作用。方案生成过程主要以场地和功能作为考量因素，如何在限制性很强的场地达到丰富多变的效果，如何在只有两个立面外露的情况下保证采光和通风，如何处理檐口与建筑的关系，这都是方案生成中着重思考的部分。在确定了大的体块关系之后，通过沿街立面的体块操作，让建筑与场地有一定的关系，同时增加了两个小外立面，降低对场地的侵占。外部材料多采用适合场地颜色的混凝土和玻璃，室内设计思路为尽量保留材料的真实性，同时将公共活动空间与艺术家生活区进行区分。室内主要使用了混凝土、玻璃和木材，朴素大方，与木雕艺术家的身份相符合，同时符合艺术家遗世独立的特征。艺术家生活区主要以绿植营造一种自然温馨的氛围感，空间感觉透气明亮，同时处于安静的位置，避免艺术家休息时受到打扰。根据功能进行自然光线设计，在展厅空间，自然光线通过上方的玻璃走廊正好照射到展品上，形成了强烈的光影感受，像是给艺术品追光一样，

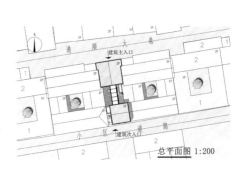

总平面图 1:200

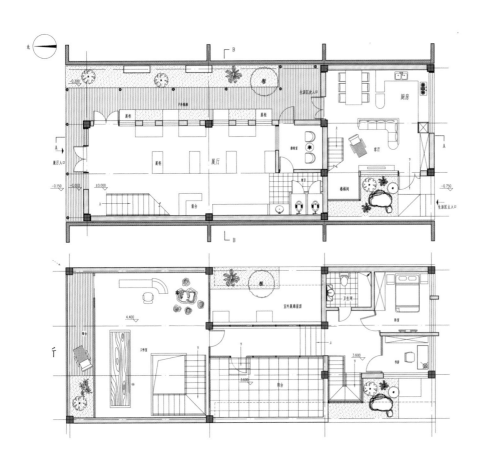

充满了趣味性与氛围感。玻璃走廊连接工作区与生活区，同时解决了建筑中心的采光问题。在既有建筑的屋檐下，做了一处阳台，满足艺术家举办小型聚会，招待客人的需求，同时巧妙地与屋檐进行了互动，屋檐落水也成为景观的一部分。立面上的开洞也进行了一系列设计，窗洞与人的视线行为相对应，同时不同颜色的对比也强化了层级关系。流线方面设计了两条互不干扰的流线，作为艺术家自宅与公共部分的结合，考虑到了私密性和公共性的共生，艺术家可以从南北两个方向进入，而参观者只停留在展厅与工作室区域。

3. 设计表达

在设计初期推敲方案和体块时，我更喜欢采用手绘的方式，也会使用手工模型反复调整体块间的关系、空间的形态等，因为突然的灵感还是通过动手操作来表达。每一次画图的过程都是对设计的再思考，通过精准的比例测算，不断地调整改善，才能知道空间的大小比例是否合适，内部和外部的尺度是否适宜。模型制作更是一种将二维平面转换为三维立体的重要方式，初期会用雪弗板推敲空间、泡沫板推敲体块等，在空间上的感受更为直观，易于察觉设计中的问题。在后期的表达上，为了精准性使用计算机制图，通过计算机建模细致地修改方案，使用渲染仿真直观体验了设计的效果与设计路径。在设计表达方面，尽量突出方案的亮点，包括设计深度的体现、体块操作的合理性、空间关系的趣味性，包括光线的运用、视线关系和人在其中的行为特点。表现效果也需要通过不停的尝试，才能达到较为满意的效果。本次设计我也学习到了很多设计手法和表现手法，也认识到自己还有许多需要学习的知识，在之后的设计训练中还要不断训练自己的设计能力，做出更好的设计。

4. 总结反思

在这次艺术家工作室设计中，虽然设计体量和之前大一年级最后一个设计体量没有明显区别，但是从一个纯粹的共建转化为一个具有公共性的自宅上，在功能、流线上需要考虑的问题更加复杂。需要考虑不一样的场地如何处理，建筑的形式、材料如何与场地相互识别，同时也可以对之前的建筑设计进行再思考。大一时对建筑的了解层次还不够，大二在这个艺术家工作室的设计上不但可以精进之前学到的方法，还可以查缺补漏，学习到新的、未曾注意的部分。这个设计还是有很多可以优化的点，包括细部的处理、构造的思考、空间的优化等。最满意的部分还是对光线的利用，而这个部分又恰好是感性的，这可能也是建筑设计偶然性和复杂性的体现，理性的思考是必要的，但往往很多打动人的建筑都是从某个感性的角度展开设计。有什么样的人就会有什么样的建筑，这就体现了不同人做建筑设计的差异性，这也是我一直在思考和理解的一点。

第二章　幼儿园建筑设计

专题设计二：
社区·平坦·单元空间 / 48学时

本章介绍幼儿园建筑设计，并展示优秀学生
设计方案。

二年级建筑设计课程对于学生的整个专业学习过程而言有着很重要的承上启下作用，相较于一年级空间建构训练是针对形态操作与空间抽象想象的训练，包含了更多如功能场地等现实要素，属于建筑设计学习的启蒙期，也是帮助学生打下扎实专业基础以及拥有创造性思维的关键时期。

从题目的设置而言，幼儿园设计在整个二年级课程设计的教学体系中同样也承担着上下衔接的重要作用，无论是场地、功能还是人群的多样性等层面相较于第一个课程作业艺术家工作室而言，难度有了明显的提升，是学生接触到的第一个具有一定规模的公共建筑类型训练。

2.1 任务解读

学生在本单元的训练过程，既要满足儿童的心理与行为尺度层面的特定需求，又要兼顾教职工与配套服务空间的流线与功能需求，在满足室内活动空间设计需求的同时要设计室外活动场地。在整个训练周期内培养学生的场地与环境意识，同时对重复单元形态与空间的组合方法及复杂功能的组织等能力开展针对性的训练。学生通过对场地条件的探索与人群行为的观察来探索推动设计的内驱力。

2.1.1 训练目标

1. 熟悉基本调研方法

基地环境的改变会对学生建筑形态的选择和方案的设计产生很大的影响。相较于上一个单元艺术家工作室设计，幼儿园设计单元中，对于场地认识的重要性再次被强化，同时场地设计的概念也第一次被正式安排到设计任务中。本单元的训练过程中，学生通过对建成环境和区域环境相对综合的调研，初步建立场地认识方法以及建筑设计中场地应对的能力。

2. 掌握单元及重复空间的功能组织与整合方法

学生通过体块模型进行与场地规划相结合的单元及重复空间构成推敲，以更好地实现幼儿园各单元及重复空间的功能组织与整合。与此同时，利用空间模型与技术图纸对幼儿园各单元及重复空间的功能进行组织与整合，可以更好地实现幼儿园建筑设计中不同层面设计内容的整合，使学生更好地理解和应用设计概念与技术，实现设计的统一性和协调性。

3. 掌握图纸与模型相结合的设计方法

在本单元的学习过程中，学生需要学习以模型制作和图纸推敲为互动的方案设计方法，实现幼儿园各单元及重复空间的功能组织，整合场地规划、功能平面、空间剖面、材料立面和场地景观等不同层面的设计内容。

4. 了解建筑结构选型与相关技术表达，体会结构对于空间的限定作用

在本单元的学习过程中，学生需要了解建筑结构选型与相关技术表达的知识内容，以便更好地选择与建筑空间及功能要求相契合的结构体系，同时在训练过程中培养学生感知结构对于空间的限定作用。

2.1.2 任务设定

1. 设计内容

本单元的设计任务为设计一座5个班幼儿园，总建筑面积为1600m²（可上下浮动10%），编班模式为：小班（3岁）1个，中班（4~5岁）2个，大班（5~6岁）2个，用地范围见图2-1。

（1）功能房间

生活用房：包括班级活动单元5间，每间90m²。每个班级单元的功能至少应包含：活动室、寝室、卫生间、衣帽贮藏室等；公共活动单元包含：美工教室50m²，科学发现室50m²，图书室50m²，生活操作室50m²，音体室100m²。

服务用房：值班室20m²，医务室20m²，隔离室20m²，晨检室20m²，办公室20m²×3，会议室30m²，教工卫生间20m²×2，贮藏室20m²×2。

后勤用房：备餐间50m²（内含开水间，三餐均为外包，定时送至幼儿园）。

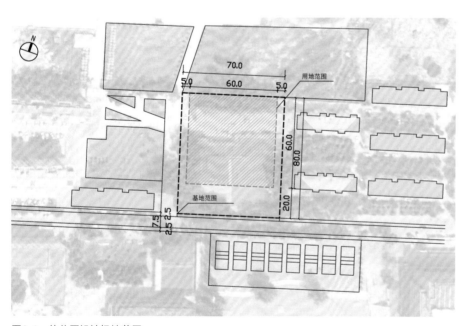

图2-1 幼儿园设计场地范围
来源：作者自绘

其他空间：门厅、过厅、走道、楼梯等。

（2）**室外活动场地**

班级游戏场地：不小于80m²／班。

集体游戏场地：不小于400m²，其中包括集体操场、戏水池、沙坑、器械活动场地、植物园地等。

2. 成果要求

总平面图：要求图纸比例为1∶200，画出准确的屋顶平面并注明层数，注明各建筑出入口的性质和位置；画出详细的室外环境布置（包括道路、绿化小品、停车位等），正确表现建筑环境与道路的交接关系；标注指北针。

各层平面图：要求图纸比例为1∶200，应注明各房间名称以及面积（面积按轴线计算），标注三道尺寸线（总尺寸、轴线尺寸、门窗洞口尺寸），卫生间画出铺装与洁具布置，首层平面图应表现局部室外环境，画剖切标志及各层标高。

立面图（2个）：要求图纸比例为1∶200，制图要求区分粗细线来表达建筑立面各部分的关系。

剖面图（2个）：要求图纸比例为1∶200，应选在空间具有代表性之处，其中一个剖面须剖到楼梯，清楚表达剖切线和看线的位置，准确表达檐口、室内外高差、基本结构，须标注标高。

设计说明：所有文字应采用仿宋字或方块字，整齐书写。

2.1.3　教学过程

教学时长为7周，其中中期评图和终期评图占用2周。主要训练环节包括场地调研1周、场地规划与建筑体量认知训练1周、功能组织与空间体块构成推敲2周、空间的功能组织与整合1周、材料建构引入空间模型2周。

1. 场地调研（1周）

（1）训练目的

本阶段的训练目标是帮助学生更好地了解幼儿园建筑设计的实际需求和环境要求，主要内容包括了解场地条件、理解主体需求和掌握规范与技术要求。通过这些训练，学生可以更好地融入场地环境，满足功能需求，同时也可以更好地理解儿童和教师的需求，以及遵守相关规定和规范。

（2）调研内容

在进行幼儿园建筑设计之前，需要进行场地调研，以了解场地的现状和环境因素。调研的内容包括地理位置、周边环境、植被分布、土地利用等情况，以及相关的城市规划、建筑法规和幼儿园设计规范。这些信息将为后续的设计工作提供重要的参考。

（3）成果要求

以个人为单位绘制1∶500基地现状总平面图，以小组为单位制作1∶200基地现状模型，在线平台提交调研及查阅文献的PPT，与此同时，在指导教师的引导下可开始进行初步概念方案的讨论。

2. 场地规划与建筑体量认知训练（1周）

（1）训练目的

在场地调研的基础上，培养学生的场地意识，了解区位环境、道路交通、人流组织等对建筑外部环境设计的影响。同时，通过实践操作，让学生掌握建筑体量与场地之间的大小比例关系，以及如何根据场地条件进行建筑设计。

（2）训练内容

调研成果汇报：以小组为单位，使用图文并茂的PPT进行调研成果汇报。每个设计小组都需要进行汇报，通过互相交流和学习，共同提高。

建筑体量与外部环境的共生关系讨论：在指导老师的引导下，进行课堂讨论，让学生理解建筑体量与其外部环境之间的共生关系，如何通过建筑设计来优化场地的使用，同时满足功能需求。

体块模型制作：利用泡沫板等材料，在基地现状模型上制作任务书中所列出的单元和重复空间的体块群。通过实际操作，让学生直观地认识不同单元体块（重复体块）之间，以及它们与场地之间的大小比例。

设计概念与方案推敲：在制作体块模型的过程中，引导学生思考设计概念，并进行总平面设计与环境设计，最终结合场地规划进行空间体块构成的推敲。

成果要求：查阅1个自己最喜欢的幼儿园建筑，在读图分析的基础上，抄绘案例的1个总平面图、所有平面图和 1个剖面图，并标注尺寸。在此基础上按照本设计需要继续修改并深化设计方案。

3. 功能组织与空间体块构成推敲（2周）

（1）训练目的

结合场地规划的单元及重复空间体块构成推敲，让学生了解幼儿园建筑的功能组成与空间流线的组织原则，培养学生对建筑功能的理解和对空间形态的把握能力。

（2）训练内容

功能分析：根据幼儿园建筑设计任务书的要求，分析建筑的功能组成，包括教学、生活、后勤管理等方面。引导学生对功能需求进行分析，并提出相应的空间规划方案。

空间流线组织：根据幼儿园的儿童行为特点，组织空间流线，确保儿童在建筑内的行动安全、便捷、舒适。让学生了解空间流线组织的原则和方法，并通过模型推敲和图纸绘制来实践空间流线的组织。

体块构成推敲：在单元及重复空间体块构成的基础上，结合功能分析和空间流线组织，进行体块构成的推敲。通过泡沫板等材料制作体块模型，不断调整和完善建筑的空间形态。

图纸绘制：草图表达幼儿园的平面图、立面图、剖面图等图纸，让学生了解草图的表达方式和绘制技巧，以此加强学生对建筑功能的理解和对空间形态的把握能力。

成果要求：在深化概念设计的基础上完成体量模型的制作并在教师指导下绘制各层平面草图（1∶200）。

4. 空间的功能组织与整合（1周）

（1）训练目的

结合功能组织和建筑体量关系，开展"平面-空间-剖面"设计，并将建筑结构引入技术图纸。通过深化建筑单元体量与空间的功能组织，提高学生的空间设计能力和建筑剖面图的绘制能力，同时培养学生的"结构"意识。

（2）训练内容

深化建筑单元体量与空间的功能组织设计：在前期设计的基础上，进一步深化建筑单元体量与空间的功能组织设计，考虑不同功能区域之间的关系和流线组织，确保功能使用的合理性和便捷性。

空间模型与剖面图之间的转换：通过空间模型与剖面图之间的相互转换，进行建筑空间的设计与建筑剖面图的绘制。让学生了解空间模型和剖面图之间的联系，掌握空间设计和剖面图绘制的技巧和方法。

建筑结构表达：深化绘制各层平面图与剖面图的结构表达，引入建筑结构知识，让学生了解建筑结构对空间设计的影响，并掌握结构表达的技巧和方法。

绘制技术图纸：根据设计要求，绘制幼儿园的平面图、立面图、剖面图等技术图纸，让学生了解技术图纸的表达方式和绘制技巧。通过绘制技术图纸来检验学生对建筑功能的理解和对空间形态的把握能力。

成果要求：制作深化后的建筑空间模型（1:100）并绘制总平面图及各层平面图（1:200）。绘制幼儿园建筑的剖面图（1:200）并着重表达建筑内部空间关系。

5. 材料建构引入空间模型（2周）

（1）训练目的

尝试将材料建构引入空间模型，让学生了解建筑材料对建筑空间及形体表达的重要性，同时结合景观进行建筑立面设计和场地景观设计。

（2）训练内容

材料选择与制作：在"空间-功能"模型的基础上，引导学生选择多种合适的建筑材料，如木材、塑料、纸板等，深化制作"功能-空间-材料"模型。通过材料的选择与制作，让学生了解不同材料的特点和适用性。

建筑立面设计：结合场地周边环境和建筑功能，进行建筑立面设计。让学生了解建筑立面的设计原则和材料选择，并进行立面模型的制作。

场地景观设计：分析场地的自然环境和人文环境，进行场地景观设计。让学生了解景观设计的基本原理和方法，并进行景观模型的制作。

立面图与景观总图绘制：在完成模型制作的基础上，绘制立面图和景观总图。让学生了解建筑图纸的表达方式和绘制技巧，并通过绘制图纸来检验学生对建筑材料的理解和对建筑立面及景观设计的把握能力。

成果要求：材料模型（1:100，该模型着重表达建筑中的材料关系及相应的空间氛围、外立面的形式特点等）。绘制建筑立面图（1:100）并着重表达建筑外表面的形式特点及其空间属性，绘制景观总图（1:100）。

2.2 场地调研

2.2.1 训练目标

在进行幼儿园建筑设计的教学过程中，场地调研是至关重要的步骤。场地调研的目的是更深入地理解基地的现状，包括其地理位置、周边环境、植被分布、土地利用等情况。这些信息将为后续的设计工作提供重要的参考。

建筑学二年级是学生在建筑设计方法、学习及思维模式转换的重要过渡期。在整个二年级的三个单元训练中，幼儿园设计单元也起到同样的作用。这一单元涉及多种类型、多特征的场地条件自选，相对于艺术家工作室严格空间形态的限定和乌素图小型公共建筑，幼儿园设计中相对宽松的场地条件与城市环境对于学生的场地意识及场地设计能力的培养具有很好的启蒙与衔接作用。

在开始设计之前，通过场地调研的训练，帮助学生更好地了解场地的环境、文化、历史和社会背景，从而更好了解幼儿园建筑设计的实际需求和环境要求。

这一阶段的训练目标主要包括以下几方面：

（1）了解场地条件：其中包括场地的地理位置、周边环境、地形地貌、气候特征等对建筑设计产生影响的环境因素。学生通过调研需要全面了解上述条件，以便其设计能够融入场地的同时满足功能需求。

（2）理解主体需求：幼儿园是为儿童和教师提供服务的地方，调研需要了解他们的需求和期望。例如，儿童对游戏设施、活动空间的需求，教师对教学、设施管理的需求等。

（3）掌握规范与技术要求：调研需要了解相关的城市规划、建筑法规和幼儿园设计规范。这些规定对建筑的位置、形状、高度等方面都有影响。

2.2.2 调研内容

首先，我们需要对基地的位置有一个清晰的了解。本项目的基地位于内蒙古工业大学校区内，工大幼儿园现有用地范围。其中，基地东、南、西侧边界与现有用地相同，北侧拆掉基地内原有住宅楼。整个基地范围内，拟建全日制5个班幼儿园，主要解决学校教职工幼儿入园问题，并适当考虑为邻近区域服务，基地、用地及调研范围见图2-1。

学生在进行场地调研时，需要注意以下几点：

（1）深入了解幼儿园的内部情况。其中包括对现有幼儿园的班级、园内幼儿的年龄、教师及后勤人员的情况进行详细的了解。同时，还需要对园内建筑空间的组合序列、室外活动场地、活动器械，以及室外道路、硬化、绿化等情况进行深入分析。

（2）学生需要对周边的建筑环境进行调研。这包括调研范围内居住建筑的位置、数量、层数、高度等，以及调研范围内公共建筑的位置、类型、位置、层数、高度等。这些信息将帮助学生更好地理解幼儿园所处的环境，从而在设计中更好地考虑环境因素。

（3）周边的道路状况也是我们需要关注的重要因素。在调研过程中需要了解城市主干道、次干道、区域内道路的位置、宽度、车流方向、与幼儿园的距离关系等，以及机动车、非机动车和各种人群流线的运行、停止、等待等状况。

（4）幼儿园的辐射范围。在了解了幼儿园的内部情况和周边环境后，学生还需要研究幼儿园的辐射范围，包括附近住区与幼儿园的距离，接送幼儿的交通工具等。这些信息将帮助学生更好地理解用户的需求和期望，从而在设计中更好地满足用户的需求。

（5）其他因素。如活动场地及绿地（操场和周边绿地情况）等。这些因素虽然可能不如前面的因素那么重要，但也可能对设计产生影响，因此也需要我们进行详细的调研。

通过上述调研工作，可以对学生的设计能力进行以下提高与培养：

（1）空间感知能力。在设计幼儿园时，学生需要考虑到空间的多元性和灵活性。通过对现有幼儿园班级、园内建筑空间组合序列、室外活动场地等情况的调研，学生可以更好地理解空间的利用和布局，同时可以直观地认识到空间的尺度对幼儿的空间使用和视线的影响。

（2）环境分析能力。通过对调研范围内居住建筑的位置、数量、层数、高度，以及城市主干道、次干道、区域内的道路位置、宽度、车流方向、与幼儿园的距离关系等环境要素的调研，学生可以思考在设计中如何利用自然光，如何处理建筑与街道的关系，如何处理建筑与周围建筑的关系。此外，还需要考虑建筑的环境影响，如噪声和污染，以便更为全面地分析和理解环境对建筑设计的影响。

（3）用户需求理解能力。在设计幼儿园时，学生需要考虑到幼儿和教师的需求和期望。如什么样的空间适合幼儿玩耍和学习。此外，学生还需要考虑到教师的工作环境，如办公区和休息区。通过对建成幼儿园的实地调研，以及对基地周边住区与设计场地的距离、家长接送幼儿所用交通工具等的调研，学生可以更好地理解用户的需求和期望。

（4）实地调研能力。在这一阶段的训练中，学生不仅通过参观一些已经建成的幼儿园，了解其优点和缺点，他们还可以与幼儿和教师进行交流，了解他们的需求和期望，在此过程中熟悉和掌握前期调研的方法和技巧，从而在未来的设计中更好地进行实地调研。

（5）综合分析能力。在本阶段训练的最后，学生需将收集的信息（如基地环境、街区环境、幼儿园功能需求、幼儿行为习惯等）进行整合分析，明确设计方向和重点。同时，考虑环境因素（如气候、日照）以及法规政策等，确保设计的可行性和合理性。此阶段旨在提升学生的设计能力，培养其批判性思维和问题解决能力。

2.2.3　调研成果要求

（1）基地现状模型（1∶200）：学生须以小组形式制作基地现状模型，准确反映地形、地貌、植被分布和建筑布局等信息，为后续设计提供参考。

（2）基地调研成果报告（PPT电子版）：每个小组需制作一份详细的基地调研报告，包括基地内部情况、周边建筑环境、道路状况、幼儿园辐射范围等信息，以图文并茂的形式展现，清晰地表达基地现状。

（3）基地现状总平面图（1∶200）：学生需在A2图纸上绘制基地现状总平

面图，详细展示基地范围、用地范围、原有植被以及周边建筑与道路布局，并进行尺寸标注，为后续设计提供参考。

2.2.4 场地调研基本知识与操作方法

1. 场地调研的基本知识

在建筑设计过程中，场地调研具有至关重要的地位。通过对场地的深入剖析，场地调研为建筑师提供了关于建筑物的定位、方向、形态以及各个空间的差异性和重要性等关键信息。这些信息对于建筑结构的选择、可持续性考量、建筑材料的挑选以及最终的建筑流线设计具有重要影响。只有在综合考虑这些因素的情况下，我们才能创造出真正符合"因地制宜"原则的优秀设计。

我们需要认识到，场地调研不仅是一种技术过程，更是一种创新思考的过程。它要求我们以开放的心态去观察和理解场地，挖掘其独特性，发现其潜在的可能性。通过这种过程，我们可以将场地的特性和需求转化为设计的灵感和策略，从而创造出既符合场地条件，又满足设计需求，且具有创新性的建筑设计。

广义的场地是一个宏观的概念，它不仅包括建筑物将要建造的具体地块，还包括周围的环境、社区、城市以及更大的地理、文化和社会背景。这些因素都会对建筑设计产生影响，因此在设计过程中需要进行全面的考虑。具体而言，需要考虑地块周围的建筑环境、交通状况、社区特色、历史文化、气候条件等。

狭义的场地则是一个具体的概念，通常指的是建筑物将要建造的具体地块。狭义的场地考虑的是地块的具体情况，如地块的形状、大小、地形、土壤条件、日照条件等。这些因素会直接影响到建筑的形式、布局、结构等设计。因此，在场地调研中需要对广义场地和狭义场地进行综合考量，以确保设计的合理性和可行性。

为了帮助学生建立全面的建筑观，并从全局角度出发进行建筑设计，通常将场地调研按照宏观、中观和微观的层次进行划分。在调研过程中，我们不仅关注设计场所的宏观背景信息，还将场地信息纳入其中，以便更好地理解场所的需求和限制。这样的调研有助于学生对建筑设计的全局有一个清晰的认识。

宏观层次：这一阶段的调研主要关注场地的大环境因素，如地理位置、气候特征、交通网络和周边环境等。这些因素对建筑设计的整体方向和策略具有决定性影响。

中观层次：这一阶段的调研聚焦于场地的具体特征，如地形地貌、土壤类型、植被覆盖和水文条件等。这些信息将对建筑的布局、形态和景观设计产生直接影响。

微观层次：这一阶段的调研深入到场地的细部特征，如场地尺寸、形状、朝向等。这些细节将对建筑的空间布局和细部设计产生关键影响。

在场地调研的训练阶段，学生需要掌握观察和分析技能。他们需要学会观察场地的自然环境、人文环境、社会经济状况等方面，同时运用科学的方法和技术对场地信息进行测量、统计和分析。通过观察和分析的融合，更好地理解场地的需求和限制，判断利弊，并将这些信息转化为设计灵感和策略。

2. 场地调研的方法

幼儿园设计作为建筑学二年级的第二个训练专题，对学生的场地调研方法提出了更高的要求。尽管在第一个专题——艺术家工作室设计中，学生们已经进行过一次场地调研的训练，但由于两个专题在设计内容和场地特征等方面存在显著的差异，因此，对于场地调研的方法和策略，学生们仍需进行深入的学习和训练。特别是针对不同的建筑功能和场地条件，我们需要采取不同的场地调研方法和策略，以确保设计的准确性和合理性。

尽管无人机航拍和地理信息系统（geographic information system，GIS）等先进科技为场地调研提供了多元化的手段，但对于正在学习建筑学的二年级学生来说，传统的调研方法在他们的学习阶段仍然具有无可替代的实用价值。以下几种方法为常用或更为适用的调研方法：

（1）实地考察法：这是最基础且重要的一种方法。亲自走访场地，直观地感受幼儿园的环境，了解地形、地貌、气候等实际情况，这对于后续的设计工作有着至关重要的影响。

（2）图纸分析法：这也是一种常用的调研方法。通过分析地形图、地质图等，同学们可以在没有实地考察的情况下，对幼儿园场地有一个大致的了解，为实地考察提供预备知识。

（3）社区参与法：这是一种非常有价值的调研方法。通过与幼儿园的教师、家长和孩子们的交流，同学们可以了解他们对场地的使用情况和需求，这对于设计的人性化有着重要的指导作用。

（4）模型模拟法：这也是一种有效的调研方法。通过建立数字模型或实体模型，模拟幼儿园场地的各种情况，如日照、风向、水流等，这种方法可以帮助同学们在设计前就能预见到可能出现的问题，有利于设计的优化。

（5）参与观察法：这是一种深入理解用户需求的方法。通过参与幼儿园的日常活动，观察孩子们的行为习惯，同学们可以更好地理解幼儿的需求，这对于设计出符合孩子们需求的幼儿园有着重要的帮助。

总体而言，虽然现代科技为我们提供了许多高效的调研工具，但对于建筑学二年级的同学而言，掌握和运用这些传统的调研方法，不仅可以帮助他们更好地理解和分析场地，也是他们建筑学习之路上必不可少的基础训练。

3. 调研工具的准备

（1）相机、卷尺或激光测距仪、秒表、计数器、多支彩色记号笔、手机安装路径记录App、航拍工具、防晒或防雨设施、水和食物。

（2）基础资料：调研内容与要求说明、基地及周边测绘地形图、基地及周边卫星图、记录模板等。

4. 调研步骤及内容

（1）相关资料、文献收集：在未进入现场勘察之前，首先需要收集相关资料、文献等内容。相关资料包括上位规划图纸，如地块所在区域的总规、控规以及其他专项技术图纸。此外，应通过网络、图书馆查阅基地内部、基地所在区域或城市的相关自然地理、人文历史等资料，阅读大量与设计主题相关的科技文献，并做好重点笔记摘要，为后面策略定位、文化传承、主题确立等工作做好充足的前期资料储备。

（2）现场勘察：在前期资料收集后，实地勘察对城市设计而言是不可替代的环节。只有通过现场的观察、感受、测量、问询等，才能获得第一手翔实资料，并能真切感受场地以及场地周边的气质。现场勘察主要关注以下两个方面：①实地地形与环境特征，包括场地坡度、植被、水文条件、日照通风情况等，这些条件直接影响建筑设计的可行性与环境适应性。②周边用地情况及基础设施，关注周边建筑物的类型、尺寸与形态，以及场地周边交通、服务设施的分布，确保设计能够更好地融入场地环境，配套周边功能。

（3）场地及场地周边人文特征和社会特征：包括社会特征调研（如人口数量、年龄结构、男女比例、职业类型、宗教信仰、经济收入等）、人文特征、人群活动调研（如民风、民俗）和非物质文化内容（如传统工艺技术、传统小吃、传统节日等）。

（4）场地及场地周边物质空间环境特征：包括用地性质调研，容积率、建筑密度等指标调研，道路交通现状调研，公共服务设施调研，以及物质空间调研（如地形地貌、水体、植被、建筑、场地等环境）。

（5）优秀案例分析借鉴：现场调研完毕并整理资料后，对国内外相关优秀案例的收集和借鉴也是调研的环节之一。案例选择首先要有相关性，可体现在地理环境相似或基地社会经济背景等相似。在借鉴案例时不能全盘照搬案例，而是选择适宜的内容整理并借鉴。

2.3　设计方法讲解

2.3.1　幼儿园设计要点

幼儿园设计训练专题对于二年级学生的设计训练而言，因其服务对象的生理、心理特征以及教育活动的独特性，对他们的设计思维和技能提出了新的挑战。学生需要切实地去调研并了解使用人群的特征与需求，无法简单地通过自身想象与自我代入来开展设计。因此，学生首先需要了解幼儿对建筑空间的某些特殊使用要求：

（1）幼儿的生理需求：幼儿园的设计应该考虑到幼儿的生理特点和需求（图2-2）。例如，家具和设施的高度应该适应幼儿的身高，以便他们可以自由移动和使用。此外，幼儿园的环境应该保持清洁和卫生，以防止疾病传播。

（2）幼儿的心理需求：幼儿园的环境应该充满乐趣和创新，以激发幼儿的好奇心和探索欲望。此外，幼儿园的设计应该提供一个安全和舒适的环境，让幼儿感到被接纳和被爱。

（3）幼儿的安全需求：幼儿园的设计应该考虑到幼儿的安全。例如，所有的家具和设施都应该没有锐利的边角，家具的摆放布局也应考虑到幼儿的通行与安全以防止幼儿受伤（图2-3）。此外，幼儿园的出入口应该设计得既方便又安全，以防止幼儿走失。

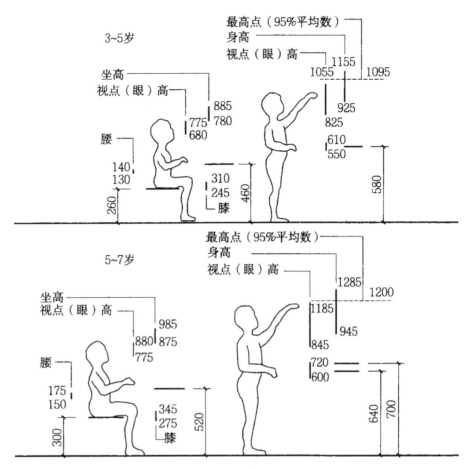

图2-2 幼儿坐立姿势的人体尺度（单位：mm）
来源：《建筑设计资料集》编委会.建筑设计资料集4[M].3版.北京：中国建筑工业出版社，2017：3.

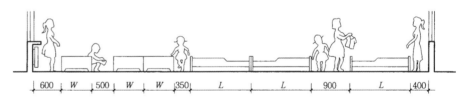

图2-3 寝室走道功能尺寸
来源：《建筑设计资料集》编委会.建筑设计资料集4[M].3版.北京：中国建筑工业出版社，2017：3.

（4）幼儿的社交需求：幼儿园是幼儿社交技能发展的重要场所。因此，幼儿园的设计应该提供足够的空间和机会，让孩子们一起玩耍和互动。

（5）幼儿的学习需求：幼儿园的设计应该考虑到幼儿的学习需求。例如，幼儿园应该有一个专门的阅读区，让幼儿可以安静地阅读和学习；幼儿园的墙壁可以用来展示教育性的海报和图画，以增加幼儿的学习兴趣。此外，幼儿在园期间通常都会学习并掌握一些基本的生活技能和知识，因此，幼儿园也需要安排相应的上课时间和专门的教学场所。

（6）幼儿室外活动与游戏的需求

① 室外游戏区：幼儿园应设有宽敞的室外游戏区，以适应幼儿的运动和游戏需求。这些区域应该有各种游戏设施，如滑梯、秋千等，以刺激幼儿的身体发育和运动技能的发展（图2-4）。

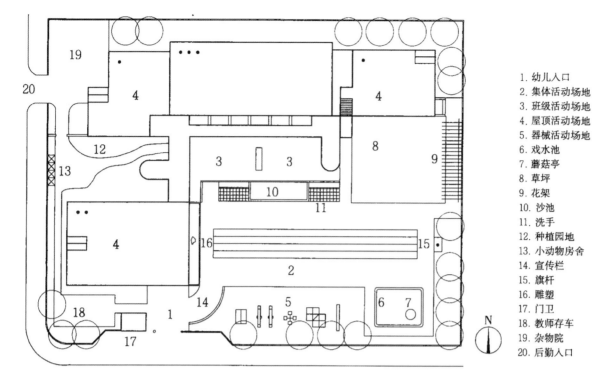

1. 幼儿入口
2. 集体活动场地
3. 班级活动场地
4. 屋顶活动场地
5. 器械活动场地
6. 戏水池
7. 蘑菇亭
8. 草坪
9. 花架
10. 沙池
11. 洗手
12. 种植园地
13. 小动物房舍
14. 宣传栏
15. 旗杆
16. 雕塑
17. 门卫
18. 教师存车
19. 杂物院
20. 后勤入口

N

图2-4 幼儿园场地布置示例
来源：《建筑设计资料集》编委会.建筑设计资料集4[M].3版.北京：中国建筑工业出版社，2017：3.

② 自然环境：幼儿园应设有自然景观，如花园或小树林，以适应幼儿的探索和学习需求。这些区域应该安全，同时也能提供幼儿与自然互动的机会。

（7）防疫的需求

① 清洁和卫生：幼儿园应设有足够的卫生设施，如洗手台和卫生间，以保持环境的清洁和卫生。这些设施应该易于使用，同时也方便保教人员进行清洁和消毒。

② 健康监测：幼儿园应设有健康监测设施，如体温检测器，以预防和控制疾病的传播。这些设施应该易于使用，同时也方便保教人员进行健康监测和管理。

（8）保教人员方便管理的需求：幼儿身体机能正处于发育期，对新鲜事物与环境充满了探索欲与好奇心，但同时他们的体力、智力尚未发育成熟，无法进行良好的自我管理，需要幼儿园教师或保育人员加强陪护与教育工作，幼儿园的设计需要在满足陪护上述幼儿使用的基础上，密切结合教师与工作人员的办公、管理工作。

2.3.2 场地环境分析

基地位于内蒙古工业大学校区内，与内蒙古工业大学附属幼儿园的现有用地范围重合。该基地东、南、西三侧与现有用地边界相同，而北侧则已拆除原有的住宅楼（图2-5）。

该场地本身是一个平坦区域，面积相对宽敞，红线也相对宽松，为设计提供了更多的自由度。周边道路交通状况良好，方便儿童和教师出入。红线范围内树木茂盛，为幼儿园提供了良好的自然环境。由于基地位于高校校园内，周边环境具有一定的教育和文化氛围。因此，如何让新建幼儿园更好地融入周边的家属住宅区和内蒙古工业大学南、北区校园环境，形成一个和谐、统一的社区环境是在设计过程中需要认真思考的问题。

基地范围

图2-5 场地现场环境照片
来源：作者自摄

2.3.3 行为尺度与心理

在构建优良的幼儿园环境中，多层次的思考过程是不可或缺的一环。本专题的任务不仅是一个简单的空间构建，还是一个综合性的、多功能、多维度的项目。学生在设计幼儿园时，需要深入研究并理解幼儿活动、心理、教育特点对幼儿园建筑设计的要求，以确保所创造的环境能满足幼儿的身体、心理和社会发展的需求。

从幼儿的身体发育方面来看，设计中需要注重不同年龄段的幼儿具有不同的身体尺度和需求。设计时应当重点关注安全性和尺度的适应性，以方便师生的日常教学与生活。

从建筑的主要功能来看，教育活动是幼儿园日常生活中不可或缺的基础。这些活动以游戏和实践为中心，为孩子们提供了一个在探索和互动中学习的平台。通过各种富有创意和启发性的活动，幼儿园能够促进儿童在身体、社交以及认知方面的发展。例如，通过有组织的游戏和活动，孩子们可以学习基础的数学和科学概念，发展他们的社交技能，同时提高他们的身体协调能力。通过这些活动刺激孩子们的好奇心和探索欲望，帮助他们发展关键的思考和解决问题的能力。

从心理发展的角度而言，幼儿园是推动儿童心理和社会发展的重要阶段。在这个生命早期阶段，孩子们开始学习如何处理情感，如何与同伴交往，以及如何解决基本的生活自理问题。儿童心理发展的理论为早期教育提供了框架和指导。例如，根据认知发展理论，幼儿是通过与环境的互动来学习和发展的。因此，设计幼儿园环境时，学生需要思考如何创造一个有利于幼儿全面发展的环境，并为幼儿提供一个安全、激发好奇心的学习环境。这些思考也会成为学生方案推敲过程中必要的推动力。

2.3.4 平面与体量关系处理

在幼儿园建筑设计中处理好幼儿生活用房、服务用房、供应用房三者的关系，以及处理好幼儿生活用房内部各房间的组合关系是幼儿园组合的两大重要内容。首先从总体上把握建筑布局的合理性；其次从细节上深化建筑布局的重要内容。在设计上，这两大平面组合内容往往交织在一起，需要同步进行研究。

幼儿园建筑整体由多个局部构成，相同或者相似的局部可以称为"单元类型"，建筑整体即为多个单元类型的组合的结果。单元类型的设计、组合方式及其联系方式的设计，决定了整体建筑的性格。

1. 幼儿园建筑的平面组合方式

幼儿园建筑设计基本由幼儿绿化用地、游戏场地、生活用房、管理用房以及后勤用房五个板块组成。

在教学过程中，"单元类型"设计的主要部分就是幼儿园的生活用房设计，生活用房是幼儿园建筑的功能主体，也是塑造幼儿园建筑形态与空间特征的主要元素，学生在训练过程中如何去衔接与组合生活用房及其他功能空间是本单元功能与形态训练的重点之一。

幼儿园建筑设计中的平面组合形式丰富多样，可以从多个角度进行分类和解读。下面我们将详细探讨这些组合形式，并结合实际案例进行说明。

1）廊式组合

廊式平面布局是一种常见的设计布局，其特征在于通过一条主廊道连接各个功能区域。在幼儿园建筑设计中，此种布局方式能够有条理地组织空间，确保流线清晰且便捷。

优点方面，廊式平面布局通过一条主要廊道连接各个活动室，使得交通流线清晰易懂，方便儿童和教职工的导航；同时，各个功能区域沿廊道依次排列，有助于空间的条理性，并且可以根据需要对不同年龄段的儿童进行分区管理。此外，通过调整廊道的方向和连接方式，可以灵活适应不同的场地条件和功能需求。

然而，这种布局也存在一些缺点。如果处理不当，廊式布局可能会导致空间体验单调乏味，缺乏趣味性。同时，廊道可能会阻挡自然光的进入，因此需要通过设计窗户和采光井等方式解决此问题。此外，廊道本身会占用一定的建筑面积，这可能会增加建筑的总体面积和成本。

在幼儿园建筑设计中应用廊式平面布局时，可以通过设计富有变化的廊道，增加空间的趣味性，激发儿童的探索兴趣。同时，廊道也可以作为展示和学习空间，例如挂上儿童的画作、摆放学习材料等，使其成为学习和成长的一部分。

总的来说，廊式平面布局是一种实用且经济的布局策略，特别适用于需要清晰流线和有条理空间的幼儿园建筑设计。然而，建筑师在设计过程中应注意空间的多样性和舒适性，以创造一个既安全又富有创意的学习环境。

在周凌工作室设计的岱山幼儿园的案例中，建筑师巧妙地将走廊与内庭院结合（图2-6、图2-7），通过开放的庭院设计，不仅增强了整个空间的通透感和自然光线，还为幼儿提供了一个温暖舒适的学习环境。走廊空间尺度的自然变化避免了单调乏味，增加了空间的趣味性，同时也为孩子们的活动和交流提供了丰富

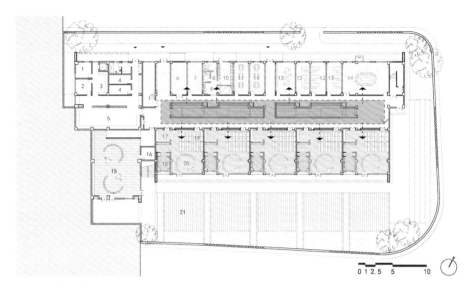

图2-6 岱山幼儿园一层平面图

作者改绘，来源：王方戟，游航. 场地与几何的基本策略南京岱山小学及岱山幼儿园建筑设计[J]. 时代建筑，2017（3）：104-109.

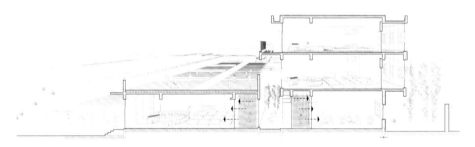

图2-7 岱山幼儿园剖透视图

作者改绘，来源：王方戟，游航. 场地与几何的基本策略南京岱山小学及岱山幼儿园建筑设计[J]. 时代建筑，2017（3）：104-109.

的场所。这样的设计不仅满足了幼儿园的基本功能需求，还通过独特的空间组合和自然元素的融入，为幼儿提供了一个充满活力和乐趣的学习环境。

2）厅式组合

厅式平面布局是一种以中央大厅为核心，各活动单元直接与大厅相连的设计方式。在幼儿园建筑设计中，这种布局方式强调空间的集中性和交通的便捷性。

优点方面，由于各活动室都直接与中央大厅相连，无须冗长的走廊，交通线路短捷，联系方便。此外，厅式平面布局的面积较为集中，有助于空间的高效利用和管理。中央大厅不仅作为交通枢纽，还可以作为多功能的公共区域，为幼儿活动提供充足的开放空间，用于游戏、集会、演出等。

然而，厅式平面布局也存在一些缺点。由于房间围绕中央大厅布置，可能造成中央大厅采光不佳，对自然通风也有一定影响，需要通过设置中庭、高侧光或顶光等方式解决。此外，如果处理不当，功能单元之间可能会相互遮挡，对幼儿活动产生不利影响。

在幼儿园建筑设计中应用厅式平面布局时，中央大厅可以作为孩子们的集聚地，增强社交互动和学习共享。通过合理的设计，中央大厅还可以成为一个充满活力和创造力的空间，激发孩子们的想象力和创造力。厅式组合以一个中央大厅为核心，其他功能空间围绕其布局，实现空间的集中和交通的便捷。

在兰兹·施瓦格建筑事务所（Lanz Schwager Architects）设计的里德尔公园（Riedlepark）幼儿园的案例中，厅式平面布局得到了充分的体现（图2-8、图2-9）。该幼儿园共有两层，上层专门为孩子们的集体活动室而设。这些小组房间围绕一个两层楼高、内部照明良好的大厅布置，朝东西向。这种布局方式减少了冗长的走廊，使各活动室都能直接与大厅联系，便于孩子们的活动和互动。这里的大厅是一个交通枢纽，可以作为多功能的公共区域，用于游戏、集会、演出等多种活动。

图2-9　里德尔公园幼儿园中庭空间
来源：archdaily网站，Barbara Schwager摄影作品

3）分散式组合

分散式平面布局是一种将各个功能区域分散设置，不依赖于中央核心区域的设计方法。这种布局方式区别于先前所讨论的廊式和厅式布局，空间序列性较低，更强调人在空间中的漫游性和探索性。

优点方面，分散式布局允许各个功能区域独立运作，为空间使用提供了更大的灵活性。这种布局可以根据不同的活动需求和孩子们的年龄特点，灵活调整空间的使用。同时，通过分散式布局，可以更好地融入周围的自然环境，为孩子们提供更多与自然亲近的机会。此外，分散式布局还可以创造丰富多样的空间体验，有助于培养孩子们的观察和思考能力。

然而，与厅式平面布局的集中性和便捷性相比，分散式平面布局可能会使交通流线变得相对复杂，增加了孩子们和教职员工的行走距离。此外，分散式平面布局可能需要更多的监管和安全措施，以确保孩子们在不同区域之间活动的安全。

在幼儿园建筑设计中应用分散式平面布局时，可以创造一个更加开放和自由的学习环境。与厅式平面布局的集中性和廊式平面布局的线性相比，分散式平面布局提供了更多的可能性和灵活性。例如，可以通过分散式平面布局创建一系列与自然环境相连的开放空间，让孩子们在学习和玩耍中更加接近自然。同时，通过巧妙

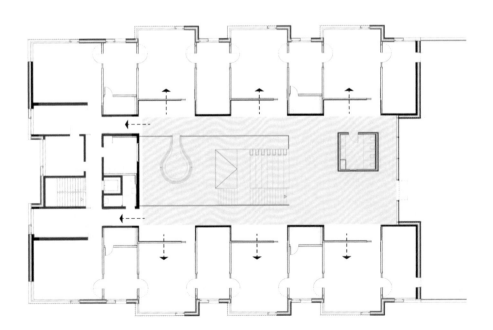

图2-8　厅式组合布局平面图
作者改绘，来源：archdaily网站，Lanz Schwager Architekten设计作品

地安排建筑体量和户外空间，可以增强孩子们的空间感知能力，培养他们的创造力和想象力。

大坪乡幼儿园的案例中（东意建筑设计），设计师巧妙地将空间分为上下两个层次，上层联系村庄，下层连接田野。这种分散式平面布局不仅解决了地形高差的问题，还创造了多样化的活动空间（图2-10、图2-11）。同时，该建筑布局再现了传统乡村的形成机制，以"乡村原型屋"组成生活活动单元，形成了一个由单元集合成的"村庄"。这些"村庄"围绕一个圆形的小广场，既作为全园的集体活动场地，也共享给社区。建造师期望通过设计能够让幼儿园突破边界，延续环境特质，重塑家乡情感关联。

4）院落式组合

院落式平面布局是一种以庭院空间为核心，各功能区域围绕庭院布置的设计方式。在幼儿园建筑设计中，这种布局强调了空间的围合感和亲近性。

首先，院落式平面布局将各个功能区域有机地结合在一起，形成一个围合的庭院空间，为孩子们提供了一个尺度适宜、安静、舒适的户外游戏和活动场所。此外，庭院空间可以布置各种幼儿活动设施，满足孩子们的不同需求。

其次，庭院空间不仅提供了户外活动场所，还有效地调节了通风和采光。通过合理的布局和设计，可以保证庭院内部通风良好，同时也能充分利用自然光，为室内环境创造一个舒适、健康的学习氛围。

然而，院落式平面布局也存在一些问题。首先，封闭的庭院可能导致部分房间日照不足，需要合理选择庭院的形式和尺度以避免这一问题。其次，庭院的设计也可能会影响通风效果，需要通过通透的平面格局来解决。最后，如果设计不当，相近两侧的班级可能会互相影响光照，需要采取相应的遮阳措施解决。

总结来说，院落式平面布局在幼儿园建筑设计中注重空间的围合感和亲近性，同时兼顾通风和采光的需求。通过合理的设计，可以实现空间的高效利用和舒适环境的营造。但需要注意光照和通风问题以及合理选择庭院的形式和尺度，以达到最佳的设计效果。

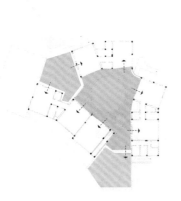

图2-10 大坪乡幼儿园分散式组合平面图
作者改绘，来源：archdaily网站，东意建筑
设计作品

图2-11 大坪乡幼儿园轴测图
来源：archdaily网站，东意建筑设计作品

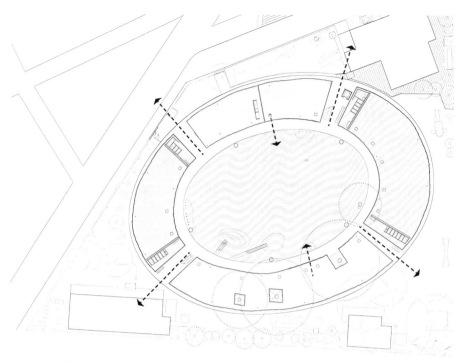

图2-12　院落式平面布局图
作者改绘，来源：筑龙学社网站，手冢建筑事务所设计作品

　　手冢建筑事务所设计的东京富士幼儿园建筑是一个采用独特院落式布局的案例。该建筑的最大特点是其环形屋顶，不仅为孩子们提供了一个无拘无束的奔跑和探索的空间，同时也显著增加了他们的身体活动机会（图2-12）。环形屋顶两侧设置的安全护栏，不仅确保了安全，还鼓励孩子们从高处观察整个幼儿园，与楼下的小伙伴进行互动和交流。

　　这一设计理念注重打破空间的封闭感，因此，幼儿园内部并未使用任何墙壁进行分隔。这种开敞式的设计使得室内与室外、各教室之间的界限变得模糊，消除了孩子们的紧张情绪，同时也有助于他们更好地感受和适应环境的变化。

　　这一设计不仅打破了空间和视野的限制，还有助于孩子们在日常生活中不断去发现新的"玩具"和"乐趣"。这种设计理念的应用，既注重孩子们的身心健康发展，又充分考虑了幼儿园的整体功能性和实用性（图2-13）。

　　5）混合式组合

　　在规模较大且内容组织复杂的幼儿园建筑设计中，混合式平面布局日渐受到青睐。这种布局综合了走廊式、厅式、庭院式等多种布局方式，形成了一种多元且富有灵活性的空间结构。它能够缩短交通线路，方便各功能区域之间的联系，同时提供多功能、多场景的使用体验。

　　混合式平面布局的设计目标在于充分发挥各种布局形式的优点，如走廊式的流线型交通、厅式的集中式空间以及庭院式的户外活动空间。然而，混合式平面布局并非无所不能。由于融合了多种布局方式，其设计复杂性相应提高，可能会导致成本的增加。此外，如何平衡各种布局形式的优缺点也是一大挑战。

　　因此，在实际应用中，设计师需要充分考虑幼儿园的具体需求和条件，进行细致的分析与规划。这不仅涉及空间布局，还与光照、通风、安全等多个因素有关，全面解决各种问题才能实现最优的设计效果。

图2-13　东京富士幼儿园鸟瞰照片
来源：筑龙学社网站，Katsuhisa Kida摄影
作品

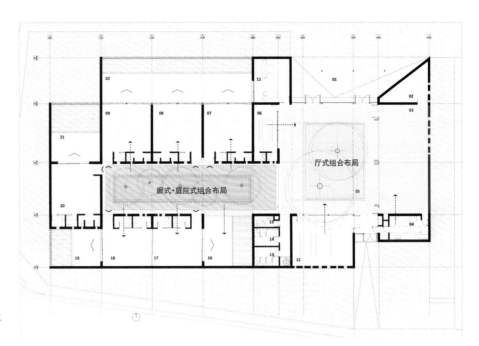

图2-14 混合式平面布局图
作者改绘，来源：archdaily网站，Subsecretaría de Obras de Arquitectura设计作品

巴兰基塔斯（Barranquitas）市政幼儿园项目中，设计团队采取了一种混合式平面布局，有机地结合了走廊式、厅式和庭院式的元素（图2-14）。该项目的特色在于两个大小不同的庭院空间，一个为方形，另一个为长条形。这两个庭院不仅作为户外活动和游戏区域，同时在空间结构上扮演了核心角色。各功能空间环绕这两个庭院进行布置，形成了一种兼具内外、动静结合的空间形态（图2-15）。

特别值得注意的是，外廊在这个设计中起到了关键的作用。它不仅作为连接各个房间的交通枢纽，同时也自然地将室内空间与庭院空间衔接起来。更值得称赞的是，这些外廊也被巧妙地设计成孩子们游戏玩耍的场所，增加了空间的功能性和灵活性。

这种设计理念充分考虑了孩子们的活动需求，并实现了多种功能在有限空间内的和谐共存，展示了混合式平面布局在幼儿园设计中的巨大潜力。

2. 幼儿园建筑的体量关系处理

在本训练专题中，除上述的基于平面布局的组合方式之外，体量与空间的关系处理尤为关键。我们在教学过程中需要不断探讨空间的形成与体块的处理。这主要是通过平面与体量的交互操作来实现的。例如，简单的操作如折叠、编织和包裹不仅为我们提供了生成可建造形态的方法，更为我们提供了理解空间内隐含的体积逻辑。安东尼·迪·玛丽（Anthony Di Mari）和诺拉·柳（Nora Yoo）编写的《空间操作法——空间作业动词目录》（*Operative Design-A Catalogue of Spatial Verbs*）一书中，采用了一种独特的方式，将建筑设计的过程划分为若干个不同的"动词"，这些"动词"分别对应着不同的建筑元素和设计手法。这种对形态体块的操作暗示了空间设计不仅是二维平面的展现，更是与三维体积之间的互动和反馈。

这也是我们一年级建筑初步系列课程空间操作训练概念的一种延伸。建筑初步的空间建构练习首先是保持练习的抽象性，但一年级的形态操作训练中不包含具体的建筑类型和场地的设计课题。在二年级的幼儿园建筑设计中，在考虑平

图2-15 巴兰基塔斯市政幼儿园庭院空间
来源：archdaily网站，Federico Cairoli摄影作品

面关系的同时关注体积空间的操作。我们在幼儿园设计中，常把活动室单元及其他功能房间抽象为体块空间并进行设计操作，体块空间的最基本操作之一是以体块来占据空间，同时产生体块与体块之间的空间。体块的大小和形状随体块的功能内容而定，因而大小不一。将生成空间所需的体块简化为一种或几种单元，从而赋予体块本身一种内在的秩序。这种操作方式为我们提供了一个开始设计的平台，帮助我们更好地理解形体、空间、功能与使用者之间的关联性。在接下来的部分，我们将探讨更适用于幼儿园设计的几种体块操作方法。

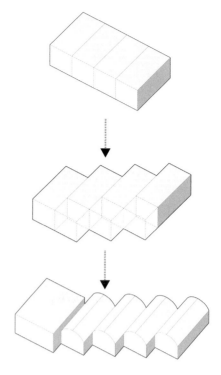

图2-16　体块操作——偏移
来源：作者自绘

1）体块操作——偏移

在建筑设计中，"偏移"是一种常用的手法，它指的是对建筑体量或空间进行偏移、错位或平移的操作（图2-16）。在中文语境中，我们也可以将其称为"错位"或"位移"。这种设计手法通过对建筑元素或空间的相对位置及方向的调整，能够实现特定的设计目标或效果。

首先，通过偏移手法，建筑师可以创造出丰富的空间层次感。例如，通过将墙体或楼层进行错位，可以使整个建筑看起来更加立体和有趣。这种设计方法增加了空间的趣味性和探索性，让孩子们可以在一个多变的空间中玩耍和学习。

其次，合理的体量偏移还可以改善建筑的采光和通风条件。通过调整建筑体量的位置和方向，建筑师可以更好地利用自然光和通风，为孩子们创造一个更加舒适的学习和活动环境。例如，将建筑的一侧进行偏移或错位，可以使得更多的光线进入室内，同时有利于自然通风，降低对机械通风的依赖。

再次，通过错位设计，可以增强室内外空间的联系和流动性。例如，将建筑的一部分向上或向下偏移，可以创造出一种悬浮或下沉的感觉，使得室内空间与室外环境更好地融合。

最后，错位设计还可以为孩子们提供更多的活动和交流场所，增强空间的互动性和社交性。

总的来说，"偏移"这一设计手法在建筑设计中具有重要的应用价值。它不仅可以创造出丰富的空间层次感、优化采光和通风条件，还可以增强空间的流动性和连通性。这些优点使得偏移手法成为一种极具创意的设计方法，为建筑师提供了更多的可能性，也为孩子们创造了一个更加有趣、舒适和互动的学习及活动环境。

在皮奇-阿吉莱拉建筑事务所（Pich-Aguilera Architects）设计的巴兰基塔斯幼儿园案例中，建筑师通过偏移的设计操作，让线性布局的教室能够最大化地朝向阳光方向（图2-17），且保证了所有教室都有自己的户外空间（图2-18），同时也使得功能区域得以合理分配。这种灵活的空间组织方式增强了建筑的功能性和舒适性。

2）体块操作——分割

"分割"在建筑设计中是一种应用广泛且重要的手法，它通过将建筑整体体量分割成多个部分，以实现特定的设计目标。这种手法有许多优势，同时也需要注意一些潜在的问题（图2-19）。

首先，分割手法具有很大的灵活性。根据不同的功能需求和环境条件，建筑师可以通过分割手法调整空间布局，以满足各种特定的需求。例如，为了适应不同的活动类型和规模，建筑师可以将大型空间划分为多个小型空间，或者为了适

图2-17 巴兰基塔斯幼儿园建筑立面
来源：archdaily网站，Simón García摄影作品

图2-18 巴兰基塔斯幼儿园教室单元入口空间
来源：archdaily网站，Simón García摄影作品

应不同的使用人群，建筑师可以调整空间的布局和尺度，以增强空间的适应性和舒适性。

其次，分割手法能够展现出独特的形体美学。通过将单一的建筑体量进行分割，可以创造出独特的视觉效果和光影效果，使建筑更具美感和动态感。例如，在某些历史建筑中，建筑师可以通过对建筑立面的分割，恢复原有建筑的比例和细节，以展现出历史建筑的风貌和特色。

再次，分割手法还可以用于功能区域的划分。通过将建筑体量进行拆分，可以将不同的功能区域清晰地划分开来，以提高空间的使用效率。例如，在商业建筑中，建筑师可以通过对建筑空间的分割，将不同的商铺和功能区域划分开来，以提供更好的商业环境和用户体验。

最后，分割手法也可以用于处理内外空间的关系。通过将建筑体量进行拆分，可以创造出丰富的内外空间关系，增加空间的层次感和动态感。例如，在景观设计中，建筑师可以通过对建筑体量的分割，将景观空间与建筑室内空间相互渗透和融合，以创造出更具趣味性和探索性的景观环境。

在对形态进行分割操作时也需要注意一些问题。如果分割设计不合理，可能会导致功能流线的不畅通，影响空间的使用效率。例如，如果分割后的空间过于狭小或过于复杂，可能会使人们感到不便或迷失方向。此外，分割操作同样也会增加建筑结构处理的难度。例如，如果需要对多个部分进行支撑和固定，可能会使建筑的结构设计变得更加复杂和困难。因此，在运用分割手法时需要仔细考虑这些问题并寻求妥善的解决方案以确保设计的可行性和建筑的稳定性。

总的来说，"分割"这种手法在建筑设计中是一种有效的工具，它可以满足不同的功能需求，提高空间的适应性和使用效率，展现形体美学并丰富内外空间的关系处理。在运用分割手法时也需要注意可能出现的困难和挑战，应综合考虑各种因素并妥善处理这些问题。

在重庆弹子石幼儿园（由NAN Architects设计）的设计案例，展示了基于巧妙分割手法的运用。为应对场地的显著高差并减轻建筑体量对街道的压迫感，沿街的教室单元顺应当地地势起伏，构建了台阶状的屋顶活动平台。这种分割和变化的方式，实现了建筑与自然地形的和谐共存（图2-20）。

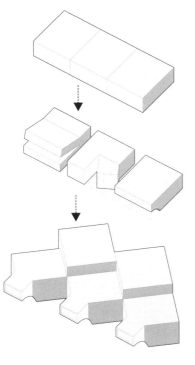

图2-19 体块操作——分割
来源：作者自绘

图2-20 重庆弹子石幼儿园建筑鸟瞰图
来源：archdaily网站，刘松恺摄影作品

图2-21 重庆弹子石幼儿园建筑入口空间
来源：archdaily网站，刘松恺摄影作品

　　该设计手法在丰富室内外空间层次方面发挥了显著作用，分割所形成的凸窗、屋顶平台等体量在立面上更显自然（图2-21）。面向江岸的凸窗以优雅的形态打破了正交网格的单调，将沿江的美景引入教室。为避免立柱对活动室空间完整性的破坏，支撑结构在此处变为弧墙，使形体呈现出悬臂梁的受力特点，实现了结构、形体与空间逻辑的完美统一。

　　通过对幼儿园建筑体块的分割操作，建筑的边界得以模糊化处理，为通透的体量增加了空间的层次感和趣味性。这样的设计为孩子们提供了捉迷藏、探索空间的机会，进一步培养了他们的创造力。

　　3）体块操作——扩展

　　"扩展"在建筑设计中是一种重要的设计手法，它被理解为对建筑空间、体量或结构的延伸或拓宽（图2-22）。这种设计手法可以实现更加灵活、开放和多变的空间效果。

　　在具体的设计实践中，扩展手法可以用来增强空间的连续性、流动性和互动性。通过灵活调整空间的大小和形状，建筑师可以更好地适应不同的功能需求。扩展手法不仅可以提供更大的空间，还可以通过引入自然光线来增强室内的采光效果。此外，扩展手法也可以使建筑与周围环境更加和谐地结合在一起，增强建筑与自然的互动。

　　通过扩展设计，建筑师可以打破传统的空间边界，创造出流动、开放的视觉效果。这种设计手法可以增强空间的动态感，让人们更好地感受到空间的变化和层次。此外，扩展设计还可以带来更加丰富的自然光线效果，让室内更加明亮、温暖和舒适。

　　如果不合理地应用扩展设计，可能会导致能源效率降低和结构复杂性增加。此外，扩展设计也可能带来一定的隐私问题，因为更多的开放空间可能会导致个人隐私的泄露。因此，在应用扩展设计时需要综合考虑各种因素，并妥善处理这些问题以确保设计的可行性和建筑的稳定性。

　　总的来说，"扩展"是一种有效的设计手法，它可以增强空间的灵活性和互动性，同时也可以提高室内的采光效果和与环境的融合。然而，在应用扩展设计时需要注意可能出现的困难和挑战，综合考虑各种因素并妥善处理这些问题。

　　在OOPEAA设计的芬兰现代幼儿园案例中，建筑师运用了扩展的设计手法，

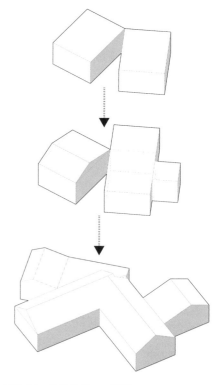

图2-22 体块操作——扩展
来源：作者自绘

图2-23 芬兰现代幼儿园建筑立面形态
来源：archdaily网站，Mikko Auerniitty摄影作品

图2-24 芬兰现代幼儿园室外活动空间
来源：archdaily网站，Mikko Auerniitty摄影作品

将幼儿园建筑的形态塑造成一个巨型的粮仓。此举旨在营造一种类似于家庭氛围的幼儿园空间，为孩子们带来愉悦的体验（图2-23、图2-24）。

为达此目的，每个活动室单元均拥有独立进入庭院的出入口，庭院的形态又可促进巨型窗户的开设，从而引入光线和空气。此设计手法不仅强化了室内与室外的联系，还为孩子们提供了一个更为自然、健康的学习环境。

4）体块操作——挖凿

"挖凿"是一种特殊的建筑设计手法，可以将整体建筑体量中的特定部分进行削减或雕琢，形成独特且富有趣味性的空间形态和构造，强调的是一种减法设计（图2-25）。

挖凿手法的应用能够带来多方面的优势。首先，通过挖凿可以在建筑内部创造出多样化的空间，形成丰富的界面与景观变化，增加了空间的层次感和趣味性。其次，挖凿能够引入更多的自然光线和通风，提高室内环境的舒适度和健康性。最后，通过精心设计的挖凿，可以引入外部景观，增强室内外的联系和互动性。

在幼儿园建筑设计中，挖凿手法可以发挥重要的作用。通过挖凿形成不同大小和形状的窗户或洞口，可以让孩子们更好地与外界互动，激发他们的好奇心和探索欲望。此外，在室内空间中挖凿出小洞、隧道等游戏空间，可以增加孩子们的游戏乐趣和创造力。同时，挖凿还可以用来创造室外的小庭院或阳台等户外活动空间，为孩子们提供更加丰富多样的活动场所。

"挖凿"这一独特且富有创意的建筑设计手法，可以为幼儿园建筑带来更加丰富多样的空间体验和乐趣，还可以提高建筑内部环境的舒适度。通过巧妙地运用挖凿手法，可以创造出独特且富有趣味性的幼儿园建筑设计作品，为孩子们提供更加美好的成长环境。

在俄罗斯方块幼儿园（金孝晚建筑事务所设计）中，建筑师巧妙地运用了挖凿手法，将建筑、光线、色彩和教育目标融为一体（图2-26）。此设计创造了一个既富有趣味又促进交流的空间。从游乐场到游乐楼梯、休息露台、游乐桥，乃至屋顶的游乐空间和屋顶花园，建筑师通过挖凿产生的各种活动区域，错落有致地布置在幼儿园的各个角落（图2-27）。孩子们在这个建筑中能体验到丰富多样的学习环境。这种空间的雕琢与组合使建筑与自然地形更为和谐地融合，营造出更为丰富的室内外空间层次感。

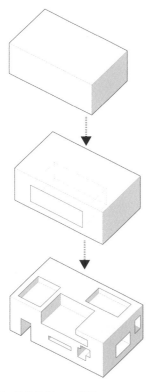

图2-25 体块操作——挖凿
来源：作者自绘

图2-26　俄罗斯方块幼儿园建筑鸟瞰照片
来源：筑龙学社网站，Sergio Pirrone摄影作品

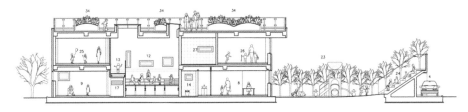

图2-27　俄罗斯方块幼儿园建筑剖面图
来源：筑龙学社网站，Sergio Pirrone摄影作品

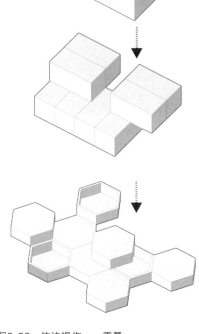

图2-28　体块操作——重叠
来源：作者自绘

5）体块操作——重叠

"重叠"是建筑设计中非常重要的体量操作手法，也可以表述为"交错"
（图2-28）。这种设计手法涉及将不同的空间、结构或形态元素进行部分的重合
或交织，以形成复杂且富有层次感的空间结构。

通过重叠不同的空间和结构元素，可以创造出独特且富有趣味性的空间体
验，使空间更加动态和富有探索性。例如，在幼儿园设计中，可以通过重叠创造
出各种奇特的空间角落和隧道，让孩子们在其中玩耍和探索，增加空间的趣味性
和吸引力。再者，重叠设计使得不同功能区域可以相互交融和共享，从而提高空
间的使用效率和灵活性。例如，可以将休息区和活动区进行重叠设计，使孩子们
在休息时也可以观察到其他区域的活动，方便交流和互动。此外，重叠的空间可
以提供连续的视觉流线，使空间更加开放和通透。通过不同元素的重叠和交织，
可以创造出丰富的视觉效果和层次感，增强空间的吸引力。重叠设计还可以帮助
建筑更好地适应复杂的场地条件。例如，可以通过重叠设计将建筑与地形、光线
等自然元素更好地结合在一起，使建筑更加和谐地融入周围环境中。

需要注意的是，如果重叠设计不合理，可能会导致功能流线的不顺畅和不同
功能空间的冲突。因此，在应用重叠手法时需要仔细考虑各种因素并妥善处理这
些问题，以确保设计的可行性和建筑的稳定性。

在华东师范大学附属双语幼儿园项目的案例中，建筑师运用了灵活的六边形单元重叠与偏移组合成"W"形的布局，实现了空间的多功能性和可适性。这种灵活的空间设计手法可以根据不同的功能需求和阳光条件进行灵活调整，增强了空间的实用性和舒适性。

这种组合方式创造了一种结合传统庭院和现代空间组织方式的建筑空间——不仅保留了传统庭院的元素，还增加了空间的动态感和灵活性。通过巧妙地设计庭院和走廊，建筑师让孩子们在日常活动中感知自然和社交环境（图2-29、图2-30）。

在普洱市思茅区小凤凰幼儿园项目（华南理工大学建筑设计研究院陶郅工作室设计）中，重叠的设计手法与框架网格进行了出色的结合（图2-31）。建筑师采用了8m×8m的平面网格和3.9m的垂直网格，形成了规则的空间框架。这种重叠的网格结构不仅有利于施工，节省了造价，而且房间布局更加规整，提高了空间利用率。

空间框架就像一个收纳盒，为幼儿园的各种功能房间提供了标准化的放置空间。除一系列的房间外，剩下的空间被用作幼儿活动场地，形成了良好的拓扑关系（图2-32）。这种灵活的房间布局方式产生了各种形态和位置的户外活动场地，它们紧邻各班级活动用房，方便使用，同时也确保了每个场地的视野和采光，增强了领域感。

图2-29　华东师范大学附属双语幼儿园建筑庭院空间
来源：山水秀建筑事务所. 华东师范大学附属双语幼儿园[J]. 建筑学报，2016（4）：72-79.

图2-30　华东师范大学附属双语幼儿园建筑模型照片
来源：山水秀建筑事务所. 华东师范大学附属双语幼儿园[J]. 建筑学报，2016（4）：72-79.

图2-31　小凤凰幼儿园建筑鸟瞰照片
来源：archdaily网站，明境建筑摄影作品

图2-32　小凤凰幼儿园大台阶上的活动空间
来源：archdaily网站，明境建筑摄影作品

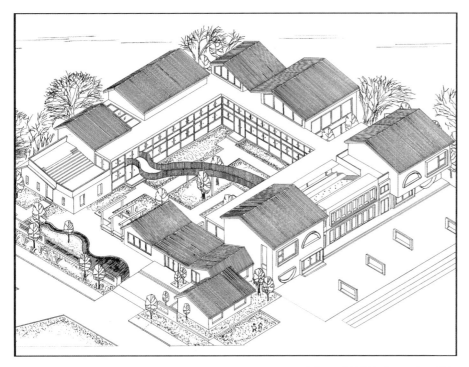

作业1：建筑学专业2020级 黄颖

1．设计概念

本次设计目标基地位于内蒙古工业大学校区内，工大幼儿园现有用地范围。其中，基地东、南、西侧边界与实地情况相同，北侧拟拆除基地内原有住宅楼。整个基地范围内，拟建全日制5班幼儿园，主要解决学校教职工幼儿入园问题，并适当考虑为邻近区域服务。孩子们心中的房子是怎样的？他们需要什么样的空间环境？这是我设计之初所思考的问题。我希望这是一座充满童心与爱意的建筑，适合孩子们的建筑形式、空间尺度及成长环境。

我发现孩子们画笔下的"梦想家"是充满童真趣味的，一栋栋坡顶小屋，色彩鲜艳，形式可爱。设计中我从孩子们的笔下抽象出基本的建筑单元模块，模块之间留出缝隙，并通过组合形成聚集在场地内的建筑群。我希望幼儿能感受到自然的氛围与温度，会呼吸（绿色自然）、面向未来（探索精神）、有无限可能（个性发展）。

幼儿园的启蒙教育目的不仅在于传授知识和技能，更在于鼓励孩子们探索、体验不同的空间环境，通过游戏、活动、互动等方式培养社交能力并促进情感发展。同时考虑到西侧公园的景观资源优势，主体建筑最终呈现为U形院落布局。建筑群通过围合的布局形成核心"院落"空间，塑造出具有安全感的内向性场所。在这里，一座座小屋向院内"张望"，连接彼此的环廊暗含边界，院内鸟语花香、绿树成荫，孩子们嬉戏玩耍，欢声笑语。我们希望这样的"院落"空间能让孩子们感受到大自然的氛围与温度，成为他们可以自由探索的"城市村落"。遵循"爱与乐趣"的开放式设计理念，创造一个安全、健康、充满关怀且富有童趣的教育空间。所以我设计的主题概念是城市"村落"幼儿园。

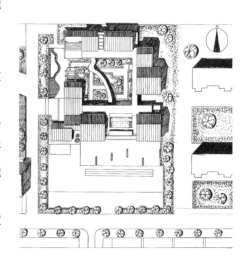

2. 方案生成

在设计过程中，功能体块呈U形排布，通过U形走廊进行连接。小房子的建筑形态是孩子们最常用来描绘"家"的图像语言，设计首先将功能占据最大比例的班级活动单元在建筑尺度和形态上分解成5个独特的小房子，使其能够灵活布局，以更好地适应用地边界、场地高差、采光朝向等限制条件。班级作为独立体块叠合布置，体块之间留出缝隙，使其保持"自由呼吸"之状态。希望每个班级都能形成一个"家"的概念，每个生活教学用房就是一个独特抽象的小房子，希望小朋友在园中能建立归属感；各个班级在形体上是相对独立的，使得每个班级单元更个性化，具有一定的可识别性。

基本教学单元：最终基本教学单元的平面布置采用活动室与卧室一体化设计的模式，洗手间、衣帽间以及紧靠山墙一侧的床位收纳空间共同形成了"服务空间体系"。除了服务空间体系里设置了固定家具及收纳空间，平面内未设置其他固定家具，希望获得更为自由的活动空间，教师可根据不同的活动情境，灵活布置家具。"希望通过家具的布置过程，慢慢培养小朋友的生活习惯，让他们逐步学会自己整理生活及学习工具。"

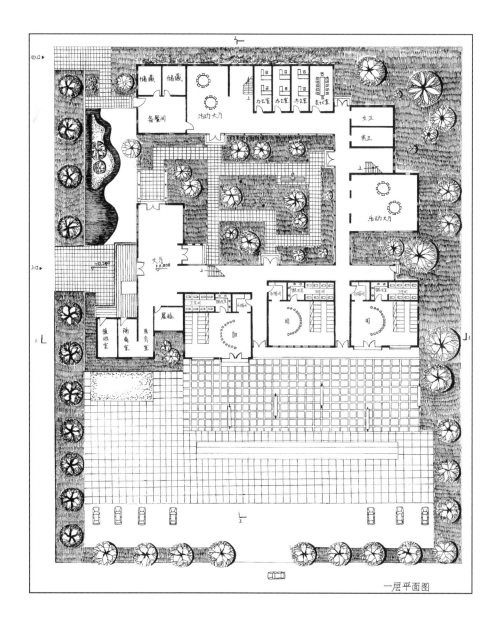

一层平面图

空间设计趣味性：为激发幼儿探索欲，设置了更多的开放式教学空间。如在一层设置活动大厅，设置小舞台使其成为前后院的"视觉焦点"，并且班级与班级之间的缝隙也成了小朋友下课玩耍的趣味空间。大量多功能趣味空间的设置，为儿童自发游戏及情境教学提供了开放性场所的可能。

"廊是联系建筑物的脉络，又常是风景的导游线。"连廊是室内和户外的延伸区，方便建筑体块之间的联系，结合场地环境，使用U形廊道打通南北两个界面，使其成为开放通透的多功能复合空间。在一、二层，通过连廊将建筑群相互串联，形成一个"活力环廊"。

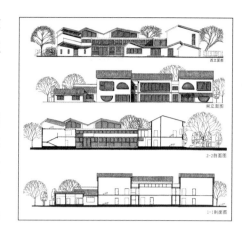

除了设置常规的儿童生活单元、音体室、医护区、合班教室等满足基本教学需求的空间，还设置了更多的开放式教学空间：供小朋友玩耍的书屋及斜面攀岩区等活动场所；充分利用一、二层的建筑屋面作为室外拓展活动场地；二层的室外连廊穿插在建筑中，既是空中通行廊道，又是孩子们追逐嬉戏的场所；班级与班级之间的缝隙同样也成为了小朋友下课玩耍的趣味空间；入口设置大厅进行人群的聚集与分流，由此可以分别进入班级、工作区及庭院；前后设置两个室外活动场所，一个是半包围的庭院，另一个是位于南面的儿童主要活动区域。

3. 设计表达

图纸表达的第一要务是高效传递设计理念。保罗·加利曾说过："构图最重要的是，在特定的区域里组合安排素材的关系，明暗、色调、纹理。任何一个主题，都可能有许多种成功的解答，最后的决定还在设计者自己，这不是侥幸碰巧就可能达到的。"在表达中平面图、立面图、剖面图、总图以及透视图的图面分量往往是不同的，一层平面图很重要而且尽量要表现出外部环境，因此图量较多，剖面图和立面图一般会对应来画，画面内容相对于平面图来说也比较少。

图面排版要整体且匀称，如果不安排好各个图的位置就会有不均衡之感，非常影响效果。版面要饱满填空补白，由于各个图的图量和图形不一，所以一定要留有空白处，但空白过多也会显得凌乱。这时可以适当增加一些与设计相关的内容或者符号，使得整体画面更加饱满。例如平面图加入室外环境，再添加一些灰色来烘托平面图，使得平面图更有层次；如果遇到立面图和剖面图上下排版而长

度不一致时，为了使图面完整均匀，可以在立面图或者剖面图后加上背景，以保持长度上的统一，也能突出立面图、剖面图。

结合体块与线条的搭配，用线条的疏密表达不同的光影效果，从而在线条练习的同时训练体块与明暗的处理，也可以提高对于体块的推敲能力。线条要有始有终，两头重中间轻，显得有力；线条要小曲而大直，局部可以有变化但是趋势一定是直的。

总平面图除建筑主体外，更要注意表达外部环境，对基地内环境和基地外环境表达要清晰。围绕建筑主体画出场地植被和铺装，铺装要多多积累，要有细节。另外可以平涂主色调的灰色，突出建筑主体。最后用阴影衬托建筑，注意不同层高的阴影的长度是有区别的。立面图的图幅一般不大，主要以线条表现更佳，最好能体现出体块的关系，另外有条件可以表现出一些材质细节。立面图的"阴影"非常关键，尤其是立面图上的窗和玻璃幕墙部分，要加上阴影表达立体感。

剖面图是最能体现出建筑空间组织的部分，尤其能够表达空间的"趣味性"，剖面的位置应选择突出空间变化的地方，如变层高的地方等，标明建筑物被剖切部位的高度，各层梁板的具体位置以及墙、柱的关系，屋顶结构形式等，标明在此剖面内垂直方向室内、室外各部位构造尺寸（如室内净高、楼层结构、楼面构造及各层厚度尺寸）。标明建筑物竖向空间的布置情况，比如通高的空间以及空间之间的互动。透视图或者轴测图在整体画面中占据很大比例，它们可以一目了然地表达设计者空间的想象力与创造性思维。

在整体效果图中配景是非常关键的，它们起着渲染环境、烘托建筑、丰富空间层次的作用，树的存在可以让画面更有层次感，人的存在可以衬托出建筑的尺寸。配景树包括近景树和远景树，近景树可以表现得细致一些，与建筑一起构图；其中树干可以流线地勾勒出来，以此拉开空间距离；树冠向上逐渐淡化虚化，也是通过虚实衬托，强调空间距离，让整体画面更生动。人的位置安排很关键，需要注意几点：一是尽量不表现近处的人，因为其需要较细致的表现，也容易喧宾夺主；二是在建筑物入口可以集中点缀些配景人物，突出入口和趣味中心，也可以很好地衬托建筑尺度。

一般认为，建筑模型是对建筑设计成果的直观展示，便于他人直接看到建筑完成的效果，通过它了解、认识、评价设计方案。在我看来，模型的意义远大于此。手工制作建筑模型可以认为是建筑设计过程中最为有效和重要的方案推敲的表达手段。建筑本身是建筑活动的成果，而制作模型最接近建屋筑房的本质，是建屋筑房整个过程的模拟。在做模型时，可以从中观察到客观世界的现象与规律，感知到材料的性能与质感，认识到加工工具的功用与效果，思考到建筑部件的分类与结构，体会到真实条件的限制与利用，培养和他人的沟通与协作的能力，综合考量建筑的效果与呈现。当然，建筑模型作为客观实物，亦是设计者观察、思辨的对象，是进一步完善、发展设计的基础。虽然制作建筑模型和真正的建房筑屋不尽相同，但这也将学生直接暴露在客观与真实的物质世界之中。凡是客观真实的事物就具有无限丰富的细节，面对这无限的丰富细节，以个人的目的和经验进行观察，会产生多种视角、观点和方向，继而孕育、滋养、完善设计方案。总的来说，制作建筑模型的过程使我能够较为全面、具体、独立地应对建筑学专业的各方面问题。认真制作模型并积极思考，可以从中获得非常多的建筑学知识。

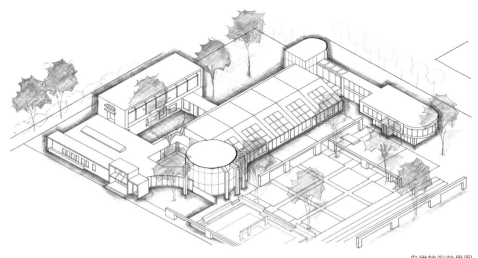

鸟瞰轴测效果图

作业2：建筑学专业2020级 王宇欣

1. 场地条件

本次的设计场地位于内蒙古工业大学校园内的工大幼儿园所在位置，我们在设计之初对整个场地进行了仔细调研和勘察，包括测量现有幼儿园的准确数据，通过问卷调查的方式去了解家长对现有工大幼儿园的设施环境等的需求和建议，以便我们后期进行针对性的设计。场地西侧有一条人行道，南侧为主要内部道路，但是仅为双向车道，车道旁边人行道较窄，无法满足现有密集人员在特定上学、放学时间的使用需求。场地西侧有空地，孩子们经常在放学后长时间停留。针对现有场地与环境情况，需要设计的几个重点在于：

① 建筑环境适当退让，留出更多空间给道路和环境；

② 增加幼儿园采光，丰富建筑内部使用空间类型，提升孩子们对空间的感受；

③ 细化建筑内部流线，把幼儿园教师、员工以及学生的流线进行划分，这样可以更好地对整体家居进行组织和安排。

2. 体块造型

对建筑与环境的分析，在体块的操作方面依旧遵循先前对流线划分的思考，把教师办公室、员工办公室以及主要的5个班按体块进行穿插组合，在两个功能之间的部分用圆柱体进行连接，不仅可以让建筑内部的空间变得丰富，也可以让每一类不同的使用者有清晰的功能感受。幼儿园需要更多的室内采光，我把这一部分放在整体的主要位置，南侧开大窗获得更多的阳光，后面通过连廊连接后勤部分以及幼儿园主体单元，划分出来的两个院子可以有更多的场地留给孩子们进行室外活动。建筑的主入口放在场地西侧，和原来入口的位置保持一致，场地西侧的空余场地可以为家长的等候提供空间，家长也可以进到室内的圆柱形空间进行等待和交流。入口的空间布置办公室以及医疗室、晨检室，方便学生入学和家长交流，家长可以通过更加简洁的流线进入幼儿园和老师进行交流。场地东侧布置音体活动室，楼梯的引导和设计让孩子们有更多锻炼身体的机会。

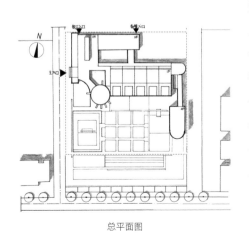

总平面图

3. 建筑空间

　　建筑内部空间的设置在设计后期的模型制作过程中有更多的体验。在入口空间的设计上，圆柱形的加入丰富了建筑内部的空间体验；孩子们可以通过玻璃看到室外空间；通过晨检室进入幼儿园的主体部分；通过增加装置来活跃原本单调的走廊空间，在走廊内部可以看到北侧的院子，院子中的景观布置设计了土丘和树木；为了保证孩子的安全进行了铺地设计。班级单元采用复式去组织，这样的好处在于功能分区更为明确，方便使用，孩子们在一层进行学习和活动，二层休息。倾斜的玻璃立面让一层的采光更加充沛，二层的休息区光线也相对合理。一直向东漫步，又是一个圆柱形的空间进行空间变化的分割，穿过连廊就可以到达美工教室、科学发现室。音体室和图书室布置在这一部分的二楼，更好的环境视野，丰富孩子们的感官体验。

　　在场地设计上，除先前对两个内部院子的处理外，在建筑南侧加入了砖砌的下沉水池和沙坑，丰富了活动空间，在南侧的中心位置布置集体活动场地，依据现有建筑形体，划分了单独的班级活动场地，在保证孩子安全的前提下设计了部

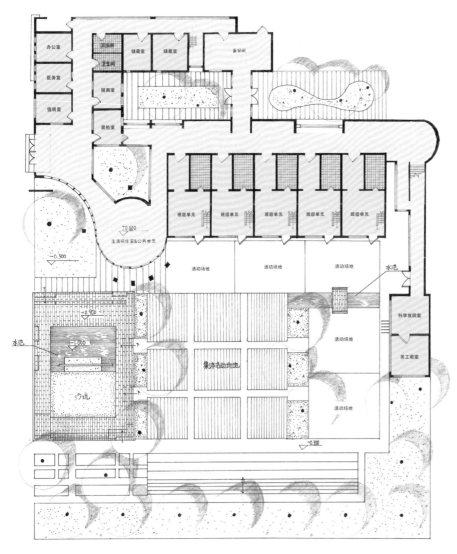

一层平面详图

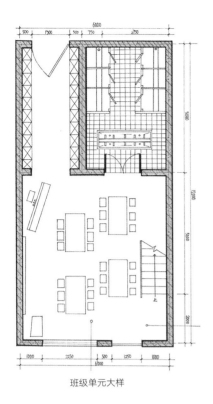

班级单元大样

分水系景观，让整个室外的布局更加丰富。场地最南端划分了50m的跑道以及砖砌的看台，让孩子们运动的过程中也可以有更加活跃的氛围。

场地划分结束后，在剩余面积上尽量多地安排绿化，为建筑内部带来清新的空气和丰富的室内光影。沙坑水池有高差的设计，在一定程度上可以让孩子们对场所有不同的感受，而不会仅限于平地上的奔跑游玩，丰富了活动课的体验。

4. 结构设计

针对先前的建筑形态，最开始我采用的是传统的框架结构，但是随着对建筑形式的不断改变和深化，传统的框架结构体系已无法适用于现有的建筑形态，于是在征得指导教师的同意后，采用了剪力墙结构。相比于框架结构，剪力墙结构可以更好地适应建筑的形态，在建筑的内部空间中可以避免因出现梁和柱而影响整个建筑的内部空间感受。适当地引入曲线之后会比方正的建筑形态更加适合幼儿使用，孩子们对于空间的不同体验也会增强他们的认知能力，而不会被方正的盒子限制了他们无穷无尽的想象能力。建筑中曲面的等候空间也会让孩子们在关注家长的同

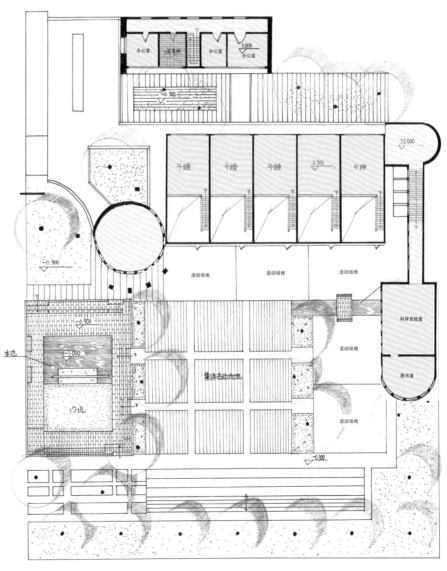

二层平面详图

时有更多的探索欲望，内院中植物的加入不仅会让建筑整体氛围更加宜人，也会让身处其间的使用者感到心旷神怡，在建筑中生活、工作的时间也不会枯燥，随着时间的变化，室内的光影也在同时变化着，植物也会随着季节的变化发芽、繁茂、萧瑟、凋零，变化的过程也能让孩子们有更多的体验和参与感。

5. 总结反思

幼儿园的设计在评图之后我有了更多的认识和理解，老师们对设计也提出了很多宝贵的建议。其一，建筑主入口没有在场地中进行退让，直接和道路毗邻，处理得相对生硬，应该留出适当空间去解决现有的场地关系问题；其二，建筑东侧的音体室、图书室等功能排布存在房间交叉的问题，这样的流线处理影响了每个空间的独立性；其三，东侧部分没有考虑到消防和疏散的问题，独立出来的这一部分体块面积需要设计楼梯，保证人员在紧急情况下的逃生，解决的办法可在二层顺着现有的建筑形体出现一个盘旋的楼梯去与一层的室外空间进行联系。

在设计的过程中，我们是在学习设计的方法和逻辑；后期的模型制作和评图是对完成的设计进行再次思考和感悟，哪些位置还存在问题，后面的学习过程中怎么去改进，只有这样做设计才能有所提高。非常感谢指导教师对我的指导和认可，每次上课时我们都会对我的设计进行深入的讨论，引发我的思考，老师没有去质疑我的想法，只是根据我的想法提出更好的解决方式，这让我受益匪浅。我在设计的过程中思想还是相对保守，对案例的学习也比较局限，不清楚案例学习的过程中哪些是自己真正需要学习的，仅仅是看到整个案例的哪一个点感觉很好，就照搬到自己的设计当中，完全缺少思考的过程。这次设计也在老师的指导下逐渐清晰了后面的学习重点，需要在思考的前提下，有选择性地对案例进行学习，而不是照搬照抄。在同学们的设计中我也看到了很多他们对于体块、流线等方面的思考，是我之前没有想到的方式。评图的过程也让我和同学们学到了很多，希望在后面的学习中更多去身临其境地思考，去感受空间和建筑的魅力。传统的设计思想需要被激活，老师不仅会教我当时怎么去设计，更是在后期学习中进行引导，指引我不断前进和思考，让我的设计能力得到不断提升。

南立面图

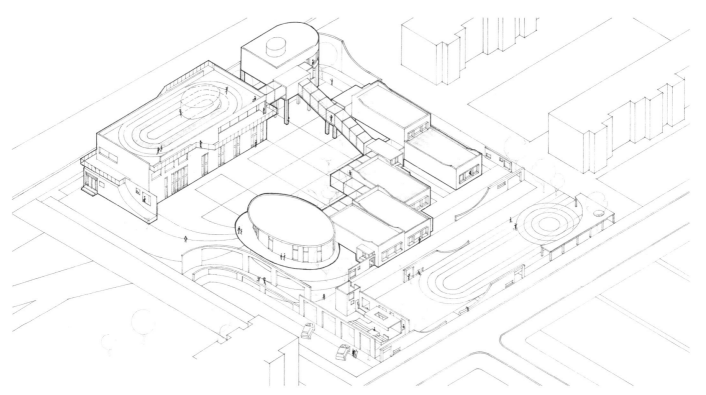

作业3：建筑学专业2020级　王安

1. 概念表达

　　本设计方案名为"游园乐帆"，幼儿的特质（如奔跑、好动、探索）与园结合，形成游园。游园可以理解为孩子们在幼儿园中玩耍、游戏、探索和学习的过程。本方案传达出了自然、轻快、活泼的建筑情感，使得儿童可以和建筑建立密切的精神联系，在丰富的场地之间捕捉世界的颜色。"游园乐帆"的设计强调了幼儿园的游园环境，包括室内和室外的儿童游戏区与活动区。同时，我又以帆船的概念给予建筑外在的形式，连接它们的玻璃走廊恰似一条透明的玻璃长河，各种不同的帆船在快乐的童年记忆中涌动，"游园乐帆"的设计强调了幼儿们在幼儿园中的快乐、轻松和自由的体验，包括丰富多彩的游戏、活动和学习体验，这就是游园与乐帆。本方案在名字中既强调了幼儿园环境的重要性，也强调了游园在场地设计中的引导作用，包括教师和孩子们自己的探索和发现。我在起初设计的概念中意将幼儿园与场地自然融合，使儿童能够在一个有趣、安全、多样化和鼓励探索的包容环境中成长。我将幼儿园的室内空间和室外空间相互联系，通过设计不同高低的开放门廊、露台和庭院等空间，形成错落有致的关系，使幼儿园的空间更加开放、通透和自然。我希望能将我的设计与场地环境互相融合，从而激发孩子们的好奇心和想象力，让他们的学习和成长过程变得更加具有趣味性。

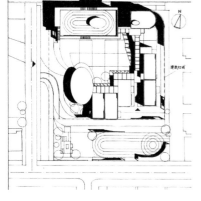

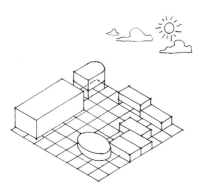

2. 设计构思

　　在开始做幼儿园设计的时候我感到有些紧张，在完成上一次设计之后，这学期的时间便十分紧迫，而我还没从上一次设计的不足之处与设计形式中回过神来。最终完成的幼儿园设计与我以往的风格略有不同，但总的来说，我学到了建筑设计中的一些基本逻辑与设计手法，这是我最大的收获。幼儿园的整体造型着重强调简单与活泼的感觉，我借鉴了帆船的形式，以幼儿活动与行为心理为重点着手设计，使幼儿园整体建筑与周围环境相协调，保证幼儿在其中感受到与大自然的亲近和谐。为了更好地实现"游园乐帆"这个名字的含义，我创造了愉悦的游园环境，也营造出轻松自由的氛围，通过颜色、线条或标志性构筑物来指引，象征性地突出整个建筑主题和符号，让孩子们在幼儿园中嬉戏。由于幼儿的形象感知能力占主要地位，为了有效吸引幼儿的注意力，我在建筑造型方面考虑应用形状各异的几何体和色块，比如房顶设计中引入了曲线，形成屋顶跑道，利用不同颜色的搭配形成颇具趣味的效果。在幼儿园的院内构筑物设施中，考虑以各种不同形状的几何体来完成设计。对于院落内外的片墙，利用混凝土设计了粗细不同、长短不同的弧形、方形、圆形、固定形状套筒等造形，形成一种特有的情趣，满足幼儿的心理需求。在设计建筑细节时，我在适合儿童身高处设计镂空的窗口，让幼儿在活动过程中随着自己身体的移动而看到不同的景物，激发幼儿的好奇心。

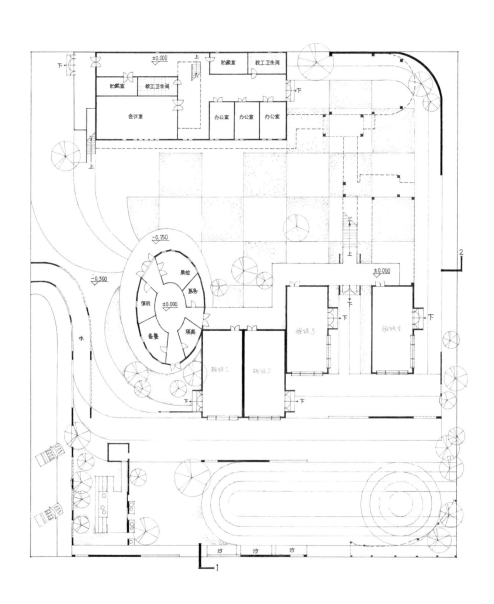

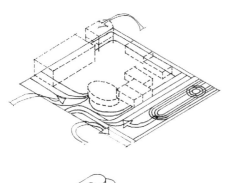

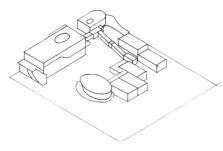

3. 建筑空间

　　幼儿园的空间氛围理应充满童趣与活力。因此，我选择以围院形作为建筑基础体块，为幼儿园营造亲切的氛围，让孩子们在幼儿园中感到温馨和安全。在建筑体块的塑造中，高低错落的建筑体块使得整个幼儿园的空间变得有趣和丰富，让孩子们可以在探索和游戏中体验到不同的空间氛围，方形体块和圆形体块的合理结合也增加了空间的变化性和趣味性。除此之外，连续的玻璃连廊设计使得建筑体块之间形成了有机联系，同时提供了舒适的光线和连贯的视野，为孩子们提供了良好的室内外空间。在连廊的两侧，我布置了一些栖息空间或观察套筒，增加孩子们社交和互动的机会。通过各种各样的手法与操作，我塑造出了有别于严肃建筑的空间氛围，在注重空间的连通性和互动性的前提下，实现了自由探索学习的建筑功能，满足孩子们学习和成长的需要，希望这样的设计能够给他们带来快乐和美好的回忆。

　　在幼儿园整体的颜色设计方面，我采用了非常温和明亮的颜色，而不是灰暗或灼眼的颜色，温和的色彩给整个建筑带来了独特的魅力和亲切感。孩子们可以在不同的颜色环境中探索和学习，建筑前设计的方格绿化与斑驳彩色水泥地互相过渡结合，明确外部空间关系的同时又增加环境的趣味性。我使用了明亮且柔和的红、橙、黄、绿、蓝五种颜色，让孩子们在其中游戏和学习时，可以被激发出本真的氛围和情感。在流线的终点，设计形如跑道的屋顶，可以上人的屋面上缀以各种多彩的图案，便于孩子们在上面玩耍、观察和探索，在流线的末端与建筑的边缘体块形成建筑的最高潮。这些运用多种颜色进行融合和设计的手法，可以让孩子们在视觉上直观感受建筑在设计时有意融入的童趣，也让孩子们在其中游戏和学习时，不自觉地感受到各种氛围和情感。

4. 规范化设计

　　在设计幼儿园之前，我对于幼儿园的设计标准与采光规范进行了解，也对幼儿园建筑的尺寸、布局、材料等方面有了一定程度的理解，以确保设计符合规定和要求。整体呈"C"字形的幼儿园建筑采光良好，充分利用了自然光线，同时也注重了建筑内部的舒适性和实用性。围院形状的设计让建筑内部的每个房间都

可以直接面向中心庭院，建筑内部的各个房间都设置了多个向阳的窗户，不仅充分利用了自然光线，也达到了良好的空气流通效果。我还在建筑的顶部设计了十分具有童趣效果的天窗，通过折射光线的方式，将阳光引入建筑内部，孩子们在屋顶上也可以通过天窗来观察建筑内部。

总体来说，这是一个注重实用性和舒适性的幼儿园建筑方案。幼儿园建筑与其他建筑不同，由于幼儿还不会表达自己的感受，所以只有结合幼儿的年龄特点与认知规律才可以设计出良好的空间。在设计幼儿园时考虑到非常重要的因素是儿童的需求和安全，所以我在楼梯踏步、栏杆高度等处都充分考虑儿童的身心发展特点，严格按照规范来设计，为他们提供一个安全、健康、适宜学习和成长的环境。通过这些规范中的设计，我有了更深层的理解，即想要能够满足儿童发展与成长的需要，就要利用不同的造型与颜色在采光和安全等方面进行规范设计，设计一个合理的建筑，来促进幼儿的全面发展。

5. 总结反思

虽然我对自己的设计并不十分满意，但是在设计的过程中，我还是学到了很多宝贵的经验和知识，这些都将对我的未来学习产生积极的影响。在这个设计过程中，我深刻地体会到了完成一套完整的设计所需要的细致和耐心，同时也感受到了自己的不足。我要感谢我的指导老师，他在每个环节都给予了我很多宝贵的建议和指导，让我能够不断地进步和提高，最终得以顺利、流畅地推进方案。我一定会备加珍惜这些宝贵的经验和知识，并将其应用到我的下一个设计中去，不断地提高自己的设计水平和能力。感谢指导老师的教导与鼓励！

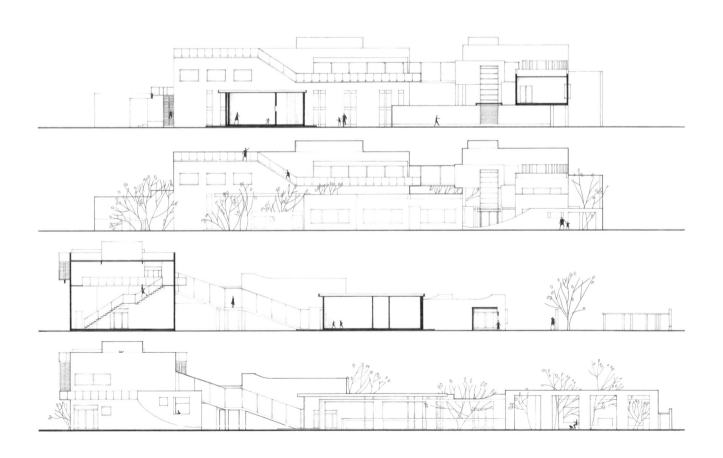

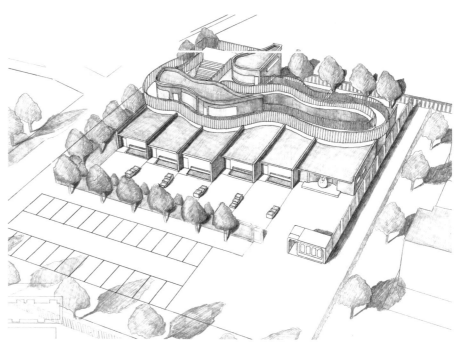

作业4：建筑学专业2020级　杨东东

1. 设计概念

此次设计训练的场地位于内蒙古工业大学校园内，对原工大幼儿园进行改造，小孩子们想法很活跃，并且极其好动，所以我想保留孩子们的天性。总之，我的设计思路是怎么有趣怎么来，一切努力都是让孩子们处在一个有趣的世界。

2. 方案生成

为了让孩子们感到更加有趣，首先排除做方形。并不是方形不有趣，只是弧形的设计通常对孩子们更具有吸引力。① 弧形线条具有柔和、流畅和温暖的感觉，与直线或尖锐的角度相比，更能营造出轻松、友好和欢快的氛围。② 对于儿童来说，弧形设计可以给他们一种安全感和舒适感。这种设计可以减少尖锐边缘和突出物，降低潜在的安全风险，尤其对于活泼好动的孩子们来说，是非常重要的。③ 弧形也更符合孩子们自然感知和身体活动的方式，更能引发他们的好奇心和探索欲望。④ 弧形设计还可以在儿童的认知发展方面起到积极的影响。根据研究，线条与抽象思维和创造力的发展有关联。总的来说，弧形设计对孩子们具有吸引力，因为它营造出温暖、友好的氛围，提供安全感，促进身体活动和认知发展。同时贝壳的弧形外壳给了我灵感：① 弯曲的形状：贝壳通常具有优雅的弯曲形状，这种弯曲形状可以在建筑设计中打造出独特的立面或屋顶线条，创造动态感，增添建筑的灵动性。② 模块化结构：贝壳的外壳通常由许多小而连续的模块组成，这种模块化的结构可以在建筑设计中应用。例如，可以使用模块化的元素来构建可重复使用的建筑单元，从而实现更高效的建造和灵活的空间布局。此外，我想给孩子们足够的场地让他们动起来，他们可以向中间跑，也可以从后门出来，向后跑，还可以上二楼。但为了保证他们的安全，二楼的栅栏设计得很

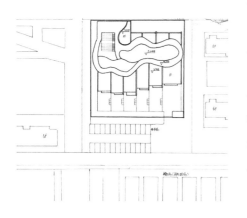

高。我将中央的跑道设计为贝壳弧，并且每一间教室也随着中间的内置弧形流动起来排列，避免单调性，同时这样的排布也将外围的方壳子与弧形跑道有机地结合起来。孩子们可以从教室向外看，视线被引入中央区域；也可以在二层的弧形跑道上望向下方，四周奇异的场地配色以及绿色植被给孩子们强烈的视觉冲击力与美感。每个教室独立存在，均位于一层，便于学生课间可以直接奔向自然，在探索自然中学习。入口处改为弧形玻璃门，动漫中巨大的龙猫形象吸引孩子们进入，给他们以亲切感。

3. 总结反思

这次设计最难的地方在于它的平面图设计，这个弧形每一处的弯度都打磨过很多次，没有什么好的做法，就是不停地画、擦，调弯度，找到一个适合的弧线。平面图是最重要的图，绘制平面图时也在脑中想象着立面图，二维与三维同时进行，保证平面与空间形态的整体与统一。再次回顾开始，此次幼儿园设计的过程还是比较系统的，在场地调研时老师就对我提出了很多要求，比如上下班高峰期车流、树形大小和周围树的位置，会影响到后面的流线分析和建筑设计。老

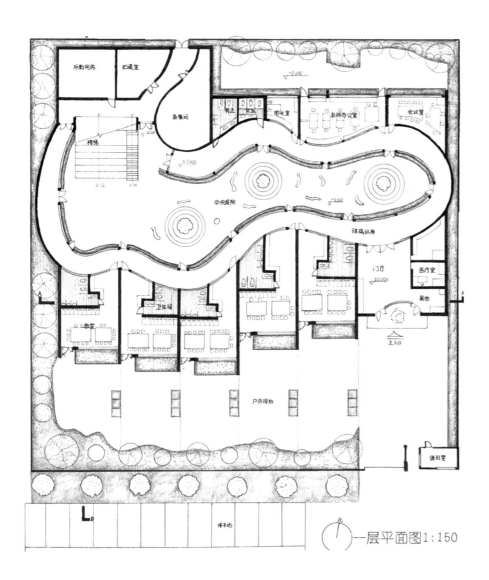

一层平面图1:150

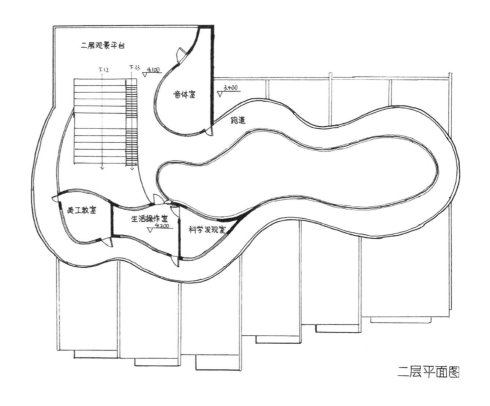

二层观景平台

下12 下33 4.100

音体室 3.400

跑道

美工教室

生活操作室 4.200

科学发现室

二层平面图

师还让我查阅了幼儿园的设计要求，不得不说，幼儿园设计规范真的是相当严谨的，很多细节都做了详细的要求。我的设计参照了一部分意大利的建筑风格，但意大利是地中海气候，比呼和浩特市温暖许多，所以它们房屋的进深可以很长，但呼和浩特市区的房屋进深不宜过长，现在仍能从我的设计中找出这个问题。所以后续的设计过程中，我在不断想办法调节进深，期望可以弥补光源等问题。在不断借鉴国外的设计平面图时，发现它们的家具设计也恰到好处，与建筑形成了一套语言，或许建筑师在设计建筑时就已经想好了该有什么样的家具，而我只是在设计完空间后才想到了家具该如何布置，导致风格有些不统一。后续绘制平面图环境时又遇到了难题，我设计的建筑环境与建筑二者没有形成语言，不能很好地进行对话。综上来看就是适配性问题，希望下一次的设计中可以在设计空间时就同时思考家具与环境应该如何匹配。最后的实体模型对我来说难度很大，毕竟弧形的雪弗板相当难以调整，不过这并不影响大局。老师在指导我的实体模型时提醒我下次不要用写实的树等，这是我第一次听到关于实体模型的具体指导，虽然做了很多天，效果并不是很理想，不过我想下一次一定能出彩。

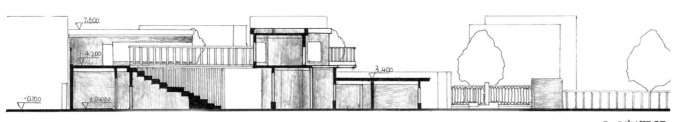

7.600

4.200

3.400

-0.100

±0.000

B-B剖面图

每一次的设计训练，不是我选择了设计，而是设计选择了我！所以我一定不会辜负它。

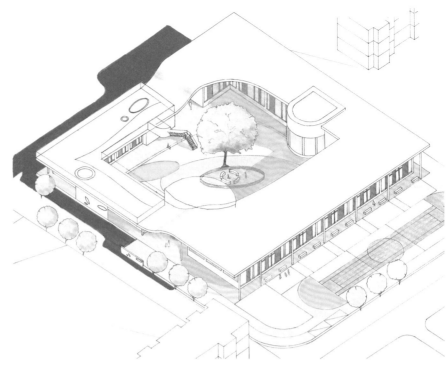

作业5：建筑学专业2020级　张琦

1. 设计概念

　　本次单元的设计任务为设计一座5个班幼儿园，设计场地位于内蒙古工业大学内，70m×80m的场地，60m×60m的建筑用地。设计注重幼儿园学习与流线，区分不同功能模块并通过合理的功能流线将其串联起来。同时需要解决场地方面面临的如户外场地不足、缺乏家长等候区等一些问题。在规范上，了解幼儿园建筑规范与常规建筑规范的不同，并将其表现到设计中，如满足日照时长，向阳设计，在家具、扶手尺寸上的特殊要求等。通过本次任务了解了幼儿园类功能建筑的设计内容。

　　本设计结合接近方形的场地，将场地看作方形体块，在这个方形体块中通过减法的方式掏出一个中庭，通过这个中庭提供更多的光照并制造集中游玩的场所。尽可能利用南向空间布置教室与室外活动场所，解决教室采光的问题。保留原幼儿园在西侧设置的主入口，在北侧开设次入口作为员工入口，直通功能房。整个幼儿园建筑围绕中庭布置，通过入口分成幼儿教室用房、公共教室与员工功能用房，这样也使流线上得到区分。在建筑内圈与外圈设置走道与檐下灰空间，串联整个建筑交通。整个建筑外方内圆，类似"回"字，外方与周边建筑不违和，内圆保证内部空间的乐趣性，更加符合儿童天性。儿童可从中庭上到3.5m高的屋面，增加游戏乐趣。外部活动场地则环抱建筑，儿童从教室就可到达，形成一内一外的活动场地。

总平面图 1：500

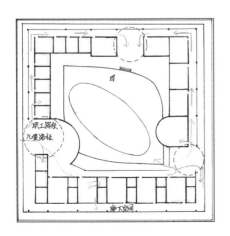

2. 方案生成

　　通过调研我们了解到，幼儿园目前接送车辆都只能停在南侧，但南侧临近马路，交通拥堵。家长们需要足够的等候场地。同时幼儿园缺乏真实的绿化与户外场地，户外场地需要规划。还有一点，使用者们希望幼儿园看起来更具活力与童趣，并且要满足采光的需求。

根据以上调研需求，我的设计意向是设计一个室内环境与室外环境环绕结合的幼儿园，儿童可以在其中来回穿梭。在室内与室外建立灰空间，让户外的体验更加丰富有层次。幼儿园教室要阳光充沛，一面向阳。在形体上要柔和有流动性，与活泼的儿童相适应。要解决家长等候交通的问题。根据这些前期意向，在形体生成时，我把场地看作一个大的立方体块。为了提供更好的光照条件和宽阔的场地，我在立方体中间掏出一个椭圆形的中庭，这个中庭将承担采光、内部流线、儿童户外场所的作用。主入口选择开在原幼儿园主入口的西侧，同时将家长等候区向西边移动，以此减轻南侧的交通负担。另外，在北侧设置员工入口。

两个入口将建筑体块分割，形成功能用房与教室两个部分。在此基础上，对中庭的形状进行调整，加宽入口的屋檐，缩窄其他用房的屋檐，中庭在东南与西北角进行收缩，最终形成了现在的纺锤形。在功能细分上，我将南侧全部留给5个班的教室，保证学生教室的采光，东侧则留作公共教室的空间，西侧与北侧则是办公室与功能用房，办公室离教室会近一些方便老师管理教室。因为功能不同所以教室的高度不同，北侧与西侧的房间要矮一些（3.5m），而南侧与东侧的房间高一些（7m），这样使两侧形成了高差。这两个体块我用屋顶相连，在有高差的地方用曲面连接，形成一个如海浪起伏的完整的环形屋顶，在形体上也更具趣味性。

在交通流线上，利用这个回字形的空间设置流线，在房间的两侧留出檐下空间体块与屋顶地面形成一个"三明治"的关系，屋顶与地面像面包一样将室内空

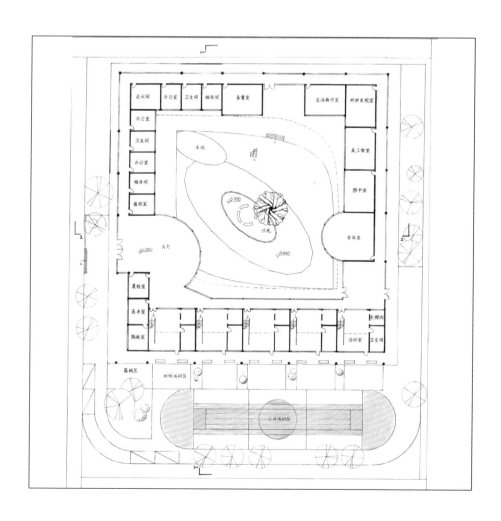

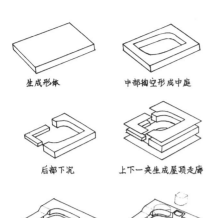

生成形体　　　　中部掏空形成中庭

后部下沉　　　　上下一夹生成屋顶走廊

曲面连接，强调入口　　置入两个新体块

间夹在中间，形成外一圈内一圈的交通走廊，但走廊不是完全连续的，它们被入口回形流线分割形成两个半圈，解决了环绕空间过长的问题。儿童活动在内圈进行，而老师、员工的活动则更多集中在外圈。

入口空间宽阔，保证人员流动不会发生堵塞，宽阔的空间就像在圆环中植入一个体块作为交通的节点；音体教室如同一个柱体植入圆环的另一侧，作为另一个节点。为连续的环形空间插入两个节点，使人流在此停留而不是不停环绕穿行在建筑中。在形体表达上插入的体块也让"三明治"不成为一个单调的圆环。

设计中将室外环境分为两大块，体块内的室外环境与体块外的室外环境。体块内的室外环境为体块挖出的中庭，留出一块低于走廊的纺锤形场地，场地中心设计沙坑与乘凉的场所。儿童在走廊与周边玩耍后可到中心乘凉休息，而老师也可在中心看顾整个场地保证儿童的安全。同时，有室外楼梯通向较为低矮的屋顶，儿童可以到屋顶上进行玩耍。外面的方形场地设计了儿童跑道，是上体育课的地方，儿童可从教室直接进入室外场地。内外的室外环境相互对照，为儿童提供丰富的活动空间。

在室内环境中，除不同的功能空间高度不同外，在教室中还采用套间的形式，并利用多层建筑空间将儿童活动空间与休息空间分割开来。下层是儿童上课活动的空间，上层是安静的休息空间。

在立面设计上，因为形体比较大，所以采用了竖向的立面设计对其进行分割。用从宽到窄的木制挂板，形成竖向渐变的立面。入口采用玻璃幕墙，形成一个透明的入口空间。在建筑外圈，设计了一些镂空的立板，丰富立面与限定走廊的位置。色彩方面使用比以往更加丰富的建筑颜色，建筑整体是纯洁的白色，木制挂板则采用了活泼的橙色，操场则是天蓝色，在合理美观的前提下丰富幼儿园的色彩。

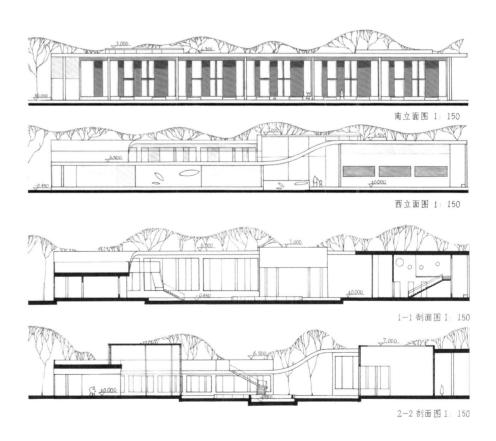

南立面图 1：150

西立面图 1：150

1—1 剖面图 1：150

2—2 剖面图 1：150

3. 设计表达

在设计表达上，此次出图为手绘出图。为了保证效果，我先进行了预排版，对要排版的工图、分析图、轴测图进行了预先规划和调整。考虑到我此次设计的图多为方形，所以采用了横向排版。在放入工图的同时在间隙中加入分析图以丰富图面，同时更好地将自己的设计思路表达出来。与之前的黑白手绘图不同，这次为了增加幼儿园的表现效果，使用彩色马克笔对图纸进行局部填色，表现幼儿园活泼多样的色彩。在模型表达上，采用激光打印比手切更加精准干净，但是需要提前排好CAD图纸用于打印。我希望模型能更多地展示这个外方内圆的形体，所以在模型制作中尽可能统一材质与颜色。重点表达的大屋顶由木板制成，而弯折的曲面则使用了雪弗板，最后拼接起来喷上白漆，屋顶没有与下面粘在一起，这样可以打开屋顶去看建筑内部的情况。

通过此次设计我收获颇丰。首先，学习了很多关于幼儿园设计的规范，以及如何设计对儿童友好的建筑，设计中应该要注意什么。其次，对前期的体块生成也有了更多的了解，完成了体块增减操作。我也深刻体会到，对于方案初期，体块的生成十分重要，我们采用了实体模型去推敲体块。在实体模型中，体块在环境中的表现状态一目了然，我们还对体块进行现场修改，让后面的设计更加顺利。最后，在表达上做出了新的尝试，如彩色绘图、激光打印等，为作品的表达增色不少。

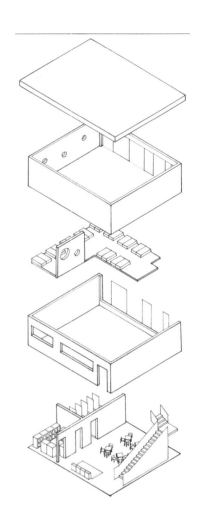

第三章　乌素图小型公共建筑设计

专题设计三：
自然 · 坡地 · 复合空间 / 96学时

本章介绍乌素图小型公共建筑设计，
并展示优秀学生设计方案。

3.1 任务解读

本专题是建筑学二年级的第三个设计专题，教学计划时长为14周，以学生自主命题的多元小型公共建筑设计为任务，训练同学们从乡村环境出发，从多角度、全方位进行小型公共建筑的构思设计，处理在建筑设计中涉及"建筑与自然""布局与形体""功能与流线"等共性问题。从题目的设置而言，乌素图小型公共建筑设计在与三、四年级课程相衔接的教学体系中起到承上启下的重要作用。

乡村振兴是当前国家发展的重要方向和战略任务。城镇化进程会导致农村出现一些社会问题，如何在乡村中做适宜的建筑以解决乡村社会问题、推动乡村振兴事业，是本次设计的初衷。学生通过乡村调查，确定小型公共建筑设计的类型，完成"民宿＋公共职能"所延伸出的乡村产业振兴题材的小型公建设计，既要满足乡村中内业与外业的发展需求，又要兼顾村民与游客对功能空间的需求。整个训练作业将培养学生针对不同场地的自然环境下的场地组织以及建筑内部空间功能与流线的组织训练。学生通过对场地条件的探索与空间功能的需求来推动设计进程。

3.2 训练目标

1. 提高学生解决建筑设计相关问题的能力

进一步强化建筑设计与环境信息具有紧密关联的意识，通过增加人文要素（社会、历史）或改变环境信息（乡村环境），逐步增加题目的难度及综合度，以提高学生在建筑设计中解决问题的能力。

2. 熟悉基本调研方法（如资料查询、现场测绘、调查问卷）

通过对自然环境及人文环境相对综合的调研，拓宽学生思维，提高学生对调研内容和方法的掌握。

3. 掌握任务书生成和撰写逻辑的方法

通过自主选择设计场地，自主拟定任务书，训练学生通过调研寻找建筑功能设置及设计场地的能力，了解建筑任务书生成的逻辑关系。

4. 强化建筑生成与环境要素之间的逻辑关系

学习在乡村环境中建筑设计的方法，学习新建筑与场地周围要素和谐共生的方法，训练学生建筑生成与自然环境及人文环境之间的逻辑关系。

5. 掌握复合空间的功能分区与流线组织方法

进一步训练水平线性交通与垂直交通的组织方法，强化功能分区的设计原则。

3.3 任务设定

3.3.1 设计内容

本次题目选取距离呼和浩特市区13km的西乌素图村作为调研、设计区域。乌素图在蒙古语中是"有水的地方"，因历史上"一溪自谷中出，贯村南流，于是一村有东西之别"。西乌素图村位于大青山南麓，因清代晋陕移民迁徙成村，村西有"乌素图召"，初建于明隆庆年间，村与召有着密切的联系。

学生在调研工作基础上，每人从西乌素图村中三处不同类型的场地选取一处（图3-1），熟悉其地形、地貌以及周围环境信息，并拟定任务书。任务书建筑类型定位为民宿+自命题小型公共建筑，民宿模块的客房数量控制在10~20间为宜，形式自定，总面积为2000m²（可上下浮动10%），内容要求如下。

（1）紧密结合地形、地貌和周围环境进行总体设计。总平面设计中考虑场地道路设计、出入口设计、人流与车流流线设计、场地环境设计、停车设计。

（2）建筑中平面注意功能分区、大小复合空间的组合设计、交通流线设计等平面基本要素。

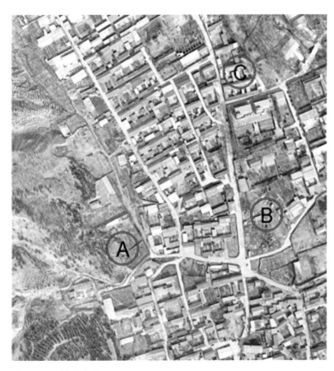 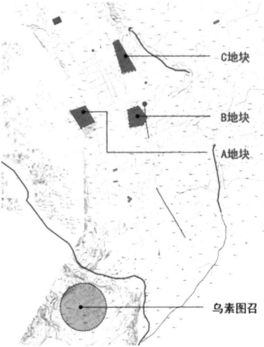

图3-1 用地示意图
作者改绘，来源：高德地图

（3）建筑形态设计及建筑材料的运用。应尊重场地中原有地形地貌，原有景观特点，体会乡村街巷尺度与乡村建筑肌理与形态，合理控制新建建筑体量与高度，妥善处理建筑形态与材料，使新建筑在乡村环境中与周围要素形成和谐的共生关系。

（4）在满足使用功能前提下，尽可能将人的生理、心理与行为等因素纳入建筑设计之中，从多角度、全方位进行公共建筑的总体设计构思，为使用者创造安全、舒适、合理的物质和精神环境。

（5）用地示意图（图3-1）。

3.3.2 成果要求

（1）总平面图，1∶500 要求：画出准确的屋顶平面并注明层数，注明各建筑出入口的性质和位置；画出详细的室外环境布置（包括道路、绿化小品等），正确表现建筑环境与道路的交接关系；注明指北针。

（2）各层平面图，1∶150～200 要求：应注明各房间名称，首层平面图应表现局部室外环境，画剖切标志及各层标高。

（3）立面图（不少于2个），1∶150～200 要求：制图要求区分粗细线来表达建筑立面各部分的关系。

（4）剖面图（不少于2个），1∶150～200 要求：应选在具有代表性之处。清楚表达剖切线和看线的位置，准确表达檐口、室内外高差、基本结构；标注标高。

（5）设计说明：要有设计构思与创意说明，技术经济指标（总建筑面积、建筑高度等）。

（6）分析图：区位分析，交通分析，人、物的流线分析，功能分析，景观节点分析，室内外空间局部透视图等，数量不限，以更好地表达出自己的设计理念、思路为准。

（7）图纸及模型要求：计算机与尺规结合，表现技法不限；图纸大小550mm×840mm，数量2张；手工模型，比例1∶200或1∶100。

3.4 教学过程

教学时长为14周，主要训练环节包括场地调研与任务书编制2周、场地环境与形体分析2周、功能组织和空间耦合3.5周、建筑细部设计2周，白图表现1.5周、材料模型制作1周、成果绘制2周。

3.4.1 场地调研与任务书编制（2周）

1. 训练目的

通过现场基地调研，帮助学生掌握科学的调研方法，更好地了解场地的环境文化、历史和社会背景，熟悉其地形、地貌以及周围环境信息，从而更好地掌握各类小型公共建筑设计的实际需求和环境要求；通过乡村业态现状与村民需求调查，确定小型公共建筑设计的类型、掌握任务书编制方法与内容要求。

2. 训练内容

场地调研按照区位、村庄、建筑、用地四个层级划分进行，此外还包括村民需求调查。

（1）区位层级

调查西乌素图村与城市、区域的位置关系，外部交通状况，村落自然景观布局，村落与周边村落和重要建筑的位置关系等。

（2）村庄层级

通过文献研究、实地问卷、访谈、测量等方法了解西乌素图村基本情况、人口数量(本村人口和外来人口)、人口年龄组成，村庄目前产业结构情况（业态），村庄现存职能与功能问题，了解村内主要道路体系及巷道尺度。

（3）建筑层级

通过文献研究、实地调研、测量等方法了解西乌素图村主要建筑院落布局与肌理，传统民居基本特征、收集主要建筑朝向（主要及特殊朝向）、建筑高度（主要及最高高度）、平面构成（建筑开间、进深及形式）以及建筑材料等信息。

（4）用地层级

本次题目依据杏林、古树、缓坡、陡坡、断崖等场地环境要素给定A、B、C三个不同属性的用地地块。

A地块：位于村庄西侧，形状为四边形，地块南临杏园、西靠断崖、东有村庄一条南北道路（图3-2），通过实地调研与测量，感知地块尺度，收集场地尺寸与竖向高差信息，了解场地四周交通情况，重点观察场地包含哪些重要场地环境要素。

B地块：位于村庄中心，日常为村民聚集之地，形状为五边形，西南角紧邻五条道路的交叉口，南侧包含两棵古树，场地内地势平缓（图3-3），通过实地调研与测量，感知地块形状与尺度，收集场地尺寸与竖向高差信息，了解场地四周交通情况，重点观察场地包含哪些重要场地环境要素。

C地块：位于村庄北端，形状为狭长四边形，地块东临茂密的小树林，南、北和西侧有村道路环绕，场地为南低北高的缓坡（图3-4），通过实地调研与测量，感知地块形状与尺度，收集场地尺寸与竖向高差信息，了解场地四周交通情况，重点观察场地包含哪些重要场地环境要素。

（5）村民需求调查

从村民实际诉求出发，寻找自命题建筑类型切入点，确定"民宿＋公共职能"多元小型公共建筑，做真正能为村民服务的建筑。

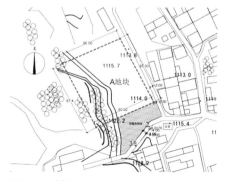

图3-2 A地块
来源：作者自绘

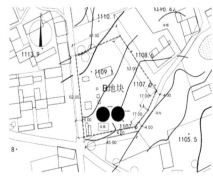

图3-3 B地块
来源：作者自绘

图3-4 C地块
来源：作者自绘

3. 成果要求

（1）基地现状模型（1∶200）：学生需以小组形式制作A、B、C地块现状模型，准确反映地形、地貌、植被分布和相关建筑布局等信息。

（2）基地调研成果报告（PPT）：每个小组以A、B、C地块为单位，需制作一份详细的基地调研报告，图文并茂地展示基地区位关系、基地内部情况、基地地形与地貌环境、周边建筑环境、道路状况等信息。

（3）基地总平面图（1∶500）：需绘制A、B、C地块现状总平面图，详细注明基地范围、建筑红线、植被以及周边建筑与道路布局，并标注尺寸。

（4）每位学生编制一份某类小型公共建筑设计任务书。

3.4.2　场地环境与形体分析（2周）

1. 训练目的

在场地调研的基础上，了解区位自然环境、道路交通、人流组织等对建筑场地设计的影响，培养学生的场地与自然环境融合意识，基于对场地自然环境和人工环境的主导要素（古杏园、断壁、名木古树、密林、民居建筑形态等）的准确认知，学习形体生成与环境主导要素的关系。

2. 训练内容

（1）学生与指导老师针对建筑形体与场地自然环境关系进行课堂讨论，让学生理解建筑形体与其外部环境之间存在共生关系，思考如何通过建筑形态设计实现与周围环境互动，同时满足场地功能需求。

（2）体块模型制作：利用泡沫板等材料，在基地现状模型上制作任务书中所列出的各单体块群。通过基地实体模型内部的摆放，让学生直观地认识体块与场地、周边环境的关系，以及它们在场地内的比例关系。

（3）设计方案概念：在制作体块模型的过程中，引导学生思考设计方案概念，结合场地规划进行空间体块构成的推敲，并进行总平面设计。

3. 成果要求

（1）根据自己任务书中的建筑类型，查阅1个同类型的小型公共建筑案例，在熟图的基础上，抄绘总平面图、各层平面图和屋顶平面图，并标注尺寸。

（2）每人绘制1∶500场地总平面草图，表现风格不限。

3.4.3　功能组织与空间耦合（3.5周）

1. 训练目的

结合场地总图与"住"+"交流"空间体块，在分析功能公共与私密的基础上，训练功能流线和空间组织的关系，并进一步在功能逻辑合理的前提下，研究两类空间的复合关系，形成相对完整的空间概念。

2. 训练内容

（1）功能空间划分：对照自命题任务书中内容要求，分析建筑的功能组成，包括住宿、公共职能、公共交流等。引导学生对不同属性的功能区进行划分，并提出相应的空间规划方案。

（2）空间流线组织：合理组织公共与住宿单元不同功能空间的流线，确保各自内部人行流线清晰顺畅，避免不同流线交叉。让学生了解空间流线组织的原则和方法，并通过模型推敲和图纸表达体验空间流线的组织关系。

（3）体块组合与推敲：在前期体块模型的基础上，结合功能分区和空间流线组织，进行体块构成的深入推敲。通过SU体块模型，不断调整和完善建筑的外部空间形态。

3. 成果要求

深化概念设计阶段的模型、完善建筑的外部空间形态、完成SU体块模型、绘制各层平面草图（1:200）。

3.4.4　建筑细部设计（2周）

1. 训练目的

引入建筑结构知识，掌握平面结构布置方法，培养学生的"结构"意识；将乡土材料引入建筑形体并深化立面细部设计，让学生了解材料与细部设计对立面精细化的重要性；通过局部空间的大样图设计，感知建筑空间与人体尺度。

2. 训练内容

（1）平面结构布置：对平面图中剪力墙或框架柱网体进行梳理，保证墙体或柱网分布合理、柱距与柱位适宜，上下层结构对位连续等。

（2）立面材料与细部设计：深化建筑体量与外部形态设计，将乡土材料引入建筑形体并对立面进行精细化设计，重点对立面的出入口、檐口、门窗洞口、玻璃幕墙等部位进行细部设计。

（3）大样图设计：对局部的交通、辅助、主要使用空间进行大样图设计，具体包括主楼梯大样、公共卫生间大样、住宿单元客房标准间大样等设计，要充分考虑使用者的需求，布置相应的家具与洁具等。

3. 成果要求

梁柱结构体系图；卫生间、楼梯、客房标准间大样图（1:20）；出入口局部效果图。

3.4.5　白图表现（1.5周）

1. 训练目的

白图绘制是将方案手绘稿进行计算机精细化绘制，提高学生方案设计的精细程度和深度；强化CAD计算机软件绘图技能、查阅建筑图集能力；通过阶段性白图绘制，巩固学生基本图学知识。

2. 训练内容

需查阅建筑制图标准图集，了解计算机绘制图纸要点与深度要求。

（1）总平面图：图名、比例、指北针，标明用地与建筑红线、建筑物位置、道路、广场类室外场地和绿化布置情况等，尺寸标注、图例与必要的文字说明、技术经济指标等。

（2）平面图：重点绘制底层平面图，绘制各层平面图时，线条应有粗细之分，应有尺寸标注、标高、文字标注、剖切标志，图名、台阶与散水、建筑小品、植物配景、填充必要的绿化硬化等。

（3）立面图与剖面图：绘制各立面图和剖面图，线条应有粗细之分，应有尺寸标注、标高、立面配景、墙面主要材质的填充等。

（4）大样图详图绘制：参照建筑细部设计要求内容。

3. 成果要求

总平面图：1∶500；各层平面图：1∶200；立面图（不少于2个）：1∶200；剖面图（不少于2个）：1∶200，要求：应剖选在具有代表性之处。

3.4.6 材料模型制作（1周）

1. 训练目的

尝试将材料建构引入实体模型，让学生了解建筑材料、色彩、肌理对建筑空间及形体表达的重要性。

2. 训练内容

材料选择与制作：引导学生选择多种合适的建筑材料，如木材、塑料、纸板等，深化制作"材料-体块"模型。通过材料的选择与制作，让学生了解不同材料的特点和适用性。

3. 成果要求

材料模型：1∶100，该模型着重表达建筑中的材料关系及相应的空间氛围、外立面的形式特点等。

3.4.7 成果绘制（2周）

1. 图纸内容

（1）总平面图：1∶500，画出准确屋顶平面图并注明层数、注明建筑与场地的出入口位置、性质；画出详细的室外环境布置（包括道路、绿化、小品等）；正确表现建筑环境与道路的交接关系；注明指北针。

（2）各层平面图：1:200或1:150，注明房间名称，首层平面应表现局部室外环境；画剖切标志及标高变化处标高；不要求标注尺寸。

（3）立面图：1:200或1:150，不少于2个立面。制图要求区分粗细线来表达建筑立面各部分关系；不要求标注尺寸。

（4）剖面图：1:200或1:150，不少于2个剖面。应选在具有代表处，清楚表达剖切线的位置；准确表达室内外高差，檐口、窗口等基本构造；标注层间标高。

（5）设计说明：设计构思与创意说明（300字），总建筑面积、建筑高度。

（6）分析图：区位分析、体块生成分析、人车流线分析、景观节点分析、室内外空间局部透视图等，数量不限，以能较好表达设计理念与思路为准。

2. 表现要求

（1）计算机出图。

（2）图纸大小550mm×840mm，数量2~3张。

3.5 场地相关知识讲解

3.5.1 场地基本概念

1. 山地建筑

山地，属地质学范畴，地表形态按高程和起伏特征定义为海拔500m以上，相对高差200m以上的陆地。地形坡度在10%以下时，属于平缓坡地；在10%以上，可划分为中、陡、急坡地。建筑群布置受地形高差限制，建筑布局呈现阶梯状，该范围内建筑则属于山地建筑设计范畴（表3-1）。

表3-1 地形坡度分级标准基于建筑的关系

类型与坡度	建筑区布置及基本特征	图示
平坡地 3%以下	基本上是平地，道路及房屋可自由布置，但须注意排水	
缓坡地 3%~10%	建筑区内车道可以纵横自由布置，不需要梯级，建筑群布置不受地形的约束	
中坡地 10%~25%	建筑区内须设梯级，车道不宜垂直等高线布置，建筑群布置受一定的限制	
陡坡地 25%~50%	建筑区内车道须与等高线成较小锐角布置，建筑群布置及设计受到较大的限制	
急坡地 50%~100%	车道须曲折盘旋而上，梯道须与等高线成斜角布置，建筑设计需作特殊处理	
悬崖坡地 100%以上	车道及梯道布置极困难，修建房屋工程费用大，一般不适于做建筑用地	

来源：沈伊瓦，周钰，郝少波，等. 空间使用与场地响应：建筑设计教程（二年级上）[M]. 武汉：华中科技大学出版社，2021.

"山地建筑"指建造在地势相对高起、表面起伏很大的山区、斜坡地或波形变化的地貌上的建筑物，是结合山地地貌特点，依据坡度差进行建筑布局，使建筑与山地自然景观相协调的建筑形态。"山地建筑"设计是集规划、景观、建筑、技术于一体的整体适应性设计，具有复杂和不可复制的特点，是建筑设计中的难题。

"山地建筑"能快速发展最主要的原因就在于能够保护耕地，提高土地的利用率。"山地建筑"的选址，其场地应顺应地势发展，利用山地原有的形态，依山而建，顺应等高线布置，将建筑融入周边自然环境中，最大限度地降低挖土及填土量，节约建造成本，保护自然景观。

2. 等高线、等高距与等高线平距

等高线，指的是地形图上高程相等的相邻各点所连成的闭合曲线。把地面上海拔相同的点连成的闭合曲线，垂直投影到一个水平面上，并按比例缩绘在图纸上，就得到等高线（图3-5）。等高线也可以看作是不同海拔的水平面与实际地面的交线，所以等高线是闭合曲线。等高线图上的每一条等高线上的数字，表示以该线为标准、距离海平面的高度，数字越大代表高度越高，复杂的山地地形都能用等高线地形图表示（图3-6）。

等高距，指地形图上相邻等高线之间的高差，也称作等高线间隔，用h表示。在同一幅地形图上，等高线的等高距相同。等高线的间隔越小，越能详细地表示地面的变化情况；等高线间隔越大，图上表示地面的情况越简略。但是，当等高线间隔过小时，地形图上的等高线过于密集，将会影响图面的清晰度，而且测绘工作量会增大，花费时间也更长。在测绘地形图时，应按照实际情况，根据测图比例尺的大小和测区的地势陡缓来选择合适的等高距，该等高距称为基本等高距。

等高线平距，指相邻等高线之间的水平距离，常以d表示。因为同一张地形图内等高距是相同的，所以等高线平距d的大小直接与地面坡度有关。d值越小，地面坡度就越大；d值越大，则坡度越小；坡度相同，平距相等。因此同一幅等高线地形图中，等高线越密集坡度越陡，等高线越稀疏坡度越缓（图3-7）。

3. 用地红线、建筑红线和道路红线

用地红线，指建设用地范围的规划控制线，也是用地的产权边界线。用地红

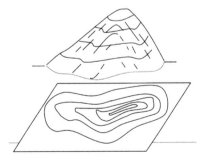

图3-5　等高线形成示意图
来源：作者自绘

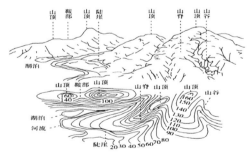

图3-6　等高线地形图
来源：21世纪教育网

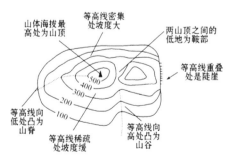

图3-7　等高线疏密关系图
来源：免费文档中心

线由城市规划管理部门根据城市规划要求而划定，该红线确保了设计和建设的合法性。例如一个居住区的用地红线，就是居住区的最外边界线，居住区内的建筑和绿化以及道路只能在用地红线内进行设计。

建筑红线，也称建筑控制线，是建筑物基底位置的控制线。一般来说，建筑红线会从用地红线后退一定距离，用来安排台阶、建筑基础、道路、广场、绿化及地下管线和临时性建筑物等设施。用地红线用点虚线表示，建筑红线要用实线表示。

道路红线，指城市道路(含居住区级道路)用地的规划控制线。道路红线总是成对出现，其间的用地为城市道路用地，包括城市绿化带、人行道、非机动车道、隔离带、机动车道及道路岔路口等部分（图3-8）。

在城市用地中，一般临街道路的用地，为了保证临街建筑前面步行空间与尺度感，各地规划主管部门会在控制性详细规划中额外划定建筑红线的退距，通常越是重要的道路或较宽的道路，其临街建筑红线退距越大。不同道路，退距要求也会不同，具体退距需查询地块上的规划条件图确定。

图3-8　场地规划条件示意图
来源：作者自绘

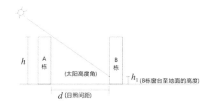

图3-9　日照间距示意图
来源：作者自绘

4. 日照间距

日照间距指前后两排南向房屋之间，为保证后排房屋在冬至日(或大寒日）底层获得不低于相关建筑规范规定的小时数的满窗日照（日照）而保持的最小间距离。为了计算方便，通常采用日照间距系数与相邻南端的建筑高度的乘积进行计算（图3-9）。

日照间距系数，是根据日照标准确定的房屋间距与遮挡房屋檐高的比值。需要以房屋长边向阳，朝阳向正南的条件，由于我国地域辽阔，每个区域因太阳高度角不同，日照间距系数也不同，具体可查阅《全国主要城市不同日照标准的间距系数》。

3.5.2　场地要素与设计条件

在广义上，场地指基地中所包含的全部要素所组成的整体。这些要素包括建筑物、广场、停车场、室外活动场、绿化景观和工程管线等内容。在狭义上，场地指的是建筑物之外的场地要素，即单纯的室外场地。明确场地的概念是为了进一步明确场地要素与整体的关系。场地要素与场地是无法完全割裂开的，它们相互依存，所以用场地这一概念来描述它们所组成的整体对于将问题明晰化、确切化是十分有意义的。我们课程中涉及的场地概念是广义层面的场地，场地内存在的所有要素都是我们需要关注和研究的对象，而这些要素也会成为场地设计的条件和制约。因为在不同设计任务的要求下，建筑对场地的要求与处理方式也不尽相同。反过来，场地也会影响与制约建筑的布局与设计。因此每个设计任务必须全面梳理、分析场地内的各种条件与制约因素，保证整个建筑设计的合理性。

场地的物理环境通常可以划分为自然环境和人工环境，它们是由若干个场地要素构成的（表3-2）。自然环境主要有地形地貌、地质水文、气候、日照、名木古树、植被等要素；人工环境主要包括建筑物、道路、广场、停车场、建筑小品和工程设施等要素。这些场地要素都有可能成为制约场地设计的因素，而调查和收集这些资料对场地设计具有非常关键的作用和意义。多数要素可以通过现

表3-2 场地调研纬度

环境	条件	要素	技术维度(表达)	感官维度(评价)
物理环境 自然环境	地形与地貌	地势/边界/植被	地形图/场地踏勘记录	视野/景观品质 空气污染/噪声 冷暖/干湿 繁华/萧瑟 拥挤/便利 趣味 氛围 ……
	地质与水文	工程地质/水文条件/地震	工程地质勘探报告	
	气候与小气候	日照/风向/气温/降水	气象数据	
物理环境 人工环境	建筑物/构筑物	分布/规模/建造使用情况	图纸/数据	
	基础设施	道路交通/广场		
		工程管线/水泵站变电站		
社会环境 现状	人口构成	年龄/种族/教育程度	文本/影像	
	生活/行为方式	工作/出行/娱乐/偏好		
社会环境 历史	行为	习俗/节庆/动线/分布		
		略		

场调研和文献资料收集获得。现场调研可以借助拍照、问卷、访谈、测绘、观察等手段,相关的数据(如地形图、地勘报告、气象数据等)可以通过业主调研获得。此外场地设计制约因素可能还涉及家庭人口构成、生活行为方式、地域背景、历史文化、风土人情等社会环境因素(人文要素),这些都是需要通过资料查询、现场调研等方式了解和掌握。

影响场地设计的因素不仅源于场地内部,还源于场地周围的外部人工或自然环境,如在自然风景区内做场地设计、在拥挤的城市相邻地块内做住宅区设计。场地内部与外部条件共同决定了场地内建筑的适合的功能、体量、体型及边界处理等多方面的规划。

场地设计必须符合国家或相关部门制定的设计标准、规范、规定以及当地城市国土空间规划的要求。场地设计条件是设计的前提条件,是先于具体的建设项目和具体的设计而存在的,目的是保障使用者的各种基本需要在设计中得以满足,为设计提供最基本的要求和最低标准。

场地设计的条件主要包括自然条件和建设限制条件。

1. 场地的自然条件

场地的自然条件是指场地的自然地理特征,包括地形、气候、工程地质、水文及水文地质等条件,它们在不同程度上对场地的设计和建设产生影响。

1)地形条件

地形可分为山地、丘陵和平原等,在局部地区可细分为山坡、山谷、高地、冲沟、滩涂等。建筑场地设计中通常采用1:500、1:1000、1:2000等比例尺的地形图表示。

2）气候条件

影响场地设计与建设的气候条件主要有风象、日照、朝向等。风象包括风向、风速，可以用风玫瑰图来表示，我国各城市区域均可查到相应的风玫瑰图，为建筑设计提供必要的气象依据。日照标准是建筑物的最低日照时间要求，与建筑物类型和使用对象有关，每个地区的日照间距系数可查阅《全国主要城市不同日照标准的间距系数》获取。由于我国地域辽阔，不同区域的日照朝向选择也随地理纬度不同、各地习惯不同而有所差异。

3）工程地质、水文条件和水文地质条件

工程地质、水文条件和水文地质条件的依据是工程地质勘察报告。实际项目中的场地设计时，需要查阅该项目的地质勘察报告，对场地的地质情况有所了解。

2. 场地的建设限制条件

1）场地用地范围控制

建设项目的用地边界要受到若干因素的限制，主要包括征地范围、道路红线、建筑红线等。

2）场地开发强度控制

场地开发强度的控制用于约束场地内项目的开发力度，预防场地建设超出规定的城市建设容量限制，避免对周边环境产生消极影响，包含建筑密度、建筑限高、容积率、绿地率等。

3）建筑间距的控制

建筑间距是指两幢相对的建筑物外墙面之间的水平距离。建筑间距的控制应根据日照、消防、通风、噪声等要求，依据相关规范或规定而合理确定，例如确定防火间距时需查阅GB 50016—2014《建筑设计防火规范》（2018年版）。

3.5.3 场地调研的方法

1. 文献研究法

文献研究法是根据一定的研究目的或课题，通过搜集、鉴别、整理文献来获得资料，并通过对文献资料的研究，全面、正确地了解掌握所要研究问题的一种方法。这种方法不与文献中记载的人与事直接接触，又称为非接触性研究方法。文献研究法被广泛用于各种学科研究中。

学生通过文献研究方法，了解西乌素图村历史发展沿革、村落空间形态演变的规律与动因、传统民居的类型与特点，对于挖掘地域建筑文化与传承设计有着重要的指导作用。

2. 现场考察法

现场考察法是最基础且常用的一种方法，考察者亲自走访现场，直观地感受用地环境，了解当地风土人情、历史文化、地形地貌、水文条件等实际情况，对于后续的设计工作有着至关重要的影响。

3. 问卷调查法

问卷调查法是现代社会中进行市场调查、科学调研、社会调查等常用的手段，它具有快速、高效、代表性等优势。完整的工作流程包括问卷问题的设计、问卷的发放、回收与样本数量统计，其中问卷的发放、回收是重要的环节，其质量直接影响后续调查结果和后续工作的顺利进行。学生可以向西乌素图村村民发放问卷，通过问卷调查对村庄人口结构、家庭组成、经济收入等基本信息进行采集。

4. 现场访谈法

现场访谈法是由访谈员根据研究所确定的要求与目的，按照访谈提纲或问卷，通过个别面访或集体交谈的方式，系统而有计划地收集资料的一种方法。其具有双向沟通、控制性强、成功率高、收集资料广的特点，同时既能用于定性又能用于定量研究，可以挖掘人的动机、感情、价值观，除了可以了解现实资料，又可以追溯较长的历史事件。访谈法的类型可分为直接访谈（面访）和间接访谈（电话访谈）。

学生通过与西乌素图村民、村委会成员及外来游客的交流，可以了解村民生活状态与诉求、不同人群对人居环境现状满意度以及村庄相对应的改善意见，这对于设计定位与人性化设计有着重要的指导作用。

3.5.4 场地调研的操控

经过前面的调研初步训练，同学们已熟知场地调研重点围绕自然环境与社会环境内容展开，场地调研从区位、村庄、建筑和用地层级分尺度进行，以掌握乡村场地调研基本方法，了解不同场地空间维度调研需掌握的要素和条件。但考虑二年级同学的综合实践能力和操作方法的局限性，在场地设计条件和制约因素的要点上还存在知识点的空白，收集资料方法和对环境的感知手段、技巧也需要进一步扩展学习，所以针对场地调研的维度中的部分条件和因素可予以弱化。如自然环境中涉及的工程地质、水文条件、地震等地貌特征因素，人工环境中因教学任务书要求的场地空间的完整性，忽略掉场地部分内部与边缘的建筑物等。通过对调研场地的因素与条件的操作控制保证调研内容的侧重性与准确性。

1）区位层级的操控

区位层级的调查包括用地所在村庄的区位、外部交通、景观布局、周边现状等，如了解西乌素图村所在城市的位置、所属区域，村庄外部交通联系（外部路网、距离）；了解服务人群从城市各个方向到达场地的可能性及途径；重点调查西乌素图村山、水、植被等自然景观布局，与周边相邻村庄、召庙、遗址、标志性建筑等重要建筑的位置和交通联系等。用地的气候与小气候可在区位或场地层级的调研中获取。区位层级的调研侧重于采用卫星或全景照片进行图像数据分析。

2）村庄层级的操控

村庄层级的调查包括村庄的空间布局、基本状况、产业结构和使用者需求等。如了解村庄的生产、生活和生态空间的基本布局，调查村庄人口和家庭构成（本村和外来人口数量、年龄组成、家庭构成），村庄产业结构、产业布局和产业调整存在的问题；了解村民对公共服务空间和设施的需求。村庄层级的调研常采用文献研究、实地问卷、访谈、测量等方法，侧重于数据收集，并使其成为设计条件。

3) 建筑层级的操控

建筑层级的调查包括建筑村落机理、院落空间、建筑空间和建筑材料等，如了解村落的形态与肌理、村落的密度、村落的街道路网、村落对外的出入口、街道空间的尺度、村落的公共交往空间和公共建筑；重点调查村中民居院落布局、建筑特征、建筑内部和外部空间、建筑朝向（主要及特殊朝向）、建筑高度（主要及最高高度），以及了解当地传统建造材料与色彩等信息。建筑层级的调查常采用现场考察、实地测量、拍照记录等方法，侧重于对建筑环境、建筑原始形态的观察、认知和体验，并使其成为设计条件。

4) 用地层级的操控

用地层级的调研包括用地地形的结构、地貌特征、植被分布、日照条件等自然环境条件，以及周边地块交通、活动人群分布、景观视线、空间氛围等涉及社会环境与感官体验维度。同时用地调研的重点分析维度包含了自然景观及其视线、视野的调查，也是这个层级重要的调查对象；景观的搭配形成完整空间环境与氛围，用地从内向外看到的景观、用地从外看向场地内的景观以及穿过场地的景观如何设计的，这些都是调研的具体内容。

本次题目给定的三块不同属性用地，主要存在杏园、古树、缓坡、陡坡、断崖等场地环境要素。

A地块：主要由杏园、缓坡、断崖等场地要素构成，调研时注重收集场地地貌特征、场地形状和尺寸信息，重点测绘断崖边界处竖向地形变化，了解场地四周交通情况，重点考虑杏园景观的利用及其视线、视野的调查。

B地块：主要由古树、缓坡、道路交叉口等场地要素构成，调研时考虑地块所处村中心位置而产生周围辐射的能力，重点调查道路交通情况和古树下的场所空间。

C地块：主要由小树林、缓坡等场地要素构成，调研时注重收集狭长场地的形状和尺寸信息，并感知体验狭长空间，了解场地四周交通流线情况，重点考虑小树林景观的利用及其视线、视野的调查。

3.6 场地设计方法讲解

完成场地调研环节的训练之后，从第二周开始进入方案设计阶段。本题目在设计阶段训练的是"基于三种不同自然环境场地条件的空间设计方法"，依据自然环境场地中不同的主导要素进行空间设计，以此来实现建筑与场地环境的关联。该方法可以帮助学生从一年级的建筑基础形式训练拓展到融入自然环境的建筑设计中。

3.6.1 场地设计的环境要素与空间操作（回应自然）

1. 主导环境要素

（1）古杏园、断崖与场地：A地块中主导环境要素是杏园和断崖的自然要素。基地南侧的用地红线紧邻一处茂密的古杏园，每年春季逢杏花开放，便是"杏坞翻红"的景象，一年中会举办"杏花节""采摘节""丰收节"等活动吸引游客，杏园充分为场地提供了人文与自然景观要素。同时，基地内西侧紧靠山体断崖，断崖较为平直陡峭，断面竖向高程均在6m，山体上部为茂密的松柏，山体水平投影约占总用地面积的1/3。本题A场地内设定杏园与山地断崖要素，目的是训练同学们如何应对自然资源、地形地貌，探讨建筑设计的独特性与表现的形式（图3-10）。

（2）名木古树与场地：B地块位于村中心地段，形状为五边形，西南角紧邻五条道路的交叉口，南侧长有两棵榆木古树，距今有200年的历史，因古树处于三岔口交会之地，树下遮蔽面积较大，因此树下常年为村民打牌、下棋、健身、闲聊和晒太阳等聚集之地。林下空间已形成自发性的居民活动的场所，只是目前树下空间单一，缺少设施。本题选择具有名木古树要素的B场地，目的是训练学生从乡村居民的环境行为出发，合理利用树下的交往空间，通过建筑设计做到建筑、古树与人的和谐共生。

（3）密林与场地：C地块位于村庄最北端，形状为狭长四边形，基地最长的东边邻接一片茂密的林木区，林中树木较密，鸟禽较多，以杨树和榆树为主，并有潺潺沟水流过。密林区为游客们提供一处逃离城市、放松身心、感受亲近自然的静所，这也是影响场地设计的主导景观要素。本题设置具有密林的C场地，是训练学生从自然林地出发，合理利用林木景观，通过空间设计使场地边缘或边界的相互融合不突兀，做到自然景观与人造景观的和谐共生，既尊重自然，又敬畏自然。

2. 场地空间设计操作

自然环境与建筑总是相伴而生，就像精神与物质的关系，相得益彰。建筑与环境本身就不是两个独立的概念，场地内任何建筑设计都离不开与其相适应的自然要素，它们共同作用于场地环境的构建。建筑与环境如何自然过渡及融合，本案引入"邻接式空间""过渡空间"的空间形式操作。

1）邻接式空间

邻接是空间关系中最常见的形式，它让每个空间都能得到清楚的限定，并且以其自身的方式回应特殊的功能要求或象征意义（图3-11）。两个相邻空间在视觉和空间上的连续程度，取决于那个既将它们分开又把它们联系在一起的面的特

（a）古杏园　　　　　（b）断崖　　　　　（c）古树　　　　　（d）密林

图3-10　场地主导环境要素
来源：（a）（b）（d）作者拍摄；（c）诠摄汇网站，叶子青摄影

点。例如题目中三块场地的边缘分别与山崖、杏园、古树、林木地等存在较为突出的邻接关系（图3-12）。

对于邻接的两个空间，常采用一定方式进行空间之间的限定与关联（图3-13）。

2）过渡空间

过渡空间又称为"灰空间"，是相隔一定距离的两个空间，可由第三个过渡空间来连接或关联（图3-14）。两个空间之间的视觉与空间联系取决于第三空间，因为两个空间都与这一空间具有共享的区域。例如题目中A、B、C场地的边界分别与相邻的断崖、杏园、古树、林木等边缘形成了过渡空间（图3-15）。

这类空间可以是由建筑空间向环境空间过渡，也可以是场地内不同功能、形式空间相互过渡的一种模糊空间形态，它能为场地的空间序列体验增加一种类型，起到过渡、连接、铺垫、衬托的作用。

首先，通过过渡空间的设计可以使建筑本体扩大自身的影响范围，凸显建筑存在的主导地位；其次，一些强调形态独特、个性强烈的建筑物在视觉上会显得不和谐，干扰区域的整体性，而采取风格一致的过渡空间设计将起到缓冲作用，可以使建筑个体更好地融入周围自然环境和人文环境之中。

对于相隔的两个空间，可以采用图3-16中所示方式进行空间之间的限定与关联。

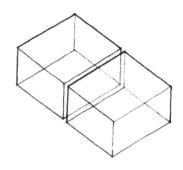

图3-11　邻接式空间
来源：程大锦. 建筑：形式、空间和秩序[M]. 刘丛红，译. 4版. 天津：天津大学出版社，2018.

3.6.2　山地建筑基本观念与接地形式（回应坡地）

1. 山地建筑设计的基本观念

我国是一个多山地和丘陵的国家，山地和丘陵面积占我国国土面积的45%

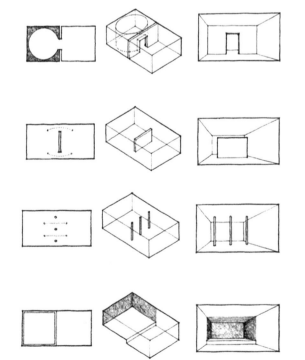

分隔面作用：
限制两个邻接空间的视觉连续和实体连续，增强每个空间的独立性，并调节二者的差异。

作为一个独立面设置在单一空间容积中。

被表达为一排柱子，可使两空间之间具有高度的视觉连续性和空间连续性。

仅仅通过两个空间之间高度的变化或表面材料以及表面纹理的对比来暗示。此例以及前面的两例，也可以被视为单一的空间容积，被分为两个相关的区域。

图3-12　场地邻接式空间分析
作者政绘，来源：高德地图

图3-13　邻接式空间限定与关联的形式
来源：程大锦. 建筑：形式、空间和秩序[M]. 刘丛红，译. 4版. 天津：天津大学出版社，2018.

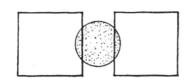

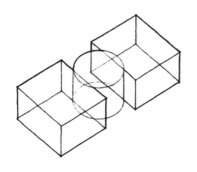

图3-14 过渡空间

来源：程大锦. 建筑：形式、空间和秩序[M]. 刘丛红，译. 4版. 天津：天津大学出版社，2018.

左右。在进行山地建筑规划与设计时，注重有价值的生态植被的保护、注重人性化的竖向设计、考虑人车分流的交通体系、保证景观的均好性、提升项目最大效益，应遵以下原则。

1) 维护山地生态平衡（生态观）

山地建筑不同于平地建筑，有着地形、地貌、经济、功能等方面的综合约束。因此山地建筑的创作不能沿袭平坦地区的空间规划与建筑设计理念、思维和手法。地形固然是一种制约因素，但同时制约性也可引发创造性。因此，因地制宜地利用建筑所处的山形地貌，尽量契合山地的起伏变化，不去破坏原有的地形、地貌和自然景观，不可开山填沟、改变水道，避免大规模的土方开挖和填方，保持原有地形地貌的连续性，尽可能降低对环境的影响，维护山地平衡的观念，做到"保护植被、保护水土、谨慎动土"的原则。使建筑成为融入环境中的有机景观，这就是山地建筑创作的首要设计理念。

2) 技术与艺术相结合（技艺观）

一方面，由于地形的特殊，山地地表成了山地建筑的背景或组成部分，山地绿化环境的好坏直接影响着山地建筑的景观效果。另一方面，由于地形的特殊性，山地建筑对建筑技术的依赖性要比平地建筑更加明显，比如交通组织、建筑接地形式等。此外，正确处理好构成建筑环境的三个基本物质要素（山体、植物、建筑）之间的关系，特别是处理好人工建筑物与自然景观之间的关系，是取得山地建筑设计艺术表达成功的关键。山地建筑的设计在于不只是要考虑到很好地保护原有的"形态"，还应注重考虑建筑形态、建筑材料、色彩的植入，从而进行整体艺术上的再创造与再加工，使局部的美有机地结合成为整体的美。

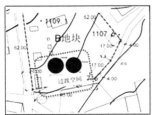

图3-15 场地过渡空间分析

来源：作者自绘

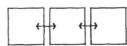

过渡空间以及它所联系的两个空间，三者的形状和尺寸可以完全相同，并形成一个线式的空间序列。

过渡空间本身可以变成直线式，以联系两个相隔一定距离的空间，或者加入彼此之间没有直接关系的整个空间序列。

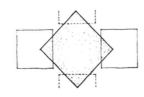

如果过渡空间足够大的话，它可以成为这种空间关系中的主导空间，并且能够在它的周围组织许多空间。

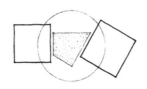

过渡空间的形式可以是相互联系的两个空间之间的剩余空间，并完全决定于两个关联空间的形式和方位。

图3-16 过渡空间限定与关联的形式

来源：程大锦. 建筑：形式、空间和秩序[M]. 刘丛红，译. 4版. 天津：天津大学出版社，2018.

2. 山地建筑接地的处理形式

山地与建筑接地方式主要受地形起伏、高差、自然环境、交通条件和气候条件等方面的影响，需要综合考虑。处理山地地形的第一步就是读懂地形图，掌握地形图上的场地等高线、陡坎、边坡、冲沟、挡墙、管线、最低与最高标高点等重要信息，然后将场地地形进行竖向调整，选择合理的设计标高，充分利用和有效改造自然地形，使其成为适宜的建筑场地。建筑接地方式决定性因素取决于山地的坡度，不同的接地形式都是对坡度的不同而产生的回应。山地建筑接地的处理一般有地下式、地表式、架空式、悬挑式、附崖式五种形式。

1）地下式

地下式采取利用地下空间的策略，将建筑的整个形体"钻"入地表之下以减少对地形、地貌、自然植被等的破坏，可以很好地保持基地原有风貌。同时地下式接地对建筑节能十分有利。地下式山地建筑的建造方式有两种（图3-17、图3-18）：一种是窑洞式，窑洞是我国传统的地下式山地建筑的代表，在建造过程中始终保持了原有的地貌，用掏空的方式创造空间，只保持正面开敞的形式；另一种是覆土式，在建造过程中对基地进行开挖，在建筑完成后再实施覆土恢复原有的地表形态，出于对生态和节能的要求利用地热资源，最大限度地节约了建筑能耗。地下式接地在保护生态环境和节能上的策略优势值得平地建筑学习和借鉴。

2）地表式

地表式是山地环境中出现最为广泛的建筑接地形式，其主要特征是建筑底面与山体地表直接发生接触。为减小底面对山地斜坡的破坏，可采用增高勒脚或调整建筑底面形态，使建筑形成错层、掉层、错落或错叠等；还可将坡地转化为几层平地，利用高差分层筑台。实际的山地建筑处理往往是几种方式综合运用的结果（图3-19）。

窑洞式（陕北窑洞）

覆土式（地中美术馆）

图3-17 地下式典型案例
来源：昵图网

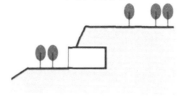

掏空

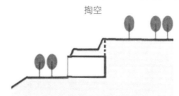

覆土

图3-18 地下式
来源：作者改绘

高勒脚（磁器口服务中心）
来源：archdaily网站，常文雨摄影

错层式（莫干山青骊民宿）
来源：archdaily网站，Alili摄影

掉层式（"无限"住宅）
来源：archdaily网站，Jaime Navarro摄影

错叠式（托莱多城堡住宅）
来源：网易-建筑师杂志

跌落式（札幌宫之森酒店）
来源：archdaily网站，Javier Callejas摄影

筑台式（厄瓜多尔斜坡上的社区）
来源：archdaily网站，Andrés Villota摄影

图3-19 地表式典型案例

（1）高勒脚。当山地坡度较小，可将建筑的勒脚提高到同一高度，如果建筑进深较大，可使勒脚高度随地形坡度和建筑进深的变化而变化。提高勒脚的方式主要有以下几种（图3-20）：一是将建筑底层全部作勒脚处理，因底层竖向增加了勒脚材料，减少了地表潮气对建筑的影响；二是当地形高差较小时，将建筑底层的局部作为勒脚，高度与室内地面齐平，削弱坡地对建筑的影响；三是将建筑底层做成阶梯式勒脚，消解高差还可丰富室内空间与建筑外立面。

（2）错层。在地形较陡的山体上，为减少土石方量，同一建筑内部往往以不同标高的楼面形成错层（图3-21）。错层可适应坡度10%～30%的山地地形，其建筑底面前后高差通常在一层以内，错层高差主要依靠楼梯的合理设置和不同高度的楼梯平台组织。错层手法的运用既顺应了地形，又丰富了山地建筑内部竖向空间和流线，使建筑形体与地形的关系变得密切。

（3）掉层。当山地局部地形高差悬殊时，建筑上部楼层空间保持不动，仅底层跌落，底面顺应高差落下接地，形成掉层（图3-22）。掉层一般适应于坡度30%～60%的山地地形，其主要特点是建筑外部地面不平整，建筑有2个或以上不同标高的出入口；掉层部分因室内纵向空间较高，采光、通风状况均较好；局部掉层部分既可作为建筑内部空间，也可作为室外空间。

（4）跌落。跌落指单元式建筑顺应地形走势层层跌落，形成阶梯状布局，以建于坡地上的单元式住宅最为常见。这类住宅以户或单元为单位，每个单位与不同高度室外平台连接。每个单元可独立跌落，也可当坡度较缓时仅作底层跌落（图3-23）（即建筑底面处在不同标高上，从第二层开始楼面就变为同一标高）。跌落式最大的优点在于增强了建筑底层对地形起伏变化的适应能力，突出了建筑与场地融合的有机性。

（5）错叠。错叠式与跌落式原理类似，其与跌落式的不同之处在于跌落式是建筑空间沿着山体竖向错动，而错叠式是建筑空间沿山体水平向错动，建筑单元沿山坡重叠建造，下层单元的屋顶为上层单元的平台（图3-24）。因水平向的错动会引发上下层功能与空间的分隔，所以错叠式较适合用于住宅或功能较为单一的建筑类型，设计中可通过建筑单元水平向的错动形成阳台、露台或凹空间，

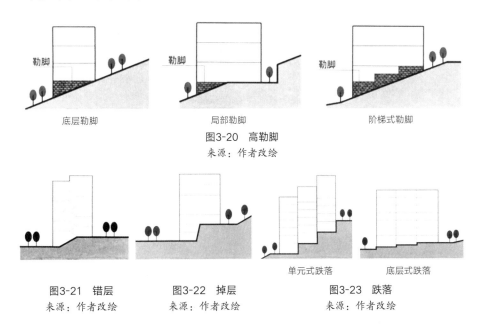

底层勒脚　　　　　　局部勒脚　　　　　　阶梯式勒脚

图3-20　高勒脚
来源：作者改绘

单元式跌落　　　　底层式跌落

图3-21　错层　　　　　　图3-22　掉层　　　　　图3-23　跌落
来源：作者改绘　　　　　来源：作者改绘　　　　来源：作者改绘

丰富建筑形体与立面。

（6）筑台。筑台式指利用挡土墙或护坡加固场地土方，形成一个或多个错落的台地的接地方式（图3-25）。设计中注意挖方量与填方量的平衡，避免高筑台。在山地建筑中，依据坡地高差分多层筑台可避免对地形的过度改造，并创造高低错落、参差变化的空间形态，渲染建筑组群的气势。

3）架空式

架空式的主要特征是建筑形体不直接与山体接触，其底面与基地表面完全或局部脱离，架空部分可借助柱子、片墙支撑建筑荷载。架空式接地对地表的影响较小，有利于保留山地原有植被，可将室外架空底层作为"灰空间"使用，是一种较为理想的接地方式。根据建筑底面的架空程度，架空式又可分为架空型和吊脚型（图3-26）。

（1）架空型。架空型接地指建筑底层整体架空，底面与基地表面完全脱离，架空部分利用柱子、片墙支撑建筑（图3-27）。

（2）吊脚型。吊脚型接地指将建筑底层一部分直接与山体地表接触，另一部分的底部用柱支撑以形成架空空间（图3-28）。该接地方式有利于建筑防潮，底部架空部分还可作为开放与半开放空间使用。

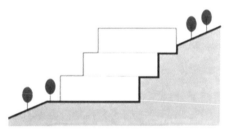

图3-24　错叠
来源：作者改绘

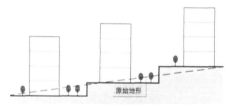

图3-25　筑台
来源：作者改绘

架空型（楠纳普住宅）

吊脚型（贵州千户苗寨）

图3-26　架空式典型案例
来源：designboom网站，Peter Bennetts摄影（左图）；shouhu网站（右图）

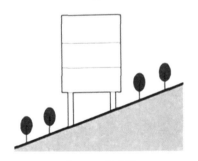

图3-27　架空型
来源：作者改绘

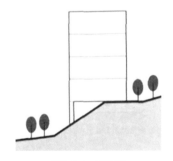

图3-28　吊脚型
来源：作者改绘

4）悬挑式

悬挑式接地指为了追求建筑艺术效果或场地基地条件有限，通过悬挑建筑形体来争取更多的建筑面积的接地形态，其主要特征是建筑出挑形体下无支撑体而悬空，一般可分为悬挑辅助空间和悬挑主体空间两种类型（图3-29、图3-30）。

悬挑辅助空间指在建筑悬挑部分功能为外廊、阳台、楼梯等小型辅助空间，可以产生凹凸变化的局部建筑体块，丰富建筑形体。

悬挑主体空间指在建筑悬挑部分功能为建筑主体使用空间，这种悬挑往往尺度很大，是建筑形体主要的构成部分，容易取得强烈的视觉效果。

5）附崖式

附崖式接地指建筑依附于悬崖陡坡、断坡而建，与山崖的竖直界面重合。这种接地方式利用崖壁的承载力和拉力承担建筑荷载，适用于极限地形、特殊场地和重要地段的建筑创作，并能营造出特殊的建筑风貌（图3-31）。根据山地道路和场地坡向，附崖式接地可分为上爬式和下掉式两类（图3-32）。

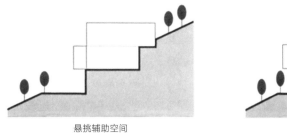

悬挑辅助空间　　　　　　　　　　　　　　　　　　悬挑主体空间

图3-29　悬挑
来源：shouhu网站（左图）；archdaily网站，Adelyn Perez摄影（右图）

悬挑辅助空间（湖北彭家寨）　　　　　　　悬挑主体空间（流水别墅）

图3-30　悬挑式典型案例
来源：作者改绘

上爬式（六甲山集合住宅）　　　　　　　　下掉式（山西悬空寺）

图3-31　附崖式典型案例
来源：建筑畅言网站（左图）；shouhu网站（右图）

（1）上爬式。上爬式指建筑依附于崖壁向上延伸，建筑附崖而上，遮盖全部或部分崖壁。多采用上崖下路的布局形式，由底层入口进入，逐渐爬升至崖腰或崖顶。

（2）下掉式。下掉式指建筑依附于崖壁，从崖壁半腰开始向上延伸至崖顶。下掉式接地多在上街下坎的情况下采用，建筑的入口层多设在崖顶，进入后逐层下降到底部。

综上，对山地建筑接地形态在形态、适用范围及特点、缺点及局限性进行了综合比较，详见表3-3。

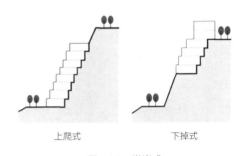

上爬式　　　　下掉式

图3-32　附崖式
来源：作者改绘

表3-3　山地建筑接地形态比较

接地形式		适用范围及特点	缺点及局限性
地下式	掏空	在地性好、保持场地原本风貌；节约建筑能耗	工程量庞大，通风采光要求高的建筑不适宜采用
	覆土		
地表式	高勒脚	山地坡度较小且局部地区高差变化多的环境采用	地形坡度大了不适用
	错层	各底面标高差在一个层高之内，适应山地坡度为10%～30%	各底面之间因标高不同，交通联系复杂
	掉层	地形高差悬殊时采用，适应的地形坡度为30%～60%	建筑掉层部分只有单侧开窗，采光和通风不是很好
	跌落	单元式建筑常采用，顺坡势成阶梯状布置	非单元式建筑较少采用
	错叠	每个体块沿山坡水平向错动，可以利用下层屋顶作为上层露台或阳台	上层对下层会产生视线干扰，不利于下层住户的私密性
	筑台	利用挡土墙或护坡加固场地土方，形成一个或多个错落的台地	避免高筑台，控制筑台与上部建筑的尺度关系，控制筑台挖方与填方平衡
架空式	架空	底面与基地表面完全脱离，底层整体架空，利用柱子、片墙支撑建筑，底层架空形成一定的灰空间，对地表破坏小	架空部分可根据出挑尺度，决定是否采用支撑，对结构要求高且不能忽略室外灰空间的设计
	吊脚	底层一部分直接与山体地表接触，另一部分的底部用柱支撑以形成架空空间	
悬挑式	悬挑辅助空间	建筑的一面或多面采用悬臂结构来挑出小型辅助空间，建筑形体丰富	结构设计难度大、要求高，造价高
	悬挑主体空间	采用新技术将建筑主体结构挑出，有强烈的视觉效果	
附崖式	上爬式	建筑依附于崖壁向上延伸，遮盖了一部分或全部崖壁	上下出入口有高差，交通联系不便捷，建筑单侧开窗，采光和通风受限制
	下掉式	建筑位于陡坡边，一般崖上有一部分，其他部分顺崖而下	

3.7 优秀学生作业

作业1：建筑学专业2019级　庞富元

1. 场地认知

本次设计基地位于大青山南麓的西乌素图村，任务要求在村内给定的3个基地中选择一个，设计一座2000m²左右的小型公共建筑。我选择了位于山脚下的A基地。此基地位于西乌素图村西边边缘，仅有一条道路进入，远离喧嚣，相对僻静。A基地地形较为复杂，可以粗略分为山坡上和山坡下两部分。山坡上坡度平缓，面积开阔；山坡下是一片平地，面积相对局促。山坡上下之间有5~6m的高差，这也是这个基地最大的特点和难点。体形塑造是回应地形的第一步，也是最重要的一步，具体操作方法是将一大一小的两个L形体块相连，主体建筑放在山坡下，与山坡上的小L形体块围合出一个庭院。两个L形体块又分别由5个大小高度不一的长方体垂直交错搭接而成，体现了建筑水平与垂直方向的延伸，同时建筑屋顶高度沿两个L形体块的对称轴线向山坡上逐渐升高。前期的体块操作在一定程度上回应了基地复杂的地形，在尽量避免改变地形的基础上做到了与环境相融合。

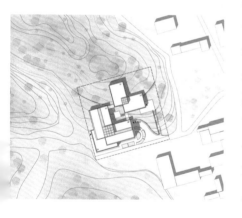

建筑与环境　　高低错落关系

立面风格　　环形流线

2. 方案生成

建筑的功能定位为写生基地，但并不是为培训练习等提供教学场地，而仅是为艺术家、组队写生的学生以及小部分游客提供住宿环境的写生基地，可以理解为主要针对写生群体的民宿或酒店。这样的定位是在实地调研的基础上确立的，具体有以下几点原因：①西乌素图村几位艺术家的工作室给这里带来了浓厚的艺术氛围；②西乌素图村环境秀丽，基地周边更甚，山上杏林茂密，每年杏花盛开的季节都会吸引大批游客游览和艺术生来写生；③基地位置僻静，远离喧嚣，适合休憩的同时却难以吸引大批旅客入住，因此针对性地服务于写生群体更适合写生基地的运营。

写生基地内部主要功能包括住宿、餐饮、画室和展厅。首先是住宿方面，共有两种房型分别服务于不同对象：六人间是类似学生宿舍的布局，上床下桌，统一布置在二层，便于管理；双人间主要为艺术家、带队老师和游客准备，类似酒店标间的布局，独立卫浴，布置在三层，安静且拥有良好的景观视野。其次是服务于住客的餐饮，可以同时接待大批学生的餐厅以及休息放松的咖啡厅位于一层大厅旁。最后是针对特殊的服务群体而设立的画室和展厅：画室在山坡上与展厅用连廊相连，画室的位置视野开阔并面向西边杏树园，可以坐在室外广场写生。此外还有多功能厅在山坡后面利用山坡的坡度排布座位，办公辅助空间在一层靠近最里面的位置，具有独立流线且便于管理。基地内部的流线主要分为学生流线、艺术家流线、办公人员流线和参观人员流线。整个建筑有一个主入口和三个次入口，两部双跑楼梯，还有一部上山的单跑楼梯。住宿人员主要经由主入口进入，沿大厅内的大楼梯上下；后勤办公人员可以通过西侧次入口进入走另一部疏散楼梯，最后参观人员可以从山上进入画室以及展厅或者去报告厅参加活动。三种人员流线互不冲突，满足了不同人员的需求。

3. 空间操作

　　在两个L形的拐角处分别有一大一小两个采光井，主体建筑依山而建，南侧采光给了宿舍和餐厅，因此采光井既是必要的补充光照的区域，也是一种营造空间氛围的手段。入口大厅正对的大楼梯是整个建筑室内最重要的部分。进入大厅首先正对的就是接待服务台后的一堵墙，墙后是三层的大楼梯，天光倾泻下来照

亮整个室内空间，抬头可以看到左边的二、三层走廊和右边山坡上绿意盎然的庭院。在画室与报告厅交接处同样有一个采光井，这个小的采光井和前面提到的大采光井有很多相似之处，处于体块交界处的交通核上方利用自然光照亮，不同的是这个采光井更纯粹，周围的墙体都没有大面积开窗，很容易吸引人的注意力。另外一个有意思的空间是两个L体块以及玻璃连廊围合出的庭院，在开阔的山坡上围合出一个相对封闭的庭院，四面根据不同的功能开不同大小的窗户，提供采光的同时也适合观景。

4. 总结反思

作为大二年级第一次计算机出图的作业，这次设计课持续了一个学期之久，各种制图软件我都不熟练，对相关建筑原理和规范也不熟悉，因而耗费了很多精力，学期末交图时有满满的自豪感，但没有得到老师的肯定也感到相当困惑。直到现在回头看当时的图纸，回想起当时老师的评价，发现确实存在许多问题，才明白了老师的意思。比如将主体建筑下面两层靠在山上，没有考虑如此大的接触面积，山体对建筑的推力有多大，普通挡土墙是否能够抵挡，这是个严重的问题，其实早期老师也提到过，只是我没有认识到它的重要性；比如采光最好的南向房间分给了对住宿条件要求低的多人间，而标间只有东西朝向，还没有考虑到眩光的问题；还有配套设施是否完善，是否能满足学生住宿的基本要求等。这里面有一些问题是当时没有充分了解相关知识导致的，比如对眩光、挡土墙的概念

一无所知，这给我的启发是在做没有接触过的建筑类型前一定要了解相关原则和规范；还有一部分原因是见过的案例太少，比如被老师批评最多的立面设计，虽然有一些手法，但是并不符合建筑的定位，这是因为我当时只会这一个方法，到快要交图时才去收集相关的立面设计案例，给我的启发是无论何时都要一直积累自己的案例库，多看多学。

最重要的一个问题是对整个设计流程缺少把控，缺少逻辑，主要体现在平面布局上。在确定好体块造型以后的很长一段时间我都在推敲修改平面布局，只求不出错，却还是出现了这么多问题。有些东西在一开始就错了，我却选择将错就错，比如一开始对功能就考虑得不全面；有些东西是没有抓到重点，仅是考虑到不上山方便学生集散，就将主体建筑放在山下，导致采光、通风还有主入口等都有不小的问题等。在这之后我的感悟是，设计过程中要时刻对整体有一个把握，确定好什么阶段做什么，什么是主要矛盾什么是次要矛盾，当发现根本性的不可调和的问题时要有从头再来的勇气。这次设计课作业即使现在看来还有不少问题，却仍然是我迄今为止的设计作业中意义重大的一次设计，它让我对建筑设计有了深刻的认知，在以后的设计中应发挥想象力和创造力，可以说它为我以后的设计打下了坚实的基础。在此非常感谢我的设计课老师，耐心细致地教导我，并给予我充分的理解和指导。

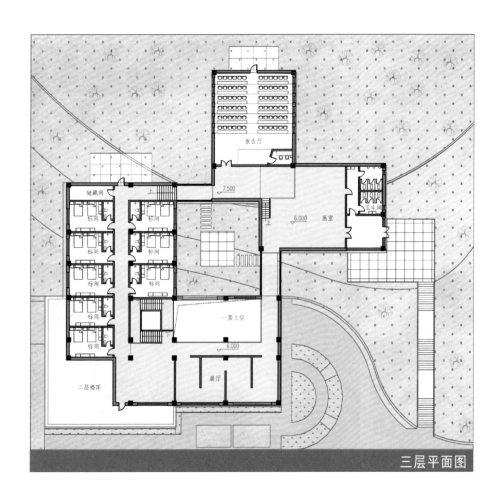

三层平面图

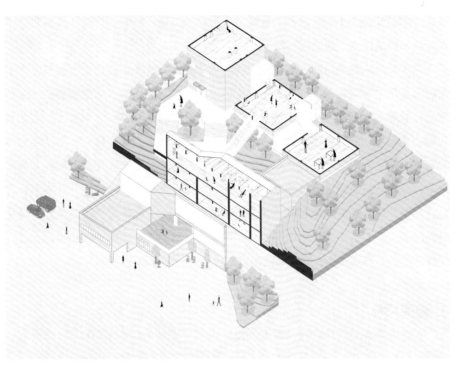

作业2：建筑学专业2019级　张晓童

1. 场地认知

　　本次设计任务选取基地位于内蒙古自治区呼和浩特市回民区西乌素图村。村名中"乌素图"是蒙古语的音译，意为"有水的地方"。属于回民区攸攸板站镇，位于呼和浩特市区西北方向，距市区西北13km处，背靠大青山，地理位置较偏远。周边的主要道路有G6（京藏高速）、二环快速线以及水厂公路，其中水厂公路直通乌素图公交站，为乌素图村的主入口。乌素图村分为东乌素图村和西乌素图村，西乌素图村总面积5.1km²，坐落在大青山南麓，与东乌素图村隔河相望。村庄地形是西侧临山，西北高东南低，主要耕地位于村子南部。现有院落约为400座。

　　村中部分建筑位于山脚，地势较高，我在本次设计任务当中选取的地块是A地块，试图利用其本身地势高、四周视野开阔的特点，打造一处专属于乌素图的乡村生活体验馆。

2. 方案生成

　　设计之初，对场地进行实地调研必不可少。通过在西乌素图村的走访，提高了我对于西乌素图村的认知——村庄本身的自然环境优良、历史文化底蕴深厚，这于设计而言是有利条件。针对我所选取的A地块，其具有地势较高、视野广阔、光照充足、环境优美、与自然相交互的特点；此外周围建筑较少，相比村中更加清静的独特之处，也由此引出了"乡村生活体验馆"这一主题。通过对地块的优势分析可以确定我的设计主题，而真正的设计则是以问题为导向深入展开的。对于西乌素图村民的生活状况进行了多方面分析，村庄内僻静安逸的背后，反映的是人口流失，目前村内主要人群为村民且多为老年人，此外还有偶尔前来的游客；村内道路条件以土路为主；村庄经济来源也以政府补贴、外出工作为

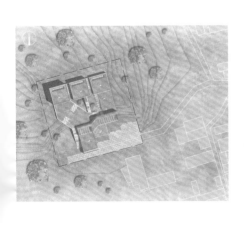

主；日常活动较为单一：农活、放牧，空闲娱乐有跳广场舞、打牌、打麻将，基本无电子产品使用，通信较不便。

对于以上问题的分析，我在"乡村生活体验馆"这一主题之上，为其植入了与西乌素图村本身相关的元素——民乐体验、农耕文化展示、乌素图餐吧、乡村磨坊体验等。希望借此打造一种专属于西乌素图村的经营模式。服务人群主要针对城市内居民，以体验西乌素图村生活、了解村内风土人情为核心，激活乌素图的历史文化，同时赋予村民"东道主"的身份，调动村民积极性。在该经营模式之下，城镇居民可以在西乌素图村民的带领下打理杏树、耕种田地、开展放牧等乡村活动体验；和村民吃饭喝茶聊天、读书看报。一方面丰富村民的生活，增加村民经济来源；另一方面也能够使长期在城镇生活的人群远离城市的喧嚣、减轻工作压力，在西乌素图村真正地回归自然、净化心灵、释放压力。

3. 空间操作

A地块本身是一处存在高差的场地，南北高差达到6m，我在设计过程中，希望做到因山就势——建筑整体形式呈现随地形向上的趋势，而对于内部空间功能属性的考虑，则体现在：靠近场地出入口，也即低地势一侧空间属性更偏公共性，而随着人群逐渐向靠山一侧移动，空间属性也变得更加私密。对于空间属性的定位明确后，我将相应的功能进行置入。横跨建筑主体上方的折形体块，是基于地块本身地势高、视野开阔的优势，因此希望在场地内赋予一处视线以及景观最好的空间。坡屋顶的形式与村庄传统民居建筑的屋顶形式相呼应，采用长短

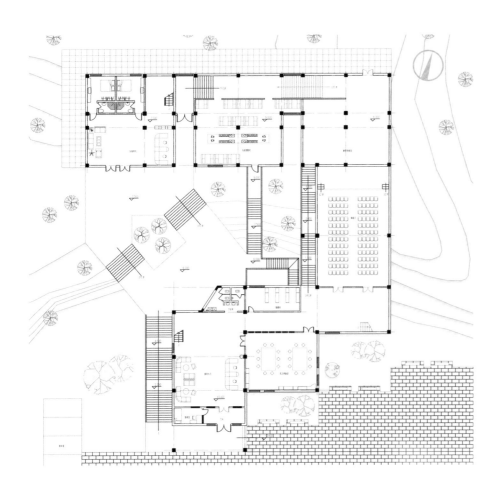

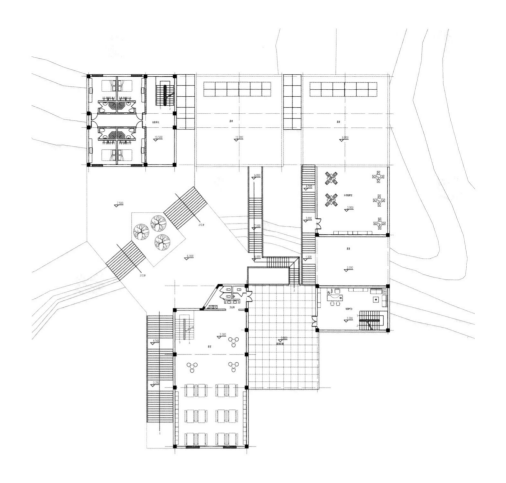

坡是希望更多地将南向"打开"，在室内形成良好的观景界面，同时引入充足的光照，为室内阅览的人群创造更为丰富的光影效果，营造自然舒适的空间氛围。

地势本身高差的存在恰恰是设计师产生创造性设计的起点，能够给予设计师发挥想象力的空间，激发更多的灵感。因高差的存在，自然形成了一些向上延伸的楼梯，同时楼梯将不同高度的室外平台进行连接，活跃了建筑的室外空间；在室外楼梯以及连廊的布置当中，希望能达到一个效果——"在山中，又归于山林"，因为建筑中央的室外活动平台本身就处于被建筑环绕的空间当中，内向性的空间特征，再赋予"回归自然""静谧"的属性，可以更好地强化这一部分空间氛围；架空的直跑楼梯被自然树木环绕，在楼梯穿梭行进的同时，伸手就可触碰四周的植物，游客可以和自然植物进行很好的互动。此外，借地势的高差，我将地势较低处的一层建筑的屋顶设置为上人屋面，与北侧高地势处的建筑进行连接，因此低地势处的屋面也成了高地势处的地面，通过楼梯与连廊衔接，使得南北、高低两个分隔的建筑体量得以有机衔接，实现建筑本身的整体性。

4. 总结反思

在这次设计当中，我尝试从建筑形体的角度入手展开设计，即明确建筑的大致形式，而后置入功能，但这也导致了某些房间的"不好用"，我认为主要原因在于建筑形式先入为主了。"形式"与"功能"二者的处理在本科建筑设计的学习当中一直是我困惑的地方。建筑形式与功能我认为是建筑设计中两个非常重要的方面。建筑的形式与功能相互依存，相互影响。建筑的形式主要包括建筑的体

量、外观、结构、布局、比例、色彩等方面，是建筑师在建筑设计中用来表达设计风格、文化内涵以及艺术审美等方面的要素。而在处理建筑的形式时，不仅是外观上的美观，还应该考虑到内部的功能流线、构造设计、选取建筑材料等方面的要求。建筑的功能包括居住、工作、娱乐、文化、教育科研等方面，其功能将会从平面的视角直接决定建筑的布局，由内而外地渗透到对建筑形式的影响上。

因此，我们在建筑设计当中，需要统筹考虑建筑的形式与功能，将建筑的美学要求与实用功能最大限度地融合。建筑的外观应该直观地表现出建筑的功能，同时建筑的功能也会直接影响到建筑的结构、布局等方面的设计。总之，建筑的形式与功能是建筑设计中两个相互依存、相互影响的方面，建筑师需要在设计中综合考虑这两个方面，达到美观与实用的完美结合。对于设计能力尚不充足的我们而言，"形式"和"功能"的兼顾是需要经过长期的设计训练才能融会贯通的。就本设计而言，我总在试图找到一种"固定"的设计思路，而现在看来，建筑设计本身似乎并没有一成不变的设计思路。或是"形式"为先，或是"功能"为先，但真正好的建筑设计，是能够兼顾二者的。

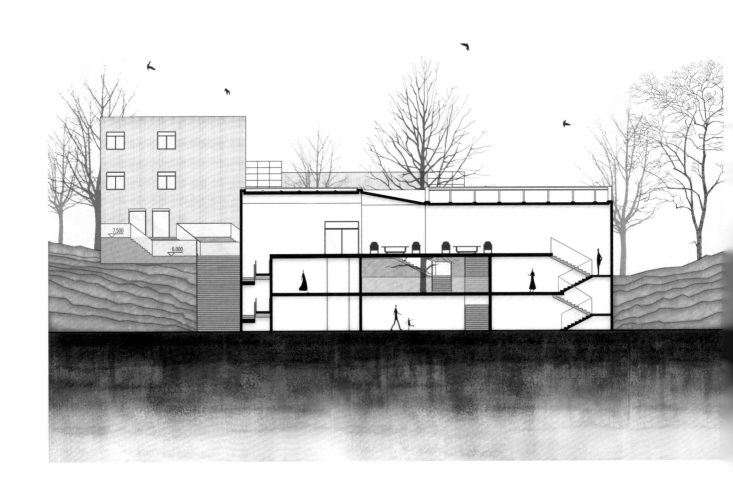

作业3：建筑学专业2019级　陶金玉

1. 场地认知

  西乌素图村，坐落于大青山南麓，地势较为崎岖，村落的建筑物之间海拔相差较大。本次任务选取距离呼和浩特市区13km的西乌素图村作为调研、设计区域。所选区域基本位于村子最南侧，西乌素图村公交站的上方，属于村落的高处。所选区域北侧有小片杏树种植林不可迁移，东侧与公交总站相接，南侧有道路与乌素图召互相往来，西侧现半荒废，村中人将一部分作为垃圾的丢弃场所，有大片空地。在此区域设计一处小型公共建筑，场地面积约为3500m²，场地有一定坡度，地势由东向西依次降低，但无较大落差，整体平面较为平整。设计要求包括概念图解、场地设计、空间形式与结构布局。①概念图解：概念设计，从民宿文化与环境视角，对不同功能之间的关系、公共空间的空间策略等提出明确的设计概念；从概念到形体，由设计概念出发，注意概念与形体生成之间的连续性及逻辑关系，并最终尝试通过图解阐释设计方案，说明方案的生成过程。②场地设计：基地调研与分析，分析基地及周边存在的问题，并在设计中予以优化；公共空间及其形态，综合考虑地形、交通、建筑单体空间形态等因素，处理好建筑、道路、广场、绿地、水面等之间以及与人的活动之间的相互关系，形成有特色的公共空间。③空间形式：结合功能特点，构建居住、餐饮、交流与休闲的空间，同时保证合理的功能流线；在保证流线清晰的基础上，营造丰富的室内空间，包括剖面设计。④结构布局：合理进行结构选型和设计，使空间与结构形成一体。通过对场地的道路交通分析可知，场地可供通行的道路为北、东侧道路，北侧连接村落，道路平整。东侧道路通向场地南方的乌素图召，与水厂公路相连，且视野开阔，可直接看到建筑物的立面。南侧泥土道路崎岖，仅适合人群行走。道路西侧有大片空地，空地之上多为村民的废弃物品，后期设计可进行适当利用。

2. 方案生成

在设计过程中，我们需要充分考虑场地的周边材料（主要有页岩、红砖、土坯）来选择适合此次设计的建筑材料。通过分析，我选择将此次小型公共建筑定位为"民宿"，主要面对的人群为外地游客，以及本市向往田园生活、逃离市区喧嚣的人们。乌素图民宿设计的理念是结合当地生态环境和人文习俗打造贴近自然、和谐安逸的环境；打造绿色生活，把树搬进房子里；通过慢生活，回归自然融入周边、近闻鸟啼远望青山，并且结合乌素图特色营造更为舒适的空间氛围。设计中保留传统建筑的痕迹，并在现代语境下赋予新的意义。保留屋檐的经典元素，同时采用错落有序的方式自由组合，空间上既独立又相互联系，而建筑间的空隙让自然得以渗透进室内，模糊内与外的边界，使传统元素在整个建筑中毫无违和感。从建筑外部看，连续的屋顶与村子周围的山脊形态相融合，南侧的条形大高窗定义了该建筑公共功能的属性，并在夜晚具有很好的标识性。从建筑内部看，西侧和南侧的两个高窗给主入口处的接待空间和休闲茶吧带来了挑高空间和明亮的光线。设计中把部分庭院的区域开放出来，变成一个半户外廊道，让人们可以自由地进入内院中。把建筑外墙的开口根据景观、场地特征和朝向分别处理为各种形式，如竖向长窗、方形窗、转角窗等，让景观和阳光可以以不同的方式进入建筑；同时，每个客房都设计出一个足够宽的飘窗或阳台，使得客人可以悠闲地、近距离地感受自然、阳光和空气。沿街建筑外立面以白色雕塑般的几何造型进行整合，与乡村肌理形成鲜明的对比，入口处大玻璃的设计使建筑更加通透开敞。

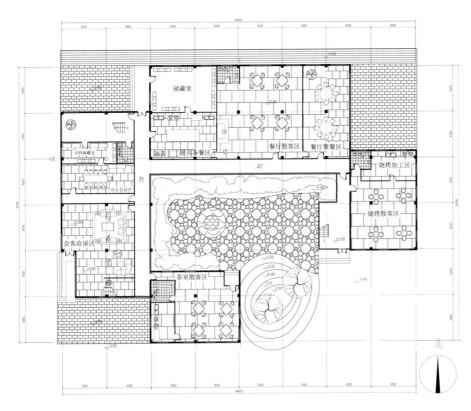

一层平面图

3. 空间操作

在总体布局上，用一个连续的大空间串联起这些独立的"盒子"，形成了建筑的平面。这些"盒子"有公共功能的餐厅、茶室，也有供客人居住的客房以及其他服务空间。空间上既独立又相互联系。一楼空间主要打造成对外开放的停泊区域、休憩的茶室、会客洽谈区域、餐厅以及烧烤区域，同时也可以作为民宿的公共区域。建筑二楼主要为民宿空间和两处观景户外平台，为游客提供对话自然的休憩场域，北侧观景台可欣赏西乌素图的山地景色，西侧观景台可感受西乌素图村的气息风貌。竖向上建筑由一个连续的屋面划分为上下两层，而两层的空间有着截然不同的体验。一个连续的共享空间组织串联起各个功能房间。这个连续共享空间不仅是交通走廊，还可作为展览空间、共享客厅，是一个人与人相遇交流的场所。为了与环境更好地融合，我在建筑中设置了一处天井庭院和两处公共观景台，既满足了室内公共空间采光，又让自然的活力与生趣蔓延进建筑。另外，我们生活的方方面面都需要绿色，绿色不仅限于花园，打造绿色生活，可以从生活中点点滴滴的细节开始。比如，我大胆地把树引入室内建筑，以拥抱大自然的态度，装扮出一套与自然结合的房子，给人自然清新的舒适感。在一层设置大面积落地窗把庭院的景色引入接待门厅，还在楼梯旁种上景观树，结合木质的吊顶、驼色的沙发，整个客厅更是充满了自然舒适的质感。建筑连廊作为整栋民宿最活泼的视觉构成元素，连接各类客房空间和观景空间，走在长长的玻璃连廊内，视线便漫游在惬意自在的小院与若隐若现的远山之间。在西乌素图村，可以享受安静闲暇的时光，体会当地的风土人情，可以品茶聊天。做一个民宿设计，不仅仅是一家民宿，更为城市的人们提供了一处体验乡村生活的地方。这样的民宿，更像是一个开放共享的家。

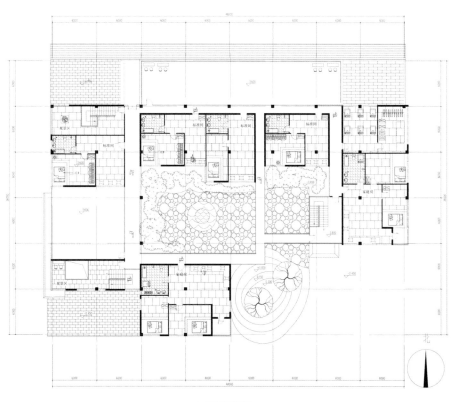

二层平面图

本方案采用框架填充墙结构形式，具有空间使用灵活的优点。在建筑材质的选择上，也呼应了建筑空间的概念，以连续的大屋面为界线，上下两层采用不同的材质。场地周边绿植丰富，墙面采用白色带肌理涂料，搭配白色哑光金属屋面，使得每个建筑单体看起来简单而干净。其他材料的选择也偏向于自然和真实。实木、砂岩、砖、藤席等被运用在空间的不同区域，让人在自然的怀抱中得到放松和疗养。

4. 总结反思

在时代发展的今天，乡村的再次开发带给我们更多新的课题和可能。这次的西乌素图村小型公共建筑设计，就是带着这种思考的一次尝试，在设计过程中通过增加人文要素（社会、历史）或改变环境信息（乡村环境），强化了我建筑设计与环境信息具有紧密关联的意识，从多角度、全方位进行公共建筑的总体设计构思，为使用者创造安全、舒适、合理的物质和精神环境。与此同时，我认识到民宿设计理念应将传统的旅游住宿方式与现代化的设计理念相结合，为游客打造一个更加舒适、时尚、个性化的住宿环境。不同的民宿有着属于自己的故事，乡村民宿是一种富有浓郁乡土气息、温馨舒适的住宿形式，已经成为越来越多城市居民休闲度假的首选。在设计乡村民宿时，应该注重融入当地特色文化，采用简约自然的设计风格，营造出与自然相融合的氛围。民宿设计理念的核心在于个性化和人性化。空间永远是为人服务的，关注人、解决人的问题，是设计的出发点。民宿设计也使我更加注重建筑设计过程中的人性化设计，即从人的需求和感受出发，打造出一个舒适、温馨的住宿环境。我希望能通过设计去实现人们对生活品质的追求与向往，为热爱生活的人们创造更好的空间。

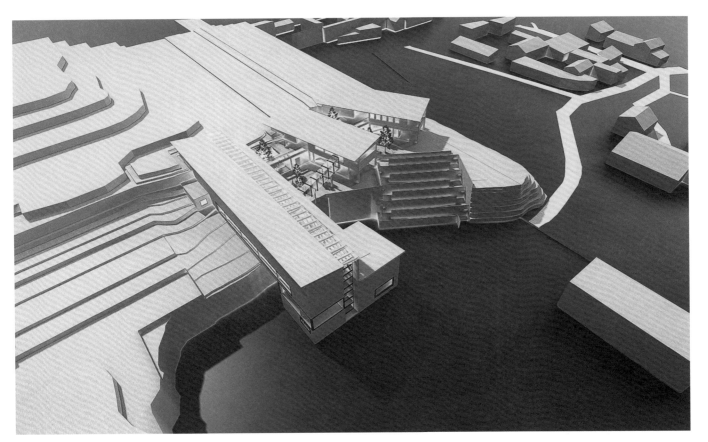

作业4：建筑学专业2019级　韦洋

1. 场地认知

　　大青山脚下的西乌素图村是个以杏树种植为主要产业的村庄，在不断发展中逐渐与乌素图召合并。乌素图召的文化影响力与西乌素图村得天独厚的自然环境让这个村庄走上了发展旅游业的道路，但其没有因为旅游业的发展而过度开发。写生基地、青城驿站、服务中心等公共设施的建立不仅方便了外来游客，也为村民带来了便利。但村中公共空间不足、人口流失和交通不便的现实也在一定程度上阻碍了村庄的发展。基于此，课程设计要求为西乌素图村设计一个小型公共建筑，以期推进相关产业的发展，同时这是一次考虑人文要素和环境信息的建筑在地性的尝试。

　　经过前期调研，西乌素图村常住居民趋于老龄化、公共空间缺乏活力、现有产业缺乏特色，但村中也有文艺工坊，离村不远还有乌素图召和国家公园，说明西乌素图村具有一定的潜力。我选择的设计场地A地块属于尽端型空间，交通不便但背靠大山，具有良好的视野和绿地。地貌缓慢爬升，最高处有8～9m的高差，为了避免破坏地形地貌，同时又能凸显出自身，所以诞生了让建筑"轻盈"的想法，分散的体量、通透的空间和连贯的视野，这些空间操作让建筑与大地的联系更加紧密，也让建筑更"轻"了。设计主要参考了西扎和西泽立卫的建筑思想，以建筑的在地性和透明性为设计目标，但就结果来看，无疑是失败的。巨大的体量没有因为空间操作而被削弱，对场地的破坏更胜于对场地的回应，所以强调设计结果的可参考性，不如强调设计过程的尝试意义。

2. 方案生成

　　本次设计的方法主要是由形式决定功能，先确定建筑形式，再布置功能，这样的好处是可以控制建筑的外在表达，但缺点是主观性强，增加了功能布置的难度。本次设计具体步骤如下：①考虑建筑红线的形状，在正方形的地块上放置了一个正方体体块；②对其进行削减，将完整的体块划分为三个单独的体块，在削弱整体体量的同时也便于适应场地的变化；③旋转其中两个体块，使之与山体等高线产生互动；④置入生长体块，加强体块之间的连接，体块之间的空间形成自然庭院，丰富了空间构成；⑤沿着山体置入步道，完善流线；⑥布置功能块，完善设计。

　　西乌素图村的建筑以自建民房为主，各个朝向的建筑都有，坐北朝南的建筑居多，建筑屋顶多为坡屋顶，建筑高度主要在3~5m。在原有建筑的参考下，本次设计采取6m×6m的柱网，单个体量的尺寸基本与原有建筑相适应，大部分地上空间的高度都能控制在2层，且同样采取了坡屋顶的形式，同时因为体块旋转，所以在体块连接处形成了特色空间。但建筑与场地并不是完全契合，深入山体的部分无法得到充足的光照，所以采用了天窗、横向长窗和通高的方式进行光照补偿，但依然会对功能布置造成不利影响，这也是本次设计中建筑与场地结合不好的地方。

　　在功能和流线设计方面，由于确定了展览和储藏为主要功能，因此只有最大的体块才能承载足够的功能面积，而其余两个体块则分别承载艺术工坊和餐厅的功能，最后通过横向的交通体块串联起来。由于公共建筑主要面向游客和工作人员，因此在进入建筑时就进行分流，游客从一层主入口进入，工作人员从一层次

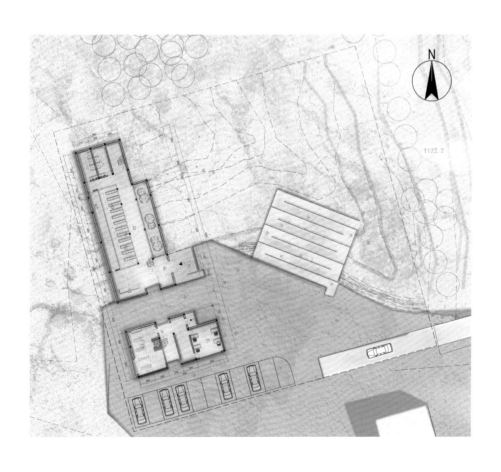

入口进入。游客由主入口进入后首先进入接待大厅,然后可以继续深入参观杏花酿酒窖。考虑到缺乏光照的封闭空间必然会对人的心理产生影响,因此在右边补充了光庭,阳光的加入不仅能增加亮度,绿植也能得到光照。从一层往上有直跑楼梯串联竖向空间,也有开放楼梯间方便疏散。进入二层后,主次空间开始连通,用于展览的空间进一步扩大,根据柱网布置的展览空间也能很好地适应不同展览主题。进入三层后,所有功能空间互相连通,游客在结束参观后,可进入后续两个功能体块参与学术研讨或饱餐一顿,补充体力。当然,三层落在山体上,游客随时可以走出建筑,接近自然,可以俯瞰西乌素图村和杏树林,欣赏来时路的全貌。游客可以留下写生,也可以顺着山体步道离开,结束体验。工作人员自次入口进入后,可以一直沿着辅助空间的楼梯进入四层办公区域,为了增强办公区与艺术工坊的联系,在两个功能块之间还加入了空中连廊,餐厅的后勤物资可以直接通过步道补给,形成了较为完善的流线。

3. 空间操作

建筑在地性包含的内容很多,本次设计主要对场地原有建筑形式进行了回应,但除了应用的材质不同,几乎没有在原有形式的基础上进一步发展;同时对场地本身的回应是简单粗暴的,对山体造成了较大的破坏且还没能与场地结合得更好,大面积使用玻璃也忽略了北方气候带来的建筑节能问题。建筑的透明性可理解为:"透明性是一种方法论,但并未成为一种绝对的理论支持。当代建筑尤其是日本建筑师其实对透明性进行了更多的实践与思考,如果将透明性定义为尽量使人们在同时对一系列不同空间位置进行感知,并且压缩空间的深度,创造相互渗透可以多重解读的视觉现象,那么物理的透明性与现象的透明性其实并没有完全的区分,透明的界面对创造空间的层次与暧昧其实多有助益。正如妹岛和世在讨论中也曾经提到'Transparency means creating relationships. It does not have to be looked through'(透明性意味着创造关系,并不一定要通透)。"因为当时对此并未完全理解,所以对建筑透明性的尝试主要停留在视觉的穿透

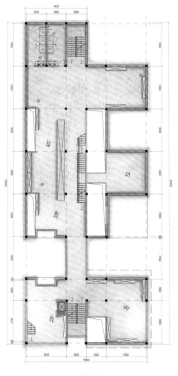

二层平面图

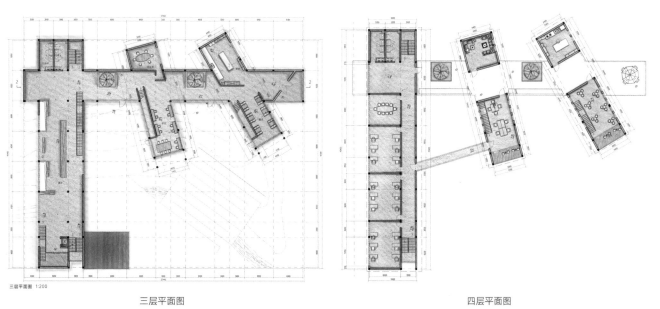

三层平面图

四层平面图

上。在三层交通空间的设置上，首先通过树池的设置让人在室内空间也能感知到室外，然后大面积的玻璃幕墙则是将室内空间延伸出原有的边界，同时也将自然引入室内，达到感知透明的目的。当然以上只是个人理解，是一次设计尝试。

4. 总结反思

　　乌素图小型公共建筑设计相比于之前的设计作业，自由度更高，且是一个不小的挑战。相较于青城驿站的设计，它的功能更加复杂、场地情况也更丰富；相较于艺术家工作室的设计，它的人文要素更深厚、需要调研的方向更多。所以乌素图小型公共建筑的设计作业时间也更长，随之而来的就是高要求和高完成度，设计地块之间各不相同，因此同组之间的设计也各不相同，能从中学到的东西也更多。在设计初期，大家会汇报调研报告，分享各自找到的案例，并分析其中的空间操作方法；各组之间的设计方法也不尽相同，有的从平面入手，先画功能气泡图，生成平面，再生成形体，使立面与平面相对应；有的从形体入手，先确定大致形体，再进行功能划分，让形体与环境产生联系。中期评图之后，大家的设计基本就会定型了，在不同老师的指导下再对自己的设计进行修改。当然也会有推倒重来的同学，这是需要很大勇气的。由于我的形体设计比较简单，所以早早就完成了平面设计，在技术图纸的表达上就更加严格，在一位学长的帮助下，比较规整地完成了尺寸线的表达，例如多套标注的表示方法、带角度的标注表示方法等，但在最后的成图上因为不好排图，所以舍弃了一些标注。在立面的探索上，由于水平有限，尝试了几种不同的开窗形式依然不满意，在最后的表达上差强人意。在最后的设计完成度上也没有做得很好，场地设计这部分还没做，更多的是场地的原生环境。总的来说，虽然这次设计有些不足，但也恰恰是这些不足为我指明了方向。特别要感谢指导老师和同学们对我的帮助。

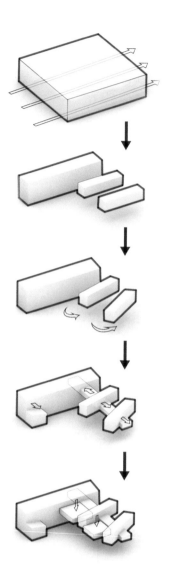

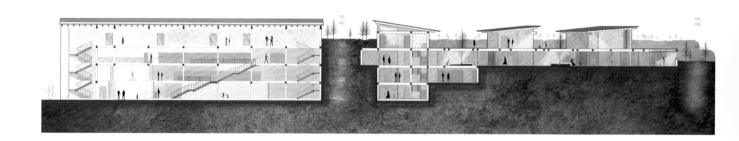

作业5：建筑学专业2019级　赵树杰

1. 场地认知

　　本次设计任务场地位于西乌素图村西侧山脉与村落交界处，处在被挖开的山脚的豁口中，西高东低，北高南低，且有一条东西向崖壁横穿场地，高差变化大，地形复杂。此外，作为村内一条支路的尽端，与周边山地共存，具有较强的围合性。特殊的场地环境带来了三种不同的力量来源：村落、山地和边界。村落的力量对建筑的功能与性格产生作用。西乌素图村因自然环境优美且有乌素图召等文化要素而吸引了大量画家、学生和艺术工作者前来采风、写生、创作，此要素为艺术创作基地的功能定位提供了依据。此外，西乌素图村作为传统村落不仅保留着乌素图召等宗教文化要素，同时也展现着当地的传统民居风貌；单坡与双坡的屋顶组合，在自然村落肌理的组织下，随地势的起伏，形成错落有致的村落立面，更显村落性格；而场地建筑理应顺应村落性格，此为村落的力量。山地的力量对建筑的形式与空间产生作用。场地三面环山，逐步升高，且有崖、脊、坡、壑，因此建筑将不同于处在平地时的状态，形式随山势之变而变，空间亦随其变化而改变，以便登崖、跃脊、游坡、赏壑，此为山地的力量。边界的力量对建筑的秩序与精神产生作用。从大的范围来看，场地位于村落与山脉交界处，是城市之末也是自然之始，让来到此处的人既可远眺城市与村落，又可近观连绵巍峨的山脉，开阔的视野和特殊的位置带来了丰富的观景层次和身心体验。从小范围看，场地位于道路尽端，且因人工填挖而产生的崖壁，展现着因村落与自然之间的冲突而破裂的边界。综合两种边界，重点在于梳理与联系各边界两边，使建筑作为自然与村落的过渡，借用两种边界产生的张力，形成秩序与层次，从而体现其独特的场所精神，此为边界的力量。这三种力量将共同塑造建筑。

　　通过分析场地的三种力量——村落、山地与边界，我们找到设计的方向与原则，借用场地力量意味着向场地学习。向村落学习其性格，将建筑化整为零，顺应地势，南北向体量三分，舒展自身，朴素而谦逊；向山地学习其空间，使建筑既变化又统一，塑造可游、可留、可观的空间，形式变换，同时借用山地营造丰富的外部空间；向边界学习其秩序与精神，将人从道路引入场地广场，从场地

广场引入建筑，从建筑引向广阔的自然与村落城市景观，通过秩序引导形成丰富的空间层次体验，同时通过建筑填补场地的"缺口"，以建筑作为过渡与补充。对于那些来到这里采风、写生、创作的人们来说，这是一个城市、村落与自然的"中转站"，是对自然感知与体验的进一步延续。

2. 方案生成

首先是顺应北高南低的走势将体量分为上中下三部分，由此也自下而上逐渐由开放到私密，因此将较为公共开放的展厅布置在最下侧的体块，在低处布置大空间方便随时改变功能，以满足不同场景需求。为引导人流，将体量顺崖壁方向倾斜，这个操作既是将被挖开的山体补齐也是让出南侧空间，使其成为一个完整的广场，供村民与游客活动交流之用。在展厅体量末端通过转折与设计可停留的台阶空间将人引导至崖壁上，通过加长流线与增加转折来丰富行走路线，也可使人观赏到两侧山壑，增强游山的体验感。此外，艺术创作与住宿作为该建筑的主要功能，将两者合一形成创作盒子，相对独立和功能集中的创作盒子更易于应对复杂的地形环境，越过山脊跌落而下，同时也为未来可能的扩建提供机会。第三层体量与西侧体量围合出内庭院，通过建筑框住山的一角，将自然引入建筑，同时为进一步登高提供空间，一览山顶，使游山空间达到高潮。三层体量通过东侧架空形成了坡上跌落的阶梯广场，可作为交流、休息、写生、活动等场所。总的

二层平面图　　　　　　　　　　　　　　　　　　　四层平面图

一层平面图　　　　　　　　　　　　　　　　　　　三层平面图

来说，从立面来看，建筑层层跌落，呼应了村落性格；从平面来看，建筑存在着逆时针旋转的动势，但通过崖壁和山脊锚固下来，由此产生一种张力，使东侧界面撕裂，增大建筑与环境的接触面积，形成渗透过渡的界面回应边界。建筑试图创造更丰富的空间层级，在整体空间的大致划分后，对各单一体量确定细致的空间划分。对于底层公共大空间，以水平与内外划分空间层级，建筑外部长边内退，与广场咬合，为村民与来访者提供室外停留空间。内部上下分层，上部以展览空间为主，下部作为整个建筑的入口，通过通高空间相联系。中部跨越崖壁的倾斜体量可划分为交通空间与停留空间。在后部创作与居住空间中，居住空间被集中在建筑夹层，由入口处的楼梯到达；居住处为单坡屋顶，天光从此处洒下，空间层级到达高潮，形成由主入口到创作居住空间的顺时针连续空间动势。另外在最高层组团交界处设置内庭将近处山体和远处景色共同纳入，同时结合不同高差平台，作为登高、赏景、喝茶和休憩的空间，模糊了室内外的边界。

3. 空间操作

　　对于建筑形式，随丰富的山地变化而变化。公共与私密区分了不同体量尺度，同时公共部分以引入人流、引人驻留为目的，因此在大尺度的基础上减去部分一层体量，产生近人尺度和可做停留的灰空间。而私密部分以个人住宿与创作为目的，相较于公共部分更注重向外探索，因此增加"取景框"，凸出部分体量，"捕获"外部景色。之后为增加韵律感、统一性，并呼应村落性格，各体量顶部倾斜，形成单坡屋顶。各单体形式操作后，各体量组团的组合也各不相同，以不同组团应对山地地形，同时形成丰富的空间，公共部分置于底侧平坦处，体量相错，顺崖；私密部分三个一组于缓处并置，脊处跌落，坡处架空，最后四者合为一体。丰富形式旨在强调外部空间，因建筑处于自然山林之中，外部界面与空间的塑造有利于促使人登临、游览、穿行、驻留、观赏等体验。为了使大体量的公共建筑与村落风貌相统一，融于山林的同时保持谦逊的姿态，建筑材料选择了石材与灰色砌块砖。石材筑于底部，砖与混凝土筑于上部，使建筑如同从山中破土而出，同时将建筑中钢筋混凝土的框架结构暴露出来，统一建筑风格的同时也为其增添了朴素粗犷的建筑性格。入口处楼梯间以钢和玻璃作为材料，强化了与石墙和砖墙的材料对比，使其凸显于边缘的入口空间，引导人流。

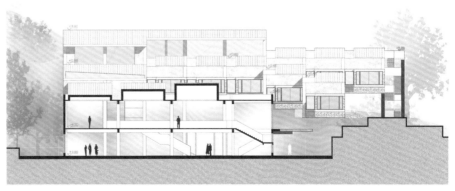

2-2剖面图

4. 总结反思

　　对于本次设计，时隔两年后再看依旧有很多遗憾与不足。首先是对于建筑形态，虽有意化整为零，使其融于自然，呼应村落肌理，但做得不够彻底与纯粹，体量组合过于生硬，选取立方体作为基本形式无法较好地应对山地与村落的复杂性。也是从这次设计中，我认识到了不同场地适合不同建筑形式，城市与村落有着极大差别，应当选取最适合的基本形式应对不同的场地条件。其次对于建筑的功能也应对不足，简单的功能组成无法满足艺术创作和村民交流活动的需求，应当更加注重人的需求与体验、人与人的关系、人与建筑的关系以及人与自然的关系。最后，更重要的不足在于建筑空间，流线组织不清晰，大量空间浪费在交通上的同时没有塑造出应有的体验路线与高品质空间，也没有发挥出山地建筑空间层次丰富的优势。本次设计不仅让我了解到在复杂场地条件下如何设计建筑，还让我明白了外部空间设计的重要性：建筑内外一体，不可分割，共同形成建筑的空间层次；除建筑本身外，景观与广场、道路与铺地同样应做区分，细致设计，使其与建筑互相呼应，形成独特的场所感与空间氛围。

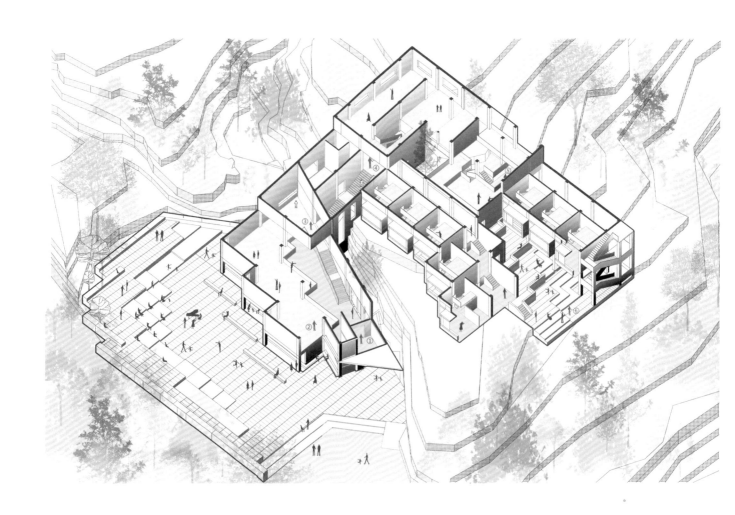

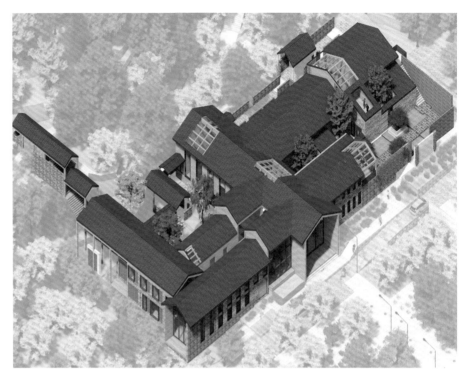

作业6：建筑学专业2019级　曾水生

1. 场地认知

　　本次任务选取距离呼和浩特市区13km的西乌素图村作为调研、设计区域。西乌素图村位于大青山南麓，距离西乌素图村以西百米的地方有"乌素图召"，初建于明隆庆年间。就名称、历史渊源及空间格局而言，村与召具有密切的联系。现今，召庙古建筑由国家文物保护单位管辖，但住户隶属于西乌素图村。

2. 方案生成

　　在调研之初我发现村庄具有一定的文化旅游氛围。由于当地没有统一给游客休息和短暂居留场所，因此我便确立了主题倾向——民宿。首先对比3块场地：B场地偏于村中心，因此相对于其他场地更加幽静；其次通过人流、肌理、流线图的分析B场地道路通达，且周围建筑不密集，避开了主要人流活动场地，非常安静；最后B场地有优美的环境，南边有杏园，西边山上有繁茂的植物，所以我选择B场地进行民宿设计。通过网上调研分析和老师的解答，我了解到民宿应该具有当地文化特色，并给当地带来一些便利，且兼顾娱乐场所，居民可利用闲置的房源，作为主人参与接待，为游客提供体验当地自然、文化与生产生活方式的小型住宿设施。一个好的民宿需要投资者用心去打造，打造成一个游客进入房屋没有陌生感，感受到温情和舒适的"家"。通过实地调研我发现村民缺少集中购物餐食的场所、活动的场所、文化传播的场所。解决问题一方案：在民宿中设计一家餐厅和一家超市，不仅方便住客的生活也为当地村民提供了生活上的便利；解决问题二方案：在民宿中设计了茶室、酒吧、棋牌室、KTV等娱乐空间，既能丰富住客的生活，也可以给当地村民生活带来更多的活力；解决问题三方案：在民宿中设计了一个展厅，通过本地文化吸引游客，让游客了解当地文化，传播当地文化，达到一个循环。服务对象主要考虑为来此长住的旅游休闲的游客。建筑空间的设置能体现大、中、小空间的对比，小尺度空间的组织方式可以灵活掌握，独立房间或者采用隔断分离均可。建筑总使用面积2000m²。主体建筑风貌与当地的人文民俗、村庄环境景观相协调。附属设施应与主体建筑风格相一致，室内外设计宜体现出主题特色，空间造型美观（盒子与盒子通过连廊连接），装修格调、材质（石材）、色彩等方面与当地环境相符。其中各部分具体内容如下，客房16间：单人间8间，双人间4间，园林房4间；休闲区3个：接待室1个，观景平台2个；餐厅厨房各1间；活动室4间：KTV1个，棋牌室2个，健身房1个；饮品室2间：酒吧与茶室；功能间：洗衣间、设备间、办公室。员工宿舍3间；大厅；超市；公共厕所4间；展厅；交通空间；停车位20个。

3. 空间操作

形体主要是根据场地中山体的轮廓提取的S形，将S形进行变形得到一个Z形，并将其作为建筑的主要流线，插入三个长方体体块与Z形形成对应关系得到建筑形状，再插入一个长方体体块使建筑与山体产生联系，结合当地建筑四合院的特色形成合院，建筑与山体也包围出两个合院，结合当地建筑的多种坡屋顶形

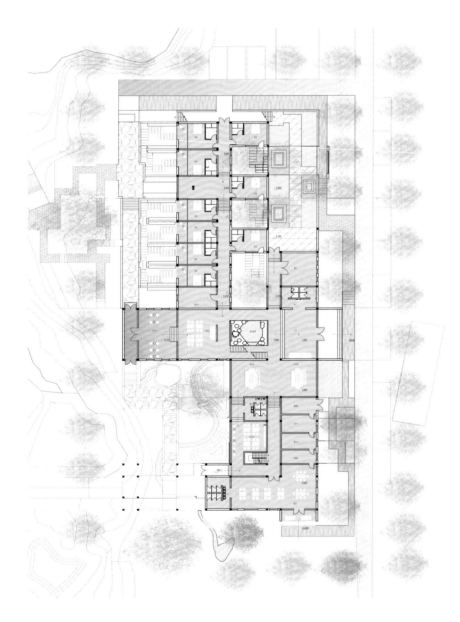

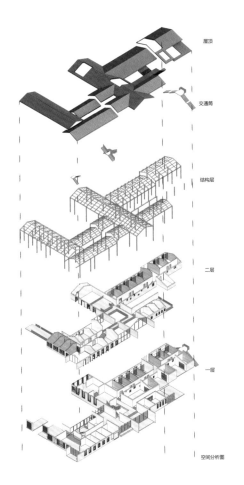

屋顶

交通筒

结构层

二层

一层

空间分析图

式进行组合变化。建筑入口空间场景，首先映入眼帘的便是水池景观，可以看出该空间在交通方面的重要作用，屋顶采光与通高相结合不仅有不同的光影效果，也有不同的视觉体验。二楼的多功能平台，在此我们可以看到室外的景色，可以和不同高度的空间进行视觉的交流，该空间可以作为休息区域也可以作为展览区，不同的功能给人不同的感受。次入口通道，在这里我们可以体会到镂空砖带来的光影效果，也可以看到两个内院的景色。前院，它是现代园林景观的体现，也是一个交通场所，两边的树为红枫，在灰色调中出现红色让场景更具视觉效果，且水根据地表呈阶梯状流动，具有灵动的美感。建筑立面在设计上希望以小洞口、实面墙为主的"石屋"来表现整体体量感，但实面过多会使得内部空间相对压抑，为此，我们在两者之间置入了一个半透的镂空墙，既能引入更多的自然光，也丰富了立面的趣味性。建筑单体均为坡屋顶覆盖的长方体体量，屋顶采用传统双坡屋顶的直线形制，而非传统中式的曲线屋顶。屋顶形式共分两种，对坡屋顶与对角折面屋顶，分别对应客房与公共空间两种不同功能区，且丰富聚落内的建筑形体。在室外景观上用最为传统的庭园做法，隐藏的水琴窟装置营造出一处声景，流水音与水滴音在宁静氛围中发出轻盈的击水声，似是远方钟磬，令人得以完全放松，回归宁静。此外庭园空间的现代风格水景，使室外景观从上到下有不同的空间风格转换。此处空间所对应的是卧室向外观景点，以水幕作为背景水帘，飞流直下，声声入耳。前景为黄锈石原石做雕塑化处理的石构件，同时也是树池。用一棵树连接自然，阳光斜洒，叶片透出光亮，可从风动、变色、落叶中真切感受到四季变化。建筑材料方面主要是采用当地的砖石和木材为主，屋顶采用当地房屋的木结构，在空间布置时采用了廊道的方式，使得空间具有丰富性，给游客更多的视觉享受，且在分区的时候将公共空间主要放置在外围，让村民也更容易参与进来。最后我对山腰区域进行了开发，打造了一个户外园区，让游客在此能够看到全村的景象。

4. 总结反思

　　总的来说，我的设计思路是结合了场地中山地的曲线形状，将其转译成建筑形体，在这次作业中我能有效地运用周边环境中的元素进行建筑设计，能将设计与周边环境进行融合，而且进行了环境设计，采用的是新中式园林设计手法。通过这次调研与设计让我了解了很多西乌素图村的文化传统，也发现了调研对设计有着重要意义，了解了场地才能有更充分的依据来实现设计的合理性。在这次作业中我也发现很多设计方面的问题：在功能布置上，部分客房没有南向采光，杏园没有得到很好的利用；在设计手法上存在堆砌的行为，不够纯粹；对渲染软件的运用并不熟练，导致在出图过程中花费了很多时间，最终呈现的效果图质量不高，比较偏重，饱和度太低。因此提高软件使用能力十分重要，在接下来的作业中我要加强对软件的操作练习。此外此作业缺乏手工模型的推敲，导致最终的体量不美观。模型能帮助我们更好地推敲方案，控制整体体量关系，最后的实体模型也能更直观反映空间与人的关系，明确空间尺度是否合理、空间是否好用。材质贴图的制作也能直观地看出哪种材质适合方案，什么颜色能更好搭配周边环境，不同房间需要什么样的材质才能更舒适。经过此次作业的训练我清楚地意识到手工模型的重要性，以及不能运用过多的设计手法；在图纸表达上不能为追求饱满而绘制过多的分析图，这样太花费时间且没有意义，所有分析图都应该是在解释自己的方案设计的基础上存在的。

墙身大样1：40

作业7：建筑学专业2019级　马晓伟

1. 场地认知

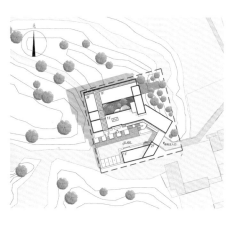

　　此次设计的任务场地位于呼和浩特市西乌素图村，"乌素图"是蒙古语，意为"有水的地方"。位于河西岸的西乌素图村有着"画家村"的美称，内蒙古大学艺术学院采风写生创作基地、呼和浩特市美术家协会采风写生基地等都坐落于此，村里经常可以看到画家们辛勤作画的身影，成为这个古村落的新气象；村内与山上种植大量的杏树，更有百年老树生长其中；村落环境清幽，生活节奏较慢，是喧嚣繁忙的大都市所不具备的环境。结合这些特点，我想在此做一个民宿设计：一为进一步带动该村落的经济发展，提高村民的生活水平；二为到此写生创作的师生和希望身心放空的游客提供清幽别致的住宿环境。

2. 方案生成

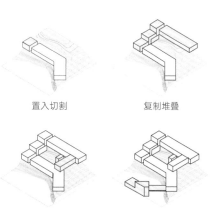

置入切割　　　复制堆叠

垂直交通　　　围合院落

　　此次设计任务场地用地红线范围内，北部很大一部分位于山坡上，南部为一片平地，两者之间为一面高达3m左右的接近垂直的土坡。站在山坡上南眺，可以一览呼和浩特市城区之景，西望为大青山的自然风光，东望可见西乌素图村的烟火乡村生活，因此我打算将此次设计的重心放在场地北部的山坡上，在此安排民宿的接待、居住、餐饮等空间，充分利用场地优势，以获得最好的景观视野，而场地南部的平地则作为民宿的主要集散空间与停车区域。

　　在此次设计中，由于该建筑的性质定位于民宿，是集居住、餐饮、休闲等功能于一体的商业性质建筑，因此建筑与场地的流线主要分为游客与后勤两个部分。在游客流线中，游客由场地主入口进入，在底层院落内有一条环形流线，然后通过设置在土坡上的室外楼梯到达建筑的主入口，通过建筑内的东西交通空间和室内走廊形成另一条环形流线，他们还可通过二层接待大厅的后院出入口到达位于山坡上的室外观景平台。由于场地位置的限制，场地原先只有一个位于东部的出入口，该出入口一并承担了后勤流线与游客流线。

3. 空间操作

顺应场地原有肌理，在土坡边缘置入条形体块，并切割出东西两块，西面体块为居住空间，东面体块为民宿的接待与休闲餐饮空间。在此基础上，将西面的居住空间顺应山坡北高南低的肌理，复制堆叠出三层空间，逐级升高，同时利用下层体块的屋顶为上层体块提供室外平台，供游客在此休闲、纳凉、观景。伴随体块的堆叠，上层空间的视野逐级开阔，并在最顶端置入东西向居住空间，以达到最佳视野，成为整个民宿的居住核心。在居住空间布置完成后，由于体块在垂直空间上的堆叠，需要置入相对应的垂直交通空间，因此在东西两侧分别置入一个垂直交通盒，并以此围合出第一个院落空间，供在此居住的游客闲暇之余观景

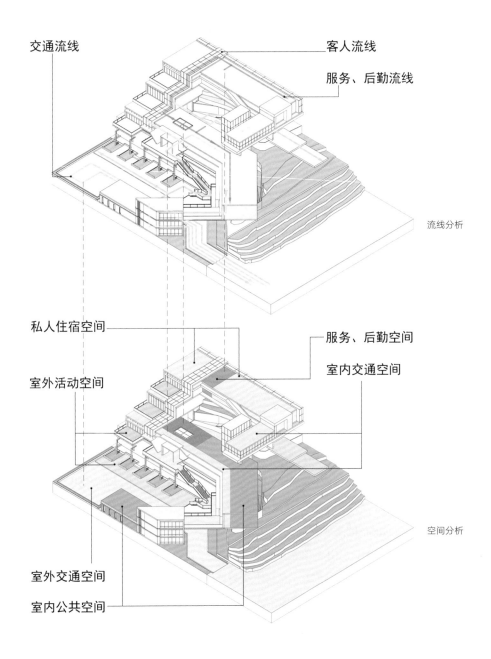

交通流线　　　　　　　　　　　　客人流线

服务、后勤流线

流线分析

私人住宿空间　　　　　　　　　服务、后勤空间

室内交通空间

室外活动空间

空间分析

室外交通空间

室内公共空间

散步，进一步感受大青山的自然美景。在接待大厅南部插入室外平台，与之相连接的则是整个民宿的第一出入口，悬挂于土坡之上的室外楼梯，作为游客出入民宿的主要交通空间。到此，山坡上的体块布置完毕，接下来则需要建立山坡上下的空间的联系，因此在场地南部的平地之上置入一个垂直交通空间，通过室外连廊将其与民宿的餐饮空间相连接，在解决第二出入口的同时围合出第二个院落空间，主要供游客的集散和停车。

4. 总结反思

这是我第一次做山地设计。在这次设计中，整个场地的地形条件包括区位、地势和周边环境都是极为丰富有趣的，但是我却没能更加合理地将场地的这些优势运用，浪费了很多有趣的点。例如场地东部与村中道路相衔接的山坡，我仅仅设置了一个场地内观景平台的功能空间，游客只能在此平台观望，却无法进一步参与到场地中，无法让场地内部的环境与场地外部环境产生交流。在这次设计中，我过于注重造型和立面上装饰性的点缀，运用了很多几何线条去装饰这个建筑，却严重忽略了建筑本身和建筑的内部空间处理，导致整个建筑的室内空间平平无奇、缺少变化，就像是一个华丽的首饰盒里面并没有相应的首饰一样，打开之后会大失所望。此外，我并没有处理好一个商业性质的居住建筑最基本的后勤与游客流线，导致后勤流线与游客流线混在一起，缺少秩序。在这三点上我还需要加大重视力度，在后续的设计中认真处理这些问题，抓住一个建筑设计真正的核心所在。

1—2 剖面图　　　　1—1 剖面图

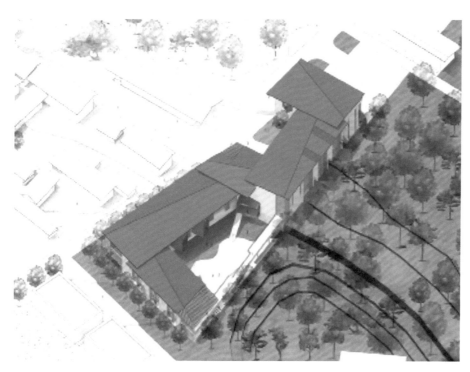

作业8：建筑学专业2019级　韩豪威

1. 场地认知

　　本次任务选取距离呼和浩特市区13km的西乌素图村作为调研、设计区域。本次设计任务要求在西乌素图村设计一所民宿。西乌素图村水草丰美，内部自然景观丰富，适合发展旅游产业，政府也在大力推进该区域的旅游资源开发，每年都会举办杏花节，游人们会前来观赏杏花，品尝杏花酿。随着大量的游人涌入，当地的民宿逐渐被开发，但大都是当地居民把自己的房屋腾出来，提供给游客居住，目前缺少专门的民宿，可在村中合适的位置建立一所民宿，方便旅游资源的进一步开发。场地选址在村内北边的小树林附近，该基地远离村口交通道路，环境清幽，虽处于乡村内部，但交通便捷，靠近两个丁字路口，有道路可从村口直达民宿。周边自然资源丰富，东边的树林为建筑提供了良好的景观面。但该片场地形状狭长，从北到南高度逐渐递减，最北端和最南端有5m的高差，需要特定处理。

2. 方案生成

　　在设计过程中，我对周边建筑环境进行分析，发现周边民居大都为U形围合，为庭院空间营造了良好的微气候，为此从周围环境提取出该元素，在场地上形成两个不同开口朝向的U形庭院，一个朝向村庄，另一个朝向自然环境，庭院与二者之间相互渗透，最终以民宿为过渡达到村庄与自然的和谐交融。由两个U形体块结合形成的线状形体与原本就狭长的场地相契合，在紧张的空间尺度中让形体有收有放。因为该建筑处于坡地，北高南低，所以让建筑随着坡势缓慢降低，跟随建筑形体走势，设置对角线坡屋面，强化形体关系。场地本身狭长，使得建筑南北流线过长，为此在建筑末端与中部大厅用廊桥连系，来缩短动线。在功能方面，场地南部为村委会办公场所，需要安静的氛围，因此将住宿功能安置在南部，将餐厅等公共空间安置在建筑北部；最北端由于场地东西距离较窄，所以将辅助性功能用房——厨房放在该处；中间以共享大厅联系南北的两个功能区。

3. 空间操作

西乌素图村保留了原始的村庄风貌，建筑以传统的单坡和双坡屋顶为主要特点，此外其最大特色便是尽可能保留了本身的自然资源，例如低矮的洼地和葱郁的树林，还有原本保留的和后期栽种的杏树。场地东边是一片郁郁葱葱的树林，四季之景不同，乐亦无穷。游客从中间的入口进入民宿内部，沿着长长的走廊在建筑中穿行，每隔一段距离便能从"休息空间"看到庭院内部的自然景象以及远处郁郁葱葱的树林，自然以半遮半掩的方式沿着庭院、景框渗透进建筑内部，使人与自然更加亲近。人的视线也随着景框及庭院的阶梯转移到自然环境中。根据卡普兰的研究，自然通过四个环境特征来促进人们压力的减轻以及注意力的恢复，分别为远离、迷人、延伸、兼容。通过建成环境（民宿和庭院）以及自然环境（东边树林）对空间整体氛围的营造，使得环境具备以上四个特征，让人们远离城市生活的焦虑，沉浸在迷人自然景色当中。建成环境当中的景框、庭院、廊桥与自然环境相配合，丰富了美景的层次，并且也为游人带来了与自然亲近的体验。

在设计过程中，对于自然景色（东边树林）的利用是我着重考虑的问题。初次去调研的过程中发现，该片林地位于村庄内部，没有人会在此多做停留，只是会感叹村庄的自然景色丰富。建筑的引入使得树林从西边被尽数遮挡，只留下局部的景框配合着场地及建筑的主入口，逐步将被建筑遮挡的自然景观展现在人们眼前，从最初在入口处可以窥见自然的一角，到从门厅处可以看到建筑与自然的相互配合以及充满活力的庭院，最终沿着长长的走廊，配合着虚实结合的立面，自然逐渐褪去遮挡的面纱，露出完整的面容。整个过程采用逐层引导的方式，使得游人对自然的感受从最初的好奇演变到最终的亲近，契合了本次设计的概念。本次设计中最重要的两个空间便是两个合院空间，由两个合院空间将建筑内部与

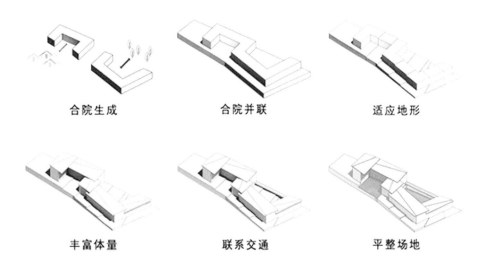

合院生成　　　　合院并联　　　　适应地形

丰富体量　　　　联系交通　　　　平整场地

外部进行串联，将村庄与树林相互联系，使建筑成为村庄与自然相融合的媒介空间。最终都是为了设计概念服务，即"亲近自然"，当游人身处于建筑之中，时刻感受到自然的魅力。

　　总的来说，西乌素图村风景优美、气候宜人，为促进当地旅游业的发展，依托于当地优美的自然景观设计一所民宿，以亲近自然为理念，采用村中常见的合院形式，通过控制合院的开敞方向，分别对应村庄与树林，合院与二者之间相互渗透，最终以民宿为过渡达到村庄与自然的和谐交融。此外，为使景观给人们留下深刻的印象，设计采用逐层引导的手法，先由几棵树，到树林一角，最终将完整的东部林地展现在人们眼前，给游者带来深深震撼的同时，又实现了人与自然和谐共生。此外，大小空间的对比也是该设计着重去体现的，因为建筑整体由一条走廊串联，在该空间行进时，难免感觉无趣。为此，大小空间的对比以及景色的忽然出现给整个建筑的游览增添了大量的趣味，例如餐厅区在大空间之间夹着细长的小空间，而小空间的主要功能是将树林的美景渗透到建筑内部，对建筑进行分割的同时，也形成了一个个取景框，丰富了游人的体验。在住宿部分也遵循了这个原则，在走廊朝向庭院一侧布置了单独的小空间，同样作为观景和休憩区域。

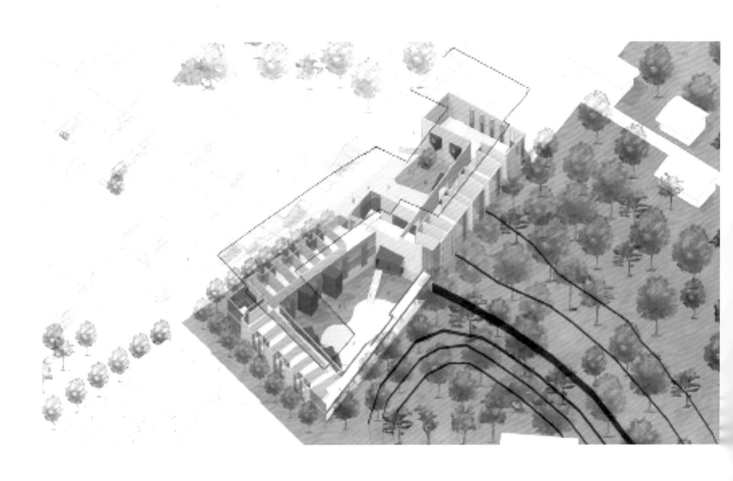

4. 总结反思

对于本次针对乡村建筑设计的练习，我最大的感受还是对于建筑与周边环境的融合。西乌素图村自然环境优美，民居大多保留传统风貌，为了保证村庄建筑的整体风貌统一，民宿也采用坡屋面的形式。但作为促进当地经济发展的公共建筑，又在统一中寻求了变化，采用对角线坡屋面。此外，通过对该建筑的设计，也让我对当下乡村发展的许多问题有了全新的了解。在国家大力倡导乡村振兴的情况下，西乌素图村的旅游业也被大力开发，杏花酒以及其他各种杏花制品有机会形成产业链来供给城市。西乌素图村作为城市边的一个小村庄，站在村口望向城市再回看乡村，明显感受到二者之间的对比，其中包括新与旧的对比、革新与传统的对比以及工业与自然的对比。虽然处处彰显着不同，但随着城市高速发展，诸多城市病以及心理健康问题被发现，调节人的身心健康被视为重中之重，乡村的自然风貌是一剂良药，让人们的注意力得到恢复，压力得到减轻。因此对于乡村建筑设计，我认为应该遵循如下观点：①参照周边建筑风貌；②保护周边自然景观；③合理处理居民以及游客的关系；④注重建筑与周边自然景观的融合。

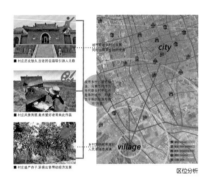

区位分析

周边环境分析

经济技术指标

建筑占地面积	1000 m²	容积率	0.52
总建筑面积	2200 m²	建筑高度	14 m
建筑层数	3 层	绿化率	35%

总平面图1：1000

作业9：建筑学专业2019级　蒋慧佳

1. 场地认知

　　西乌素图村位于呼和浩特市郊区，背靠大青山，周围环绕着大量松树、杏树等自然资源。在设计民宿之初，我充分考虑了建筑与周围环境的关系，力求将建筑融入自然环境中，使之成为自然的一部分。一是尽可能减少对自然环境的破坏。在建筑材料的选择上，我优先考虑环保、可持续性材料，并在使用过程中严格控制资源防止浪费。例如，我使用了红砖和清水混凝土这些可回收再利用的材料，以减少对环境的影响。二是最大限度地利用自然资源。在建筑设计中，我注重利用大青山周围的松树、杏树等自然资源。例如，我通过在建筑周围种植大量的树木，营造出一个绿色的氛围，同时也为村民提供一个休闲娱乐的场所。三是

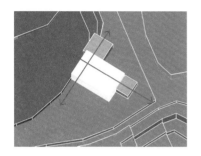

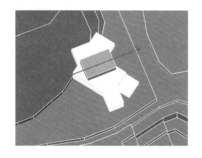

生成过程

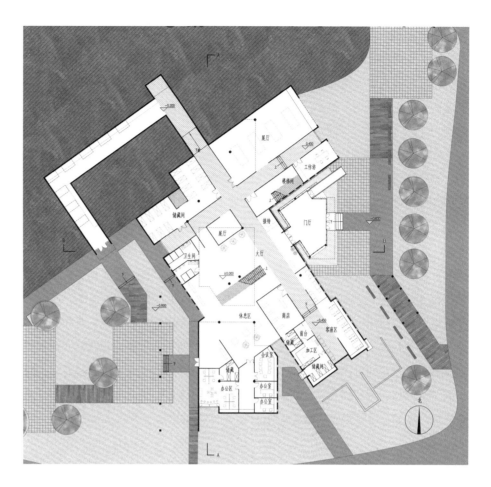

将建筑融入自然环境中。在建筑设计中，我通过体块法和空间布局的设计，将建筑融入自然环境中，使其与周围的自然景观相协调。例如，在大厅的设计中，我采用了大面积的玻璃幕墙，让自然光线充足地照射到室内，同时也让村民可以欣赏到周围的自然风光。四是采用了屋顶花园的设计，为村民提供了一个亲近自然的场所。

2. 方案生成

在设计过程中，本建筑设计的主要功能是为村民提供一个公共活动空间，同时满足村民的日常生活需求。因此，我设计了一个宽敞明亮的大厅，用于举办各种文化、娱乐活动。此外，我还设计了多个小房间，供游客居住。整个建筑采用体块法，通过不同的体块大小和位置来实现不同的功能需求。

大厅是整个建筑的核心空间，也是村民进行文化、娱乐活动的场所。我采用了大面积的玻璃幕墙和天窗设计，使得自然光线能照射到室内，同时也为村民提供了一个欣赏周围自然风光的地方。此外，大厅内还设有舞台、音响设备等设施，方便村民举办各种文艺演出和活动。

为了旅游业的需求，我设计了多个小房间，供游客居住。每个房间都采用了舒适的色调，让游客感到温馨安逸。此外，每个房间都配备了独立的卫生间和阳台，方便游客的日常生活。

3. 空间操作

为了给居住者提供舒适、温馨的"居家感受"，我在设计中注重空间氛围的营造。大厅采用了大面积的玻璃幕墙和天窗设计，让室内充满自然光线，暖色调的室内装饰温馨自然。此外，还设置了一些艺术品和绿植，为空间增添一份生机和活力。

在设计的过程中，我尤其注重自己在空间中的感受和观察。但是在设计之初，老师就引导我把网格建立在基地上，场地周围有2排共8根高约10m的混凝土柱以及柱与柱之间连接的横梁，新置入的展览空间需要与原混凝土柱形成的轴网相融合。此外，网格和场地必须正交，空间的跨度和高度应满足材料强度且受力合理。在此基础上，我用板片和杆件进行结构设计和补充，形成新的展览空间。当然，这个网格不仅是平面的，还是三维的，我先置入杆件，形成框架，这个框架保证了力学结构的稳定性，也保证了我在置入板片时的建造合理性。通过从"框架"到"空间"的设计步骤，我保证了设计的准确性和客观性。对我而言，这个框架是我设计中所必需的，它不仅是一个简单的结构框架，还能够保证我的主观感受在一定的可控范围内发展。因此，我的设计思路在主观感受和客观实现之间不断摇摆，最终达到了平衡。由于L形板片墙体是主要的操作单元，所以需要选择一种具有足够强度和稳定性的材料。杆件是截面边长为100mm的方钢，根

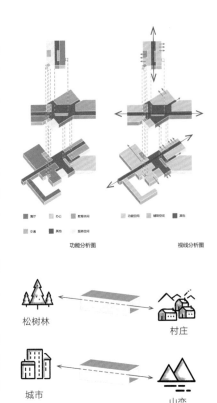

功能分析图　　　　　　视线分析图

松树林 ⇄ 村庄

城市 ⇄ 山峦

概念分析图

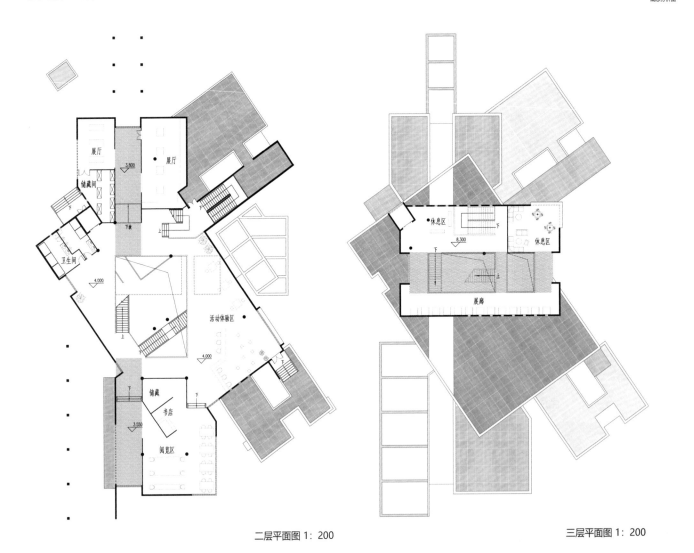

二层平面图 1：200　　　　　　　三层平面图 1：200

局部效果一

据力学原理进行结构计算，确定其承受荷载的能力能很好地满足设计的需求，可以保证结构的稳定性和可靠性。在设计中，使用铝合金龙骨复合板作为L形墙体的面板材料，以及空间结构的覆盖材料，借助铝合金龙骨复合板轻质、高强度的材料性能，实现了空间的分割和引导。从另外的角度看，方钢形成的结构，其实是网格的实体映射，而复合板材料的依附存在，是在网格上置入板片的具体表现。

4. 总结反思

在建筑设计过程中，我深刻体会到了与自然和谐相处的重要性。我的设计理念是尽可能减少对自然环境的破坏，同时最大限度地利用自然资源。在建筑材料的选择上，我优先考虑环保、可持续性等因素，并在使用过程中严格控制资源浪费。此外，我还注重与当地村民的沟通和合作，尊重他们的文化传统和生活习惯，以期达到最佳的设计效果。总之，我的建筑设计旨在为村民与游客提供一个舒适、温馨的生活空间，同时也尽可能地保护自然环境和资源。希望这座建筑能够成为西乌素图村的一道亮丽风景线，也能够为未来的建筑设计提供一些有益的启示。

B-B剖面图 1：200

A-A剖面图 1：200

作业10：建筑学专业2020级　韩嘉旭

1. 场地认知

　　本设计场地位于西乌素图村北部，东侧有大片树林，自然景观良好。西侧为村内主要道路，交通便利，周围住户相对较少。与东边有一段距离的地方是乌素图召，能够吸引部分游客。

　　根据场地西侧有主要道路的实际情况，将场地北侧设置为停车场，在西侧设置主入口，西南侧设置入口广场，南侧设置次入口及缓冲广场。根据场地东侧有良好自然景观面的现状，布置小型室外观演场所，将树林景观作为戏曲表演的背景，体现当地的自然风光与乡村文化。

2. 方案生成

　　该设计为西乌素图村村民曲艺活动中心，主要为村民提供日常社交场所，也可以向游客展现当地乡村文化，兼有一定的商业功能。它具有室内外观演现场和数个景观平台，二层围绕景观面设置流线与休息平台，为村民提供公共活动场所，也为游客创造观景游览空间。经营时主要服务对象为游客，提供观景、观戏场所，创造收益。非营业时为村民日常活动场所，供村民日常休闲，在自发性演出或者重大事件聚集时使用。主要功能分区有观演区、管理区、村民活动区，功能区之间相互联系，以室内剧场为中心，根据景观与地形进行布置。建筑通过二层屋顶花园、室外观演平台、中庭与东侧景观及周边道路相呼应。

　　形体的生成主要根据场地原有的两组轴线，形成相应的功能块。其中观演区包括室内剧场及后台区。该设计中功能房间都分布在一层，主要目的是与乡村周

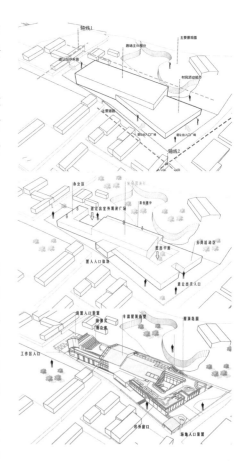

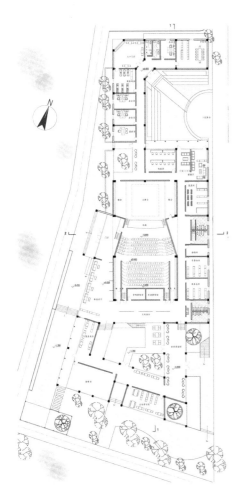

边建筑形成适宜的尺度关系，在形体上突出观演区的部分。设置室外观演平台、中庭及屋顶花园，形成连通的景观游览路径，增强其公共服务属性，为村民提供日常社交场所。

3. 空间操作

建筑的平面设计通过进行功能分区、合理组织流线、组合功能性空间与公共空间来实现。该建筑有三个主要功能区，其空间分布应当符合各个功能区的使用特点。建筑形体由一个长方形体块和一个断面为梯形的长体块咬合组成，在其咬合交界处设置入口门厅，结合入口门厅布置前厅及室内剧场，通过减法操作分别在两个体块上设置室外观演平台与中庭。

管理区围绕室外观演平台进行线性布置，并且设置停车场直通室外观演平台的入口门厅，既保证村民与游客游览路径的畅通，也保证管理区流线与游览流线互不干扰。观演区主要由室内剧场及后台部分组成。为满足剧场设计要求，需要充分考虑后台到舞台的流线，后台区同时要满足室内剧场与室外观演平台的使用要求。在管理区与后台区设置景观休息空间，作为管理区与后台区的过渡空间。室内剧场考虑入场及出场流线，入口部分与休息前厅及文化展厅结合布置，设置声闸。考虑观众席的升起与无障碍设计设置两条通道，出场部分结合入口门厅设置，便于观众离场。公共活动区是村民的主要活动场所，公共活动部分结合中庭与东侧的景观面布置，中庭的介入使公共活动区形成环形流线，观众在等候演出的过程中，可以在游览中庭后进入室内剧场，在公共活动部分能够观赏到多重景观。

平面设计的思路为设置主要的活动空间（如室外观演平台、室内剧场、中庭），并根据这些空间线性排布功能性房间，使各个功能区分布明确，流线贯通又互不干扰，增加村民及游客的游览体验。同时围绕这些主要活动空间设置屋顶花园，形成明确的观景流线。屋顶使用坡屋顶，并延伸坡屋顶在其下方形成休息平台，作为村民与游客的社交场地。室外观演平台与屋顶花园也都结合东侧景观面布置。

部分功能性房间需要考虑观景需求，将其布置在沿景观的一侧；需考虑主次入口及疏散部分，将主次入口都设置在沿村内主要道路一侧；考虑剧场部分与其他功能房间的防火疏散，设置多个疏散出入口，合理组织使用流线与逃生流线。

建筑结构主要为钢筋混凝土框架结构，剧场的屋顶结构为桁架结构，剧场部分为大跨度空间，剧场外的部分主要使用8.4m×8.4m的结构柱网。建筑立面材料主要使用红砖及灰色涂料，室内部分使用红砖作为围合材料，在公共活动部分使

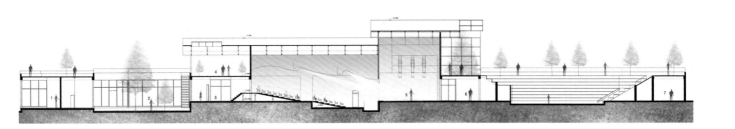

用大面积玻璃幕墙，其余功能性房间设置景观窗口。通过颜色的对比和立面虚实关系的对比突出剧场部分，在高度上形成三个层次。由于该设计具有剧场性质，所以需要考虑剧场设计的规范，除功能之外还需要注重处理高差问题，利用场地原有的地势高差，可以解决观众席升起造成的高差和舞台部分与后台部分的高差。需合理设置观众席与舞台的层高，考虑其灯光环境与声环境，合理安排观众席座位与升起，避免视线遮挡。

4. 总结反思

　　本设计成果的表现包括技术图纸、效果图及相应分析图。技术图纸的绘制是我设计过程中最重要的一环，它能反映我的设计是否合理、准确，在图纸的绘制过程中我能发现自己设计上不完善的地方。效果图能够使我直观地感受到这一空间所表达的氛围，表达出自己想要传递的想法，以及自己独到的理解。分析图能够体现我的设计概念与设计思路。西乌素图村具有良好的自然风光，有独特的召庙文化和民俗文化，具有旅游价值，原有建筑也具有早期乡村建筑的特色，但缺少公共活动场所，村民缺乏公共活动空间。因此我引入剧场这一功能，使当地戏曲文化对外可宣传推广，对内可传承延续，同时设置室外观演平台与屋顶花园，可以为村民提供日常交流与活动场所，能够体现村民聚集性这一特点，充分体现乡村文化，吸引更多游客前来游览。我希望通过室外观演平台的设计能够表现

　　出村民欢聚一堂、其乐融融的氛围，通过屋顶花园的设计表现出游客探索自然景观、乐在其中的氛围。在建筑设计过程中，我需要兼顾其合理性与空间氛围，体现当地文化所表现出的独特之处，使设计更加有意义。

　　本次设计让我初步学习了不规则的处理方法，加深了对公共空间概念的理解，并且对剧场建筑设计有了初步认知，学习了剧场设计的功能分区、舞台设计、观众席设计、无障碍设计等；让我初步了解了乡村环境下的建筑设计要点，在适应周边建筑与环境的同时，还需要符合当地人群的使用特点；学习了如何利用周边环境，并将建筑与环境有机结合起来。

　　在今后的设计中，我应该重点关注对于整体的把握，要在保证建筑整体性的前提下再细化局部，这样可以提高设计完成度。这一学期我也认识到案例分析的重要性，学习案例能让我脑中的想法清晰化，能在空想上节省大量时间，开阔眼界，学习更多空间处理方法，提升设计能力。

作业11：建筑学专业2020级　游曼俪

1. 场地认知

　　本设计以西乌素图村文化展示中心为设计主题，设计的核心概念是以人的视觉体验为中心，将游山览景的情致引入建筑内部。基地坐落于山脚，环境优美。本设计以游山赏景为出发点，依山就势，让文化展示中心的游客，在游玩的过程中有效对接空间，于观展时形成流线循环。赏景区分为赏与玩两部分，通过构建穿梭于室内外空间的活动体验，在满足游客观山赏景情致的同时，吸引其好奇心，构造以环境、形态、空间谱写的乐曲。

　　设计场地风景秀丽，西有断崖，南有杏林，山势由南向北逐渐升高，这几个自然条件构成了建筑的外在环境。作为一个靠近村庄的文化展示中心，这座建筑为来往村民提供各种公共服务。建筑边界来源于对场地的逻辑推导。对于主体边界定位而言，建筑东侧居住区建筑呈不规则排布，我将建筑东侧边界平行于村道，与居住区的外围界面一起构成村庄街道空间；场地西侧为山体，采取与山体轴线相垂直的做法。文化展示中心用地北高南低，为减少对地形的破坏，建筑顺山势逐渐增高，并设置连廊通向观景平台来化解场地高差。

2. 方案生成

　　就形体生成而言，将体块由北向南降低，顺应山势，满足采光；根据场地环境，人群需求差异，划分体块类型；顺应基地的主入口，单元体块错位形成韵律，嵌入山体，与山体形成垂直关系融入当地；采用坡屋顶，在传统单坡屋顶基础上变化，避免乏味；置入交通核，串通内外；赏景区分为"赏""玩"两部

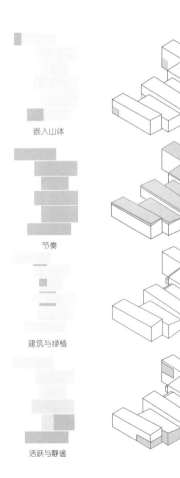

嵌入山体

节奏

建筑与绿植

活跃与静谧

首层平面图

二层平面图

分，将观山览景的情趣引入建筑内部；最终挖去部分体积，加强与山体村庄之间的联系。

3. 空间操作

空间序列围绕绿色观景台展开，通过连廊将人们引导至不同的位置与空间节点，形成不同的空间影像，让游客可以欣赏不同的景观。

垂直于山体方向采用长方体进行单元组合，明确区分服务空间与主体空间，交错形成韵律，各个功能空间既独立又相互渗透。设置轴线后，根据轴线划分空间并强调空间节点的特点。单元空间之间虽然存在差异，但遵循基本模数，通过"赏""玩"空间的嵌入使单元之间产生空间节奏。

西乌素图村文化展示中心具有清晰而复杂的路径，从起点到终点，各个空间收放自如。总共有两条路径。第一条路径由建筑到山体，首先在入口处用深灰色的门框与透明玻璃嵌入在厚重墙体中，异质化处理形成了视觉焦点；服务台将人从前厅引入门厅，进入中心条形通道后，沿着空间体验轴进入餐厅等功能区，人们进入"赏"景区，逐渐消解在行走路径上对空间的惯性阅读；在体块边缘处放置通往二层的楼梯；到达二层后，展览空间逐步展开，依次浏览后进入观景平台与山体产生互动，从连廊及南侧楼梯回到一层。第二条路径由山体进入观景平台、展厅，再由展厅前往其他功能区域。

一、二层平面的主要交通路径贯穿南北，连接主要功能体块。长方体单元体块根据轴线进行布置，对于内部空间而言，将长方体体块形成的控制线作为基准，对主要空间进行雕琢。

在水平界面上，根据山势变化、功能需求调整楼板与坡屋顶的高度；在竖直界面上，根据游客的视线和采光需求设置窗户并进行自由分割；在体块交界处，为引入自然光线进行体块切削，自然光线在不同位置产生光影，在满足"赏""玩"景区采光的同时进一步渲染空间氛围。

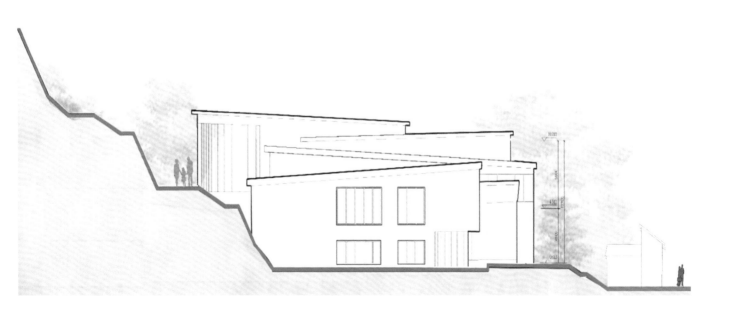

4. 总结反思

村庄坐落于大青山南麓，A地块坐落于山脚，西有断崖，南有杏林，环境优美，可吸引大量游客前来游玩，但游客在这里并不能长时间停留，因为该场地缺少可以让当地村民与外来游客和山体、杏林产生互动的场所。根据目前人流量较大的节点设计流线，将人们引入基地，为基地增添活力，增加生活气息。人们进入基地的方式多元，主要是通过村内大道；也可以是在山中、杏园间游玩后一边观赏风景，一边漫步到达。

将展馆与文化活动中心相结合，一静一动。既丰富了展览馆的功能，让其摆脱安静肃穆的形象，又让基地氛围活跃，结合制作室、餐厅等多种功能区满足不同人群需求，以别致的方式创造一个山中休闲基地。

在总图中我选择平滑的曲线进行设计，减少体量垂直插入山体形成的冲突。在平面图中用颜色突出赏景区与游客行走走廊，游客在观展时可以看到杏林，吸引游客好奇心的同时有效对接空间，从而在观展时实现流线循环；二层平面则用室外空间与山体相连。剖面图中随着季节与时间的变化，光线穿过天窗，在室内投射出变化的光影。整体以人视觉体验为中心，让游客感受游山览景的情趣。

与往常不同，这次用一个学期的课时来进行课程设计。我的内心随着设计的深入起伏不定，从前期的茫然，到由形体至平面一步步稳步推进，中期深化方案产生的种种疑惑，再到最终理清思路，坚持想法深化方案的笃定。由于时间充足，我完成了平面布局、柱网布置、墙身大样等，这也是首次独立完成任务书，体会从无到有的设计过程。在本次设计中学习平衡取舍，多方面综合解决问题是我最大的收获。在设计的过程中创作任务书，不停对方案进行调整，为了满足"赏""玩"而不停地调整平面、优化立面、制作入口造型。由于首次采用计算机制图，操作不熟练，不停练习调整柱网位置，让其可以完美嵌入墙体。随着时间的推移及设计深度不断增加，老师引导我通过学习案例来激发灵感，发现合适的概念并从始贯之，从中学习到多种复合空间组织方法，使建筑与自然环境及人文环境之间产生关系。

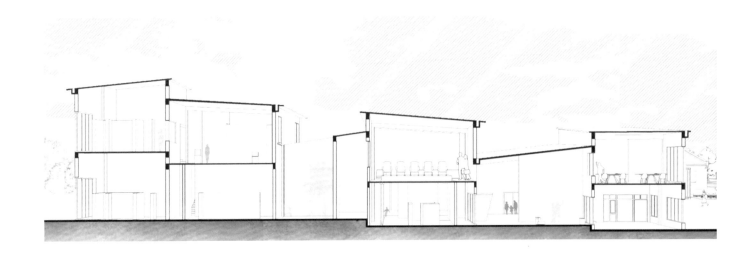

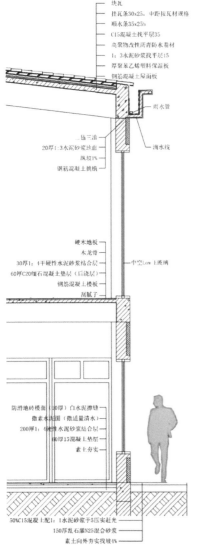

块瓦
挂瓦条30x25，中距按瓦材规格
顺水条35x25;
C15混凝土找平层35
高聚物改性沥青防水卷材
1：3水泥砂浆找平层15
厚聚苯乙烯塑料保温板
钢筋混凝土屋面板

雨水管

一仙三油
20厚1:3水泥砂浆地面
找坡1%
钢筋混凝土挑檐

滴水线

硬木地板
木泥骨
30厚1：4干硬性水泥砂浆结合层
60厚C20细石混凝土垫层（后浇层）
钢筋混凝土楼子
刮腻子

中空Low E透璃

防滑地砖楼面（100厚）白水泥擦缝
微素水泥面（微适量清水）
200厚1：4建缝水泥砂浆结合层
60厚15混凝土垫层
素土夯实

50%C15混凝土(配1：1水泥砂浆于5区实赶光）
150厚乱石灌N25混合砂浆
素土向外夯实找坡6%

       在设计过程中系统地学习了设计思路，再一次认识到设计就是形式与功能之间的不断平衡，认识到当主要问题与次要问题产生冲突时，要从整体入手抓大放小，不要对细节进行过多纠结。建筑学是需要不断思索、综合考虑来解决问题的神奇学科。这次设计让我对于平面布局、立面形式语言的统一、图面表达都有了较大提升，希望在之后的设计中可以加入对于结构的思考，进一步深化设计。

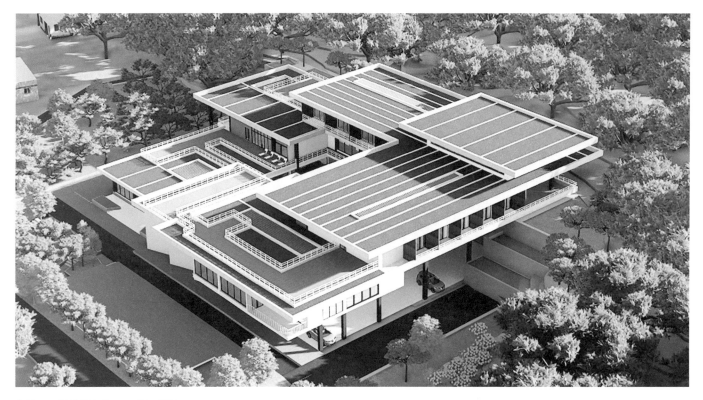

作业12：建筑学专业2020级　黄颖

1. 场地认知

本设计以"旅行"和"住宿"为场地功能要素，场地建筑作为西乌素图村的综合服务中心，为游客提供在区域内的接待、饮食、展览、休闲及住宿等服务。希望能够通过服务中心，吸引外来人员，带动乡村增收，从而起到"乡村振兴"的作用。

通过对旅行需求和居住行为的深入研究，结合场地关系的分析梳理，把自然环境、文化体验和人文交流融入其中，实现居住空间与使用对象的锚固，在此背景下探讨人居环境下旅馆类公共建筑核心居住空间的营造与公共交往空间的建构。本项目是以休闲旅游和文化体验人群为主要服务对象的旅游度假建筑，为人们观光旅游、休闲度假、文化交流等活动提供相关服务。

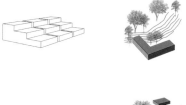

2. 方案生成

根据场地环境以及地势高差设置9个基本模块，同时考虑到采光以及南侧杏林的景观，将体块之间进行分割，借用地势高差向杏林方向层层叠退，进行错落分布，下沉或抬高，以保证每一层每一个体块都有独特的日常景观。后期我采用了以消解体量的片层形式呈现，将体量之间进行溶解形成L形片层形式。建筑主体共分为三层，同为L形，一层为邻近杏林景观的L形片层，为后面的二、三层L形片层的叠退作承接，同时二、三层也利用了地形高差，建筑的主体用山体作为另一端的承接方式。

该建筑采用框架填充墙结构，底层架空形成公共空间将餐饮服务、办公、

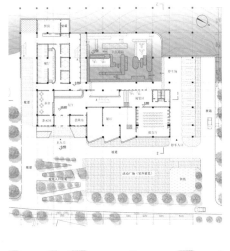

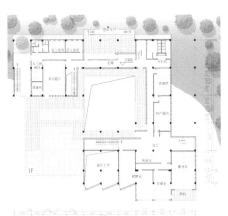

展厅三个功能组团。根据功能属性，沿山势标高错落布置，最大限度减少土方调整；每个功能组团景观视野互不遮挡，下一层的屋顶也是上一层的平台，同时中部形成下沉庭院。

3. 空间操作

本设计主要考虑该建筑如何与场地发生关系。A场地是山地的地形，是一个断崖，高差约为8m，南侧有一片杏林，当地民居的建筑类型多为四合院设计，基本上每户人家都有属于自己的院子。在后期的设计中，我把庭院设计考虑在建筑的设计中，而且功能主要围绕着庭院展开布置，保证每个功能景观视野互不遮挡。后期根据上面体块的演变进行改进，并将体量融于山地环境。建筑的主要结构采用的是框架结构；建筑的一部分采用了吊脚楼的形式，让建筑长在山坡上，使用框架结构创造出悬挑结构，能够最大限度地减少落地面积，让建筑架空，成就一种漂浮感，同时底部用作停车场以及村民公共活动空间。

建筑一边朝向杏园景观，另一边面向山下的民居，建筑的朝向开口主要是这两个方向，以保证视野景观不会互相遮挡，保证风景界面的最大化。一层主要用于展览以及餐厅，服务功能主要围绕着庭院展开布置。建筑的底部为停车场，入口的景观将游山观景的行人引入建筑的室内空间，室外广场也为当地居民提供了休闲娱乐的活动场所，同时它也具有室外文化展览的功能。次入口用于厨房的一些材料运输。二层主要是行人的休闲场所，包括健身房、棋牌室等，建筑平面呈L形分布。靠近山体的部分设计了可以登山的入口，将山体与建筑进行联系。三层的主要功能是住宿，借助山势，空间同样为退叠的L形布局，住宿空间中面向山下的风景也不会被遮挡。南立面设计有大片的玻璃幕墙以保证风景界面的最大化以及充足的光照。

用山地地形作为建筑二、三层的承接支撑，利用地形高差，采用框架结构将建筑架空，解决视野遮挡、采光问题，回应了场地环境。

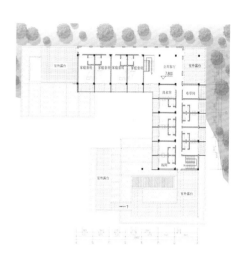

4. 总结反思

在这次设计中，我熟悉了基本调研方法，增强了关于建筑设计与环境信息具有紧密关联的意识，学习了在乡村环境中建筑设计的方法，理解了新建筑与场地周围要素和谐共生的思想，掌握了建筑生成与自然环境及人文环境之间的逻辑关系，学会尊重场地中原有地形地貌、原有景观特点，使新建筑在乡村环境中与周围要素形成和谐的共生关系。

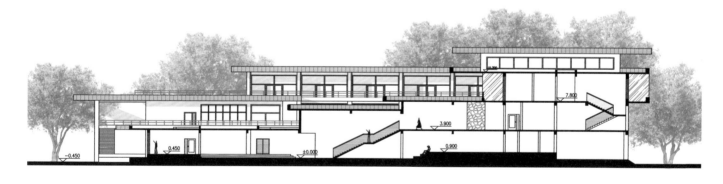

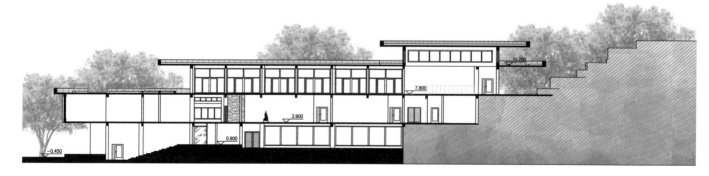

从古至今，乡村从不缺美，东方叙事语言下诗词歌赋的美，来源于山水，自然于乡村。乡村美学，从空间维度关注城乡融合区域，从时间维度关注我国社会乡土性的变化，关注人的价值、思维和行为的变化，关注具备一定完整生态和系统的村落，包含自然生态、经济生态、人文生态等。通过多种设计方式，实现对乡村建设综合性推动作用，鼓励最大限度保留乡村自然田园风光，尊重聚落的真实性，保持其自然美的完整性和连贯性，提倡微创式再造。不断提升考察建筑设计对特定的地域环境、文化基底的观察力、感悟力，以及挖掘当地人生存智慧并将其融入建筑设计创作中的能力，创造和谐共融的整体场域精神。关注基于乡村所沉淀的文化遗产，延展对风俗风物和传统技艺等起到保护、传承与再创造的创作。

在乡村场景下，综合考虑在地与当代的设计语言完成美学表达，包含自然生态及人文生态，乡村是一个复合体，乡村建设需体现系统性的生态文明建设成果。充分考虑人本与传统，乡村建设的实践营造需与新老居民的日常生活紧密相关，回应何为"地方性"。乡村归根结底仍是一种文化形态，需要理解地域文化的多样性，对当地的文化遗产加以传承与合理创造，强调介入乡村建设后的方案和行为的可持续性，在经历一定的实践周期后仍具备再生能力。

作业13：建筑学专业2020级　王安

1. 场地认知

　　本次设计项目位于大青山南麓西乌素图村，西乌素图村位于内蒙古呼和浩特市西北近郊，古老的文化与独美的风景吸引了众多艺术家前来，每逢杏花节、采摘节之时，西乌素图村游人如织。

　　我选择了大青山山脚下的场地作为设计场地，因为设计场地依山傍水，南边有杏林，东边为村落，西边则与大青山山脚相靠。方案以艺术交流中心为题目，凛冽的北风与漫长的严寒造就了这片场所的艺术气息。

2. 方案生成

　　本设计在前期生成体块时顺山势而为，以"移步换景"为设计理念，勾勒出爬升叠加的外部漫步路径，便于对外取景，生成初期建筑形态。在建筑初期体块的基础上，我切出了建筑的主次入口，同时利用轴线定位建筑主要的朝向与内部空间，使体块之间逐层递进。在立面的处理上，折线线条如同山峦般起伏，结合着自地面而起直至山腰平缓处的坡道，与山路又一次连通形成完整的游览路径。在场地设计中，室外平台与场地广场共同划分场所并界定出灰空间，作为围护结构材料的耐候钢则通过颜色与质感暗示着建筑路径与建筑性格，从而在建筑整体的形体处理上激起使用者的情感认同并满足使用需求。

　　黑色的钢板和红色的耐候钢作为本设计的主要材料，彼此在表面上蚀刻出缝隙，这种材料让现在的新建筑有了之前的记忆和对未来的期许，材料的折叠同时也造就了空间序列。现代人对空间的需求往往是多元的，本设计结合坡道等设计元素形成多样的室内空间，呈现自然与建筑之间有趣的互动，引起每位艺术家的

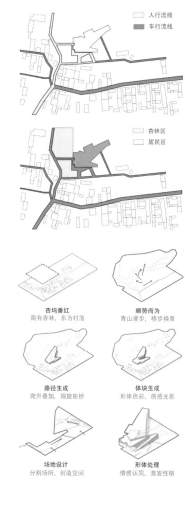

杏坞番红
南有杏林，东为村落

顺势而为
青山漫步，移步换景

路径生成
爬升叠加，规旋矩折

体块生成
形体色彩，质感光影

场地设计
分割场所，创造空间

形体处理
情感认同，激发性格

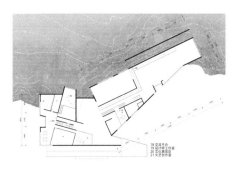

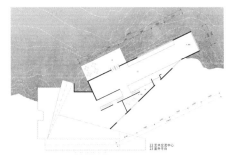

共鸣，借此宣泄内心的欲望与情绪，将生活浓缩化、夸张化，满足情感的需求，营造出具有归属感的场所氛围。

我在方案初期把概念草图勾勒出来，并且力图在设计中表达它的全部情感。连绵起伏的大青山将我对北方、对艺术、对设计的理解串联起来。两年中做的每一次设计都没有这一次更能让我感受到自然的存在：场地环境之下让我不能做一个高高在上的、不融入自然的设计。北方的山、土地是厚重的，它们就像艺术一样，对人来说是沉重的、直击心灵的感情，这种感情让我们的生命越贴近于大地，它就越真切实在。

山体和民居之间存在的空地，像是如今陷入困境的西乌素图村。我在这片场地上引了几条直线，与山体的轮廓和断崖形成关系：一个折线形的体量延续向上，人在行走的路径中可以形成看与被看的多重关系，它是连续的、无界的，融合了新旧关系的建筑，它延绵大青山的山脉，延续北方的文脉，同时也关联着艺术。

我通过设计建筑来划分空间，解决它的空间需求，体现出属于这个设计的温情。这份情感链接老人与孩童，链接失去活力的村子和喧嚣的城市，链接不同形式的艺术。

从鸟瞰图中可以清楚体现出建筑的体量感、雕塑感和力量感。连续的坡道会将路径连续引导到山上，最终通过观景平台再回到建筑中，形成路径的完整循环。场地设计延续建筑本身的感觉，贯彻了直线风格，建筑是一道利落的折线，场地形成了与折线互相咬合的相反的空间关系。

我在材料中也展现了设计的特性，设计的内在情感与逻辑，这是我从这次设计中得到的最宝贵的经验。

3. 空间操作

空间这一概念是无法脱离使用者的，正因为和使用者发生了关系，才变成了环境。这个环境包括了自然环境和人文环境，人和空间会不由自主地互相作用。

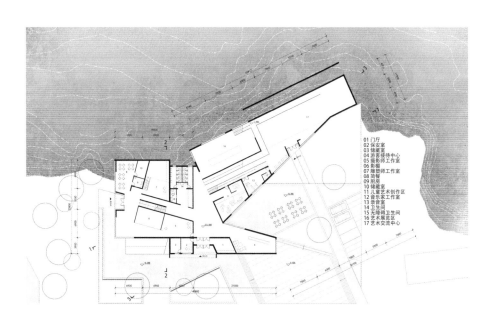

本设计在空间外部的游走路径从远、中、近三个层次得以逐步展现，为建筑布局带来设计的线索，而属于艺术家的不同空间则嵌套在空间内部的游走路径之中。

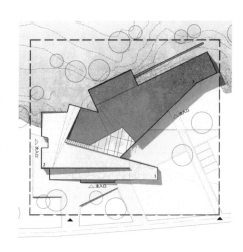

本设计作为艺术家交流中心，主要的使用者是不同类型的艺术家与艺术爱好者，涉及的主题空间是公共艺术交流空间与私人艺术工作空间。空间是可以被感知、被认知的，但是不同艺术家的情感与色彩使得他们对空间的认知与需求也不尽相同。艺术家们对空间的感受往往来源于他们的视觉和主观体验，这些都使得空间的组织原则与设计原则成为必须讨论的议题。

建筑设计归根到底的任务在于提供一个适宜的空间，所以最重要的还是要有合理的空间组织流线与使用空间。为了给艺术家们打造适于交流的空间，我通过对内部空间及墙体的塑造使得空间之间的流通性与内外的空间联系不断增强。

在建筑的形体塑造上，我使用长直线塑造了具有雕塑感的体量，这一点在内部空间则体现在我使用了统一元素将空间组织起来，使空间语言统一的同时也富有节奏感和整体感。从主入口进入之后，空间向着西侧山体逐步放开限制，此时的空间尚且功能性较显著，而通过交通空间过渡之后，我在平面上添加划分出新空间的同时，继续让竖直方向和水平方向上的空间互相渗透、变化，复合形成全新的空间形态。空间塑造逐步迈入空间序列的顶峰，室内外空间逐渐相融，最终产生了丰富有趣的效果。

4. 总结反思

遗憾的是，这次设计因为线上教学而无法对场地进行实地调研，而我在设计结题后，才到达了西乌素图村，一览场地原貌。这是一个异常的设计流程，甚至这一行为已经脱离了设计流程——有谁会做完设计才去进行场地踏勘呢？有一些建筑师在进行设计前，甚至要居住在场所附近以感知真切的生活。当我最终站在场地中，站在青山下，设计的心境发生了转变。与屏幕中的数字模型不同，自然环境与村庄道路的尺度都冲击着我的感知，真实而具体的世界无法被影像资料和文字总结概括……最终，我带着感慨离开场地。

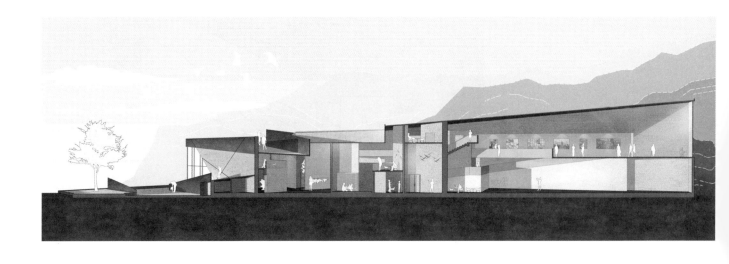

尽管是不得已的线上教学，我仍记得无数个和朋友们一边连着腾讯会议聊天一边画图的夜晚，还记得每节设计课和老师一步步地沟通，还记得对线上课程的调研与对网络作业的吐槽，被批评、被鼓励，有疲惫也有快乐……或许这些普通平淡的日常，才构成了对每一个设计作品感情的基础。

回望这次设计周期长达一学期的主题设计，我通过设计来划分场地并解决空间需求，体现出独属于这个设计的温情，这份温情链接老人与孩童、沉闷的村子和喧嚣的城市，展现出不同形式的艺术。如果说之前的设计是从一到一百，那么这次的设计就是从零到一，举足左右，便有轻重。

作业14：建筑学专业2020级　崔靖阳

1. 场地认知

　　本次设计项目为位于内蒙古呼和浩特市西乌素图村的民宿酒店，该地区距离呼和浩特市区约半小时车程，西北依靠大青山，西南紧邻杏林，这里的山虽不是奇峰却也林木葱茏，整个村庄地势呈西北高东南低。远处的山景，近处的杏林，远山近林成为民宿设计过程中有力的主线。民宿酒店为打造西乌素图村旅游业吸引外来游客而设计，内包含餐饮娱乐、观景场所及各类客房，具有当地文化特色，为游客提供休憩、休闲、就餐服务。

　　场地周边交通不是特别发达，仅有两条窄路，私密性较好，而且地势处于全村较高位置，景观视线最优，适合做民宿酒店。场地为规则的矩形，只有约1/3的面积是具有丰富高差的山地地形，一侧有杏林，所以要营造出丰富的空间，就必须利用好这片山地。

2. 方案生成

　　拿到场地开始分析，通过气泡图来确定体块，酒店作为公共建筑，要做到动静分离、有收有放，所以优先考虑把公共空间放置在靠近道路一侧。公共空间的主要功能是枢纽、集散，包括前区广场、服务大堂、餐厅等。广场分为两个部分，通过面积大小和朝向区分主次，主广场面积较大，面向建筑主入口，服务于大量进入酒店的人流车流；次广场面积略小，面向内部庭院，与停车场作了区分，主要用于衔接内部庭院，私密性较好。考虑把较为私密的客房部分放到靠近山体一侧，借助山体地形，营造更加具有趣味性的空间和景观条件。确定功能分区后，进行交通联系分析以及划分防火疏散和流线关系。体块按照比例进行摆放，做错动退台手法处理。

① A场地　② 根据功能进行分区　③ 根据流线调整体块位置关系　④ 体块作旋转、退台处理　⑤ 插入廊道，连接交通　⑥ 细化得出

二层平面图1:200

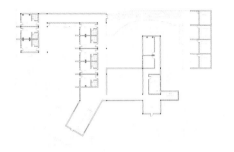

三层平面图1:200

3. 空间操作

进行平面空间设计，任务书制定就显得很重要了，很多时候其实没有任务书，需要我们自己对于设计总体有一个很好的把控，包括功能内涵盖的房间类型、房间的面积控制、房间布局与收放节奏，以及餐厅和厨房如何划分，防止后勤流线和游客流线交叉等一系列问题。

从外界"放"的空间进入大厅后，通过高差和墙体放置，引导人进入不同的功能区，每个不同功能的空间所运用的手法也不相似，例如大厅通过做很高的通高空间体现"放"，大厅通向各功能区降低层高，体现"收"，与此同时也要充分考虑外部环境与建筑的联系，大厅的一角做减法，成为半室内半室外的灰空间，仿佛建筑是由环境直接生长而成，而不是特别突兀地放到场地上。注意，虚实关系是平面设计的一大重要部分。

民宿酒店最重要的部分就是客房部分，也是占比最大的部分，功能是"住"，是给人服务。住得舒服，就要考虑营造氛围，客房既要安静，也要处于景观条件最优的位置，包括气候、采光。在进行平面设计的时候就要有意识地解决这些问题；房间布置的位置、朝向、层数，都要很好地进行协调；极力避免出现让人产生不满情绪的房间；要考虑垂直交通，上下尽量做到动静一致；要考虑居住者的动线，如何能从大厅便捷、均衡地到达各个客房，客人从客房如何去到公共餐厅以及娱乐场所。充分地利用地势制造栈道或者坡道来联系交通。大厅左侧，设置水吧和早餐厅，水吧以天然的自然景观作为背景，斑驳的竹影形成天然的动态画面。

景观设计，要结合场地、周边要素，包括风俗文化以及具有代表性的景观；考虑停车、人车分流；植物布置，不同高度的植物所带来的实际影响是不同的，造成的视线遮挡也是不同的；布置了大大小小的水系来丰富内院，三个内院的景观布置会在很大程度上对游客造成影响。用石头材质做的台阶向上逐级延伸到内院中，山体隐隐约约从树干间透出来，越往上行走，视野逐渐开阔，连续的山屏也逐渐展现。同时通过客房的不同开窗方式，远山被引入的状态也不同，对不同的空间尺度和类型进行呼应。场地绝不只是场地本身，周围的树木、相邻的房舍、远处的山屏、围合的杏林都是场地的一部分。人融入其中，建筑的空间和视野也围绕其展开。

屋顶形式，大部分山地建筑都会采用坡屋顶的形式，因为这样的屋顶能更好地呼应地形，让建筑融入环境。远观上下起伏的屋面与后面的山体形成了很好的呼应。

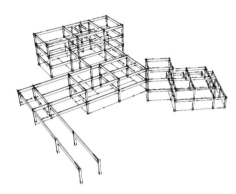

立面设计，考虑立面和平面是相互关联的，通过对不同功能的体块采用不同材质的体块以及不同的外形设计，甚至细微到开窗形式、窗户的材质，来与周围体块进行区分。并且需要注意透明性，注意立面的虚实关系，大厅采用透明的玻璃盒子，私密的客房则是简单地开小窗。建筑的立面材料我更希望能具有在地性，回到自然与建造的关系上，充分地利用当地已有的材料，既控制建造成本又能方便地找到当地工匠施工。像垒毛石、土砖墙、水洗石、水磨石、青砖墙、小青瓦，都是当地非常常见的用材，施工工艺简单，易取材，建造精确性易把握。

结构体系及防火疏散：在结构上还是采用传统的混凝土框架结构，选用8.4m×8.4m以及9m×9m两种模数的柱网，用砌体砖进行围合。考虑柱高和梁截面高度的比例关系。考虑地面夯实找平以及挡土墙类型。在疏散上进行了防火分区，使用了4个封闭式楼梯间，保证了各部分的疏散安全。

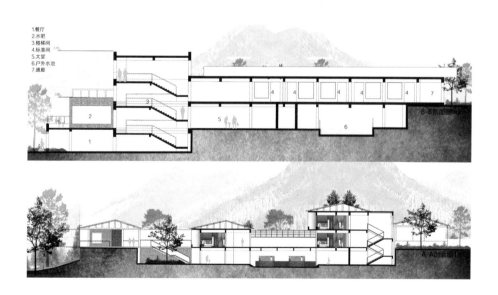

1.餐厅
2.水吧
3.楼梯间
4.标准间
5.大堂
6.户外水池
7.通廊

B-B剖面图

A-A剖面图

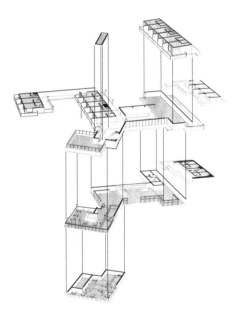

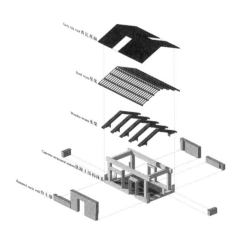

4. 总结反思

西乌素图村有一定的建设条件，作为呼和浩特美丽乡村的典范，春天周末时分，选择来此游玩休憩的游客不少。民宿的建造既希望可以满足居住的舒适条件，又能够不改变原有的乡村式的精神寄托之所，吸引更多游客到此，带动乡村振兴、旅游业发展。远山近林是场地内最直观的景象，为了不改变原有的场所感，杏林被尽可能地保留。建筑被植被包裹，人又被建筑包裹，保留了原始的"犹抱琵琶半遮面"的隐秘感的同时，行走在地面层时的体验也变得层次丰富了起来。同时不同季节林木形态不同，环境的通透性也会变得不同，春季盛开的杏花、夏季茂密的叶片与冬季裸露的枝干掩映下建筑的可视度也有所差异。

本学期用一个学期的时间做了一个长课题，这是史无前例的。我在学习怎样做设计的过程中收获了很多意外的知识，比如度假村酒店和民宿的区别：度假村酒店是以接待休闲度假游客为主，为休闲度假游客提供住宿、餐饮、娱乐等多种服务功能的酒店。度假村酒店要求酒店园区面积足够大，客人不出园区就可以度假，投资也相对较大。民宿就是自由景观比较少，更多的是依靠区域的公共景观为主。所以当用地面积比较小而且服务对象还达不到很高数量的时候，还是做民宿相对更好一些。度假村酒店相对于民宿来说更具有独立性。但是，民宿可以更好地融入环境且民宿的后期经营成本也会更低。

从前期的场地踏勘、调研分析，到功能气泡图、体块生成，再到平面设计、景观设计、立面设计、结构设计、材质表现和材料选择，我的设计方法都比以前更具有系统性。

除了设计上的收获，在软件能力上也有了较大提升。这学期接触学习了CAD软件，CAD软件很方便，对于平面设计有很大的作用。因疫情影响只能居家学习，做设计痛苦的同时，也要面对学软件的仓促和焦虑，一学期下来克服了不少困难，自我认为有了很大的收获。

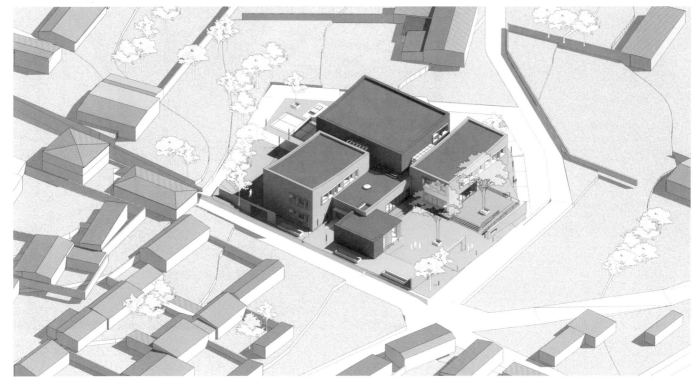

作业15：建筑学专业2020级　解瑶

1. 场地认知

　　本设计拟定主题为位于西乌素图村的居民活动中心，活动中心的选址为西乌素图村中一片五边形空地，该地处在村内主要道路的交叉点，且位于村子中心房屋较为密集处，所以在建筑的形体生成和场地设计时，场地内部交通的通畅、内外部交通的连通非常重要。建筑形体采用四个体块镶嵌于一个中心体块的形式，这样的排布方式使建筑形成多个出入口，与场地内垂直的道路相接，道路和环绕场地的车行道相接，形成了较为通畅的场地内部交通。

　　本场地南侧有两棵古树。古树和场地的结合对这个设计十分重要：树的存在会形成移动的影，树的四季变化也会体现时令，对于以感受时间变化和时令更替为核心概念的设计，两棵古树是不可或缺的自然因素。所以建筑的中央体块和东南侧体块的位置根据树的位置进行了调整，便于在后期将古树引入设计中。

2. 方案生成

　　本设计的核心概念是：通过对形体和空间的塑造让建筑里的"核心空间"随着时间和光照变化而改变位置，从而强化人们对时间变化的感知。乡村往往比城市节奏更慢，人们对时间的感知力更强，"日出而作，日入而息"展现的正是太阳的位置和光照的变化在乡村居民生活中的重要性。在活动中心里，人们主要的活动也会随着时间变化而不同。通过房间位置的安排和开窗方式的变化，可以让不同功能区域在这个功能频繁发生的时间段里获得"独特"的光照。

　　西乌素图村临近山地，场地的高差让各体块之间也形成一定的错落关系，为了与山地环境的起伏错落相呼应，建筑使用了弧形的坡屋顶，形成内低外高的形式。建筑采用夯土结构，呼应了西乌素图村废弃的木框架夯土传统建筑。

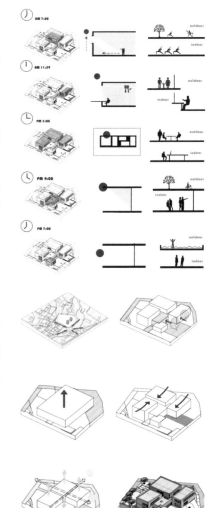

一层平面图 1 : 200

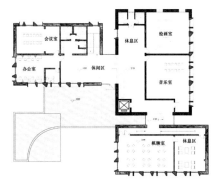

二层平面图 1 : 200

3. 空间操作

根据本设计的核心概念，建筑中各功能空间要布置在其承载活动高发时间里阳光最"适宜"的位置。所以房间的排布是本设计的第一个切入点。在活动中心的几个主要功能中，排演厅和室外广场是清晨居民们健身交流的活动场所，所以排演厅的位置处于东北侧最大的体块。这样排演厅内的活动就可以迎来清晨的阳光，让人感受到朝阳的明媚和温暖。展厅东侧墙壁设计的条形长窗是为了让阳光移动的轨迹来展示时间的流动。到了中午午餐时间，太阳高度角较高，阳光也非常强烈，所以餐厅位于东南侧体块内，与古树相邻的位置，使树木成为自然的"遮阳板"，遮挡过于强烈的阳光。餐厅内设置靠窗的吧台式餐位，让使用者可以更接近室外的自然环境，开窗也使用了较大的窗扇，让室外的景色一览无余。人们可以由餐厅直接走到室外的木制平台，坐在树下感受自然环境。

午后，人们一般偏向于棋牌、书画、乐曲等可以坐在一起交流的活动，这些房间被安排在二层东侧和南侧。这些房间窗户采用模数化的方式，设计成独特的具有承重作用的木制窗。斜向窗框和内陷的窗户可以阻挡过强的直射光；承重的功能由窗框内的钢结构承担，通过这样的方式在夯土结构的建筑上可以实现开窗形式的自由。结构设计的原型是西乌素图村废弃的木框架夯土建筑，希望用现代的结构和材料重现传统建筑的结构和形式，也是对传统建筑遗产的传承和发扬。当居民结束活动回到大厅时，可以在兼顾画展展廊功能的大厅南侧墙面观赏展出的作品，这些作品来自书画室。展廊的对侧是落地窗扇和透过来的光影变幻，同样因为有古树遮挡所以光线会较为柔和。展廊的尽头设计为弧形展厅，在外侧设有小片水池，调节温度、湿度的同时增加空间美感。

二层西侧为办公区，从二层可以登上屋顶花园。在中心大厅的顶部有圆形和长条形天窗，增加自然采光的同时，让人们通过直射阳光形成的光带位置变化感

受时间和节气的变化。感受时间和节气的变化是本设计的核心概念，所以需要贯穿整个设计周期，指导设计的发展方向。

4. 总结反思

设计最终成图绘制需要将整个设计周期的成果浓缩在三张图纸上，所以必须选择最具有表现力的呈现方式将建筑整体的风貌和细节表现出来。我在绘制图纸时先确定了图纸的整体风格：偏重艺术表现的线稿风格，以线稿图为主，配以漫画风格的说明和少量室内渲染图。这样的图纸风格需要大量时间进行材质的拼贴和线条的调整，但更容易控制整图的色调和黑白灰关系。

技术图纸自然需要有足够的深度：在我的设计中，夯土和混凝土的区分以及特殊形状的窗户都需要明确地表现出来。由于夯土结构是较为特殊的结构，所以需要区别于普通的钢筋混凝土结构的图纸，我的图纸里墙身大样的表现十分重要，但夯土结构的资料较少，这是绘图时的一个小挑战。除了技术图纸，我绘制了多个表现不同重点的轴测图，初始范围较大，用整个建筑场地和周围环境的轴测图展示了建筑形象；用分层轴测图展示了结构特点和主要动线；用多面剖切轴测图展示了建筑内部的空间氛围。绘制多面剖切的轴测图有一定难度，首先要掌握好剖切面的位置，既要看清内部的空间又要注意不能让建筑外轮廓失去原本的形体感。进行拼贴绘制时要注意人和物品的尺度、要将露出的结构表达清楚，地面和墙面的颜色也要区分开，不同材质之间要有区分等，这张图的绘制需要反复调整灰度的关系才能有较好的效果，这也是成图中耗时较长的部分。

本设计的场地有一定高差，所以立面图与剖面图应体现竖向设计的成果，竖向设计在平面图和轴测图中容易被忽视，但在立面图和剖面图上是一目了然的。当然这些图上也需要一定的艺术表达，但空间、结构和尺度应当是首先被突出的

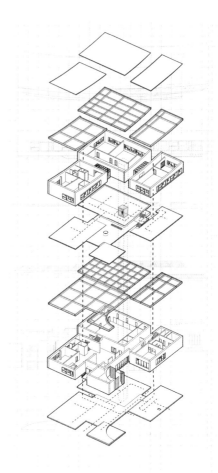

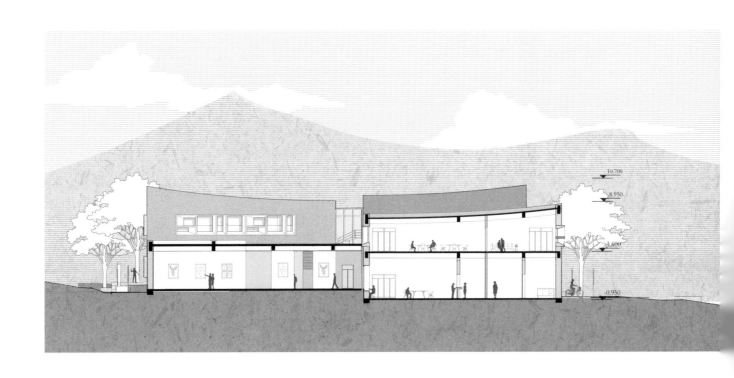

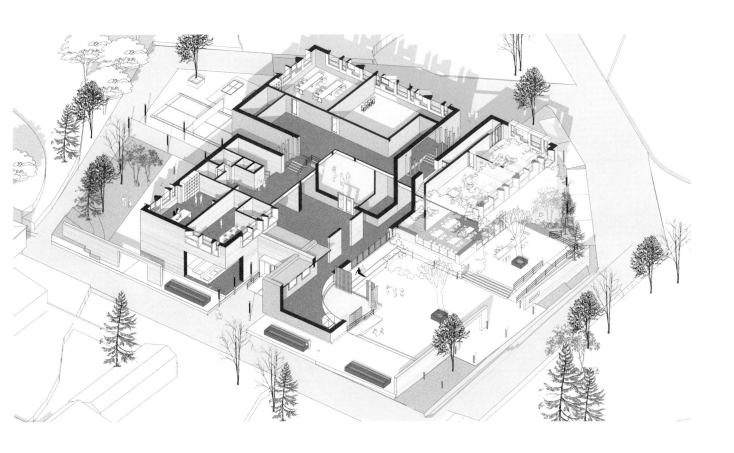

内容。本设计由于形体的特殊性，剖面图使用了转折剖切的方式表现，并不在一个平面上，绘制这张图需要注意结构和内部看线的正确性。

最后在绘制成图时要注意的是图纸重在信息的表达，而不是大量小图的堆砌。每张图都应该有独特的内容和有效信息，而不是画了很多张图但总在表达相同的信息，这是我们在画图时容易陷入的误区。要时刻提醒自己，成图绘制在"精"不在"多"。

本次设计的周期较长，时间非常充足，所以在空间的设计、材质的选择、开窗形式和结构设计等方面都可以和老师进行充分、细致的讨论，这使我有了学到很多设计知识的机会。但设计是没有尽头的，即使花了一个学期去慢慢细化，也还有许多不足和有待改进的地方。大到空间排布，小到桌椅家具的摆放，都是值得推敲的。即使是门窗，也可以设计得很特别。好的设计一定需要细致的推敲和对细节的重视，这是我在这个设计里学到的很重要的东西。

另外，本次设计我做了许多新的挑战，包括夯土结构的使用，有支撑作用的模数窗的设计，较为细致的竖向设计和场地设计等，这让我遇到了不少困难，但我克服了这些困难，积累了很多经验和知识。我对软件的操作也在大量的使用后逐渐熟练。因为设计周期长，成果要求较多，工作方式也变得更加高效。学习建筑学之后，我在生活中也逐渐变得更加注重细节和条理了，是建筑学促进了我的成长。

作业16：建筑学专业2020级　庞丹丹

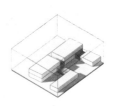

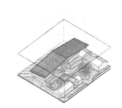

1. 场地认知

西乌素图村小型公共建筑设计项目位于呼和浩特市回民区，属城市郊区。该村南部面向市区，紧临110国道和北二环路；西部紧靠大青山南麓；东面有乌素图国家森林公园和北极光滑雪场。A场地位于村中西侧，场地西侧紧靠大青山且依山势有高约5m的断崖，南面有大片杏园，东面、北面都朝向村庄。另村内有一条生态路，可以将村内道路网看作其脉络的延伸。

作为建村已久的城市边缘的历史古村，本着建筑解决问题的思想，根据前期调研总结出村庄现有的主要问题：①经济发展缓慢；②人口老龄化严重。并且试图沿着这两个问题寻找建筑的存在形式，也在后续设计的大半时间都在探索空间和体块的相互回应，在场地设计和灰空间的营造上不断思索。

意境构思：①春季有花，风和日丽；夏季有荫，暑而不热；秋季有果，气爽宜人；冬季有景，千山白雪。②近可赏杏树花海，远可眺望城区之美。

概念生成：山顶民宿，山脚杏林；身后是大山，威然一片孤寂，身前却灯光点点如星辰般闪耀……其以古今融合、城村融合的理念让这个处于城市边缘的历史古村再现生机。

2. 方案生成

首先依据概念设想规划出建筑的四个基本功能分区；其次从基地环境和地形出发，结合村庄内建筑合院形式进行大致四合院形式的场地设计；接下来由功能分区和场地规划生成大致体块，然后不断推敲体块之间的关系；最后以明清古建风格的房屋和呼和浩特城市大楼的建筑形态形成整体的建筑风格。

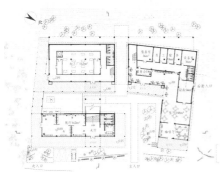

3. 空间操作

确定了大致体块分布后，进一步的工作就是其每个部分的联系和区别，还有具体的空间体现。在这个推敲过程中，需要寻找大量的案例去分析和匹配，先找到自己想要的感觉，分析具体的实现手法是否适用于本设计，再进行多次的尝试去实现自己的想法。当然实际操作和脑海设想是一个此消彼长的关系，有时候太纠结于某一方面反而会得不偿失。

首先依据大的功能区——杏文化体验园划分出四个小的功能块，分别是展览区、加工体验区、住宿区、餐饮区；其次具体列出任务书，排功能泡泡图，推出大致的流线；最后就生成了四个大的体块分布。然后按照案例RCR中苏拉吉博物馆的体块结合方式——用玻璃与铁锈金属作为外墙材料，形成震撼的视觉对比（用虚的玻璃盒子去连接实体金属盒子的手法正好用于连接我的分散体块）。

依据地形和功能在崖峭地形面顺势做退台，既迎合山地地势又创造出一个小的室外观赏空间。另从总图可以看出部分建筑的角度并不是垂直的而是顺应场地角度做的改变，这不仅使设计在图纸上表达得更加和谐，从整体上来看也给设计增加了变化，显得不会那么呆板。

从空间流线和功能的组织方面来说，整体分为两个部分，左边的杏产业区和右边的住宿餐饮区。着重在杏产业区设置多重体验参观路线，给游客以不同选择和不同观感。对于室外空间的流线组织方式，一个是采用室内延伸的灰空间，打造驻留观赏空间；另一个是沿着景观面设计观赏廊道，从某种程度上来说虚的廊道也起围合院落的效果，让设计更加贴近出发点。

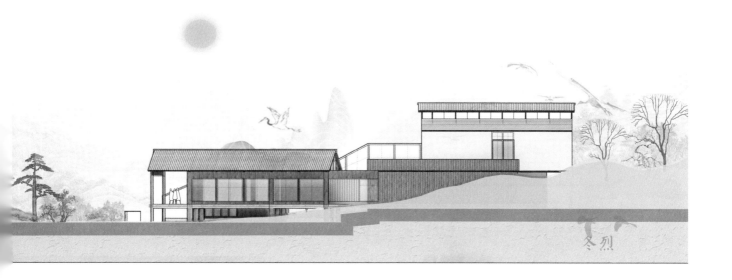

最后是立面表现和场地设计。首先对于立面屋顶的设计是以后侧平屋顶为主，然后把中间连接部分和前面延伸部分作变化，调整为坡屋顶，想要用现代主义方盒子与传统北方民居的形式碰撞来呼应概念。在开窗形式上也采用了相似而又不同的方式，在方盒子的窗户周围突出体块凹凸感，试图营造整体设计都在创造的灰空间感，而在前面坡屋顶的开窗上则比较直接，因为本身的挑出屋檐和不同材质的地板已经很好地表达了灰空间意向。我在场地中央设计了一个周边是廊道环绕的景观水池，比较像古典园林的布局；在主要道路景观面采用矮墙的手法，起围合院落的作用且又不阻碍视线。

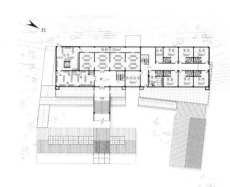

4. 总结反思

最终成果表达就是一个完整的设计方案的呈现，要尽自己的可能把能做的做好、做不好的修好、修不好的就扔掉，要的是尽可能地把自己的作品打造成形。

关于成图方面。在最终成果表达阶段，大家的设计基本都已经确定并把注意力集中在画CAD图上了。我由于很快就确定了方案，早早地就开始修改白图了，从建筑的流线、功能再到图面的线型、家具等，都是指导教师手把手提点过的，所以在后来的评图阶段没有受到太多批评。在模型、白图都差不多的时候开始设计排版，我在网上找了一个模板直接照着排，选模板原则是首先符合我的建筑氛围，其次是图面大小要差不多，这样能省不少时间。当然也不能完全参照别人的模板，我认为多张成图成一套就意味着它是一个有连续性的东西，就是它要像讲故事一样，从前到后地表达出设计师本人的设计思路，要有一个顺序让读者理解它的逻辑，明白这个东西是怎样从无到有来的，从而认同这个东西，觉得它是符合逻辑的。还有就是我要在整体效果完整的情况下尽可能地把细节做好，比如房屋结构、屋顶排水、门窗细节等，细节做得不够也是大多数人效果图看上去假的原因，也是大家的图看着不专业的原因。

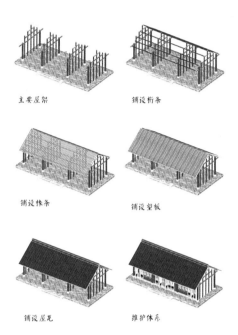

主要屋架   铺设桁条

铺设檩条   铺设望板

铺设屋瓦   维护体系

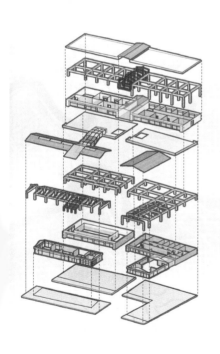

关于PPT汇报方面。PPT更加讲究逻辑性，汇报的顺序也就是设计生成的顺序，里面的每张图、每一段话都有存在的意义，是它们堆叠起了方案，其他没有用的花里胡哨的图宁可舍弃。我当时做好PPT以后还做了一份汇报稿，因为临场发挥的不确定性因素太多了，另外在对着PPT写稿子时，还可能会发现一些遗漏和逻辑不通顺的地方。

这个阶段我学到的最重要的东西是"我希望我的建筑可以真正地解决实际问题"。

我认为在这之后我的设计思想有了质的升华。首先因为这次设计是自拟主题，我在思考功能的时候学到了建筑存在的意义：解决问题。算是真正从一片地开始体会了设计的整个过程，摸索出了一点设计生成的逻辑，好像是有了初入门的感觉。其次在设计手法上我更加懂得了"和谐统一、少即是多"的意义，不是你把所有花里胡哨的东西都堆在一起就是最好的，它不是算数，而是要追求一种对比与均衡。最后我还明白"始终如一"在建筑设计中的重要性，把最初理念做到极致就是极好的。也就是说要讲究逻辑的一致性、连贯性，方案设计始终从你的设计概念出发，不要半途而废，与最初的想法偏离。

随着学习的深入，我好像渐渐懂得了评判和欣赏一些作品了，不像一开始总是想不通老师喜欢的点是什么；在不断认识大师看过无数案例以后，开始真正动脑子思考"为什么"这个问题；也在努力改掉不求甚解的毛病。

作业17：建筑学专业2020级　饶帮尉

1. 场地认知

在处理C场地和建筑形体的契合过程中，主要讨论如何在整体性原则、连续性原则和人性化原则三个方面解决不同层面的矛盾，以期达到建筑和环境的和谐统一，建立整体环境的新秩序。

整体性原则：该方案位于西乌素图村中心位置，场地西部为村里横纵街道的交汇处，场地东部为村落空地且高差变化较大，有河流穿过。本设计注重村落整体结构的协调，整个建筑布局和村落的肌理网格相协调，特别是建筑叠落体块和底层架空的操作，在削减体量的同时，为村落营造积极的室外公共街道空间，令新老建筑和谐相处。在空间形态方面，方案注重和村落历史文化环境、社会环境相协调。在满足乡村生活的前提下，激发乡村活力，助力新农村建设，是设计中着力解决的问题。设计把各种公共服务设施组合在底层，通过连续的弧线，围合出具体功能。这种曲线形成的主体空间，表现出很强的内在连贯性，同时模糊了空间的边界，探索出了建筑空间简化的处理方式。

连续性原则：该方案十分注重历史环境及自然环境的时间连续性。基地在民居之间，作为乡村的公共建筑，设计并不是对民居的简单模仿，而是采用现代技术和材料，采取单向坡屋顶的抽象方式，将传统元素结合到现代建筑中来。将现存环境中有效的文化因素整合到新的环境之中，而不是无条件地消极服从于现存的环境。既和原有环境存在有机联系又不同于过去的建筑，体现出整体环境的动态性和外部环境形态的连续性。

人性化原则：该方案注重和当地传统文化相和谐，主体建筑外形像大青山的石头堆叠，同时它的坡屋顶又有乌素图召庙的气韵。这是一个位于村子中心的隐

喻性建筑，试图与村落的历史性建筑相融合，希望通过这种形态表达与地方传统民居的中心意向遥相呼应。

2. 方案生成

新建筑五点要素：底层架空、自由立面、横向长窗、自由平面、屋顶花园。本设计从新建筑五点入手，探索五点特性在建筑中的应用，在自由平面与自由立面上采用曲线的形式，营造不同的空间感。同时，考虑到为艺术家或者学生提供视野开阔的写生场地，开放屋顶平台，种植植被，努力使环境和建筑相互渗透和融合，尝试探索建筑与环境之间的共存关系。希望本设计能够激发村落的活力，为使用者创建出宜居的环境。

基于场地的高差，建筑形态生成过程中首先对场地进行平整，为了减少土方工作量，采用平整两个标高层的方式，同时还分化出不同空间功能，和街道空间相融合。置入阶梯形态的体量，既和地形相融合又削减了公共建筑过大的体量。在场地西侧，与丁字路口对应的建筑体量上进行开洞处理，形成入口的同时缓解路口的交通压力，还能开拓公共空间，形成村民小广场。在低层屋顶处设置景观平台，提供公共空间，模仿大青山自然形态，进一步消隐建筑体量。最高处屋顶做单向坡屋顶，从功能上是为了遮雨迎光、反宇向阳，从空间意向上是为了呼应传统建筑。

方案注重处理界面关系，从场地和建筑、建筑内部和外部、一层和二层等不同空间之间的关系进行设计。通过设置灰空间、室内外水池、屋顶平台等方式，使空间与空间之间形成自然有序的过渡，打破原有界面的性格，把建筑体量消散。通过学习国外案例，如柯布西耶的萨伏伊别墅，妹岛和氏的21世纪金泽美术馆，分析"柱子"和"落地玻璃"在建筑中的用法和空间效果，尝试利用不同形式的玻璃去控制光线，营造相应功能的空间。

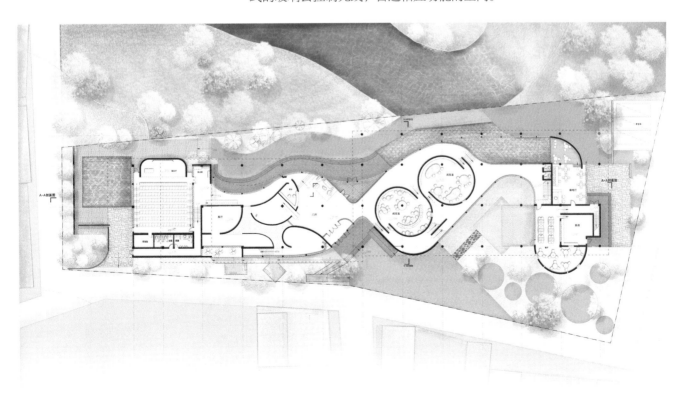

3. 空间操作

　　结构和空间形式上，采用框架结构。框架结构具有开放性和灵活性的特点，可使框架与空间之间保留更多松弛和灵活的余地。建筑底层除去架空空间外，用灵动的弧形墙穿梭在柱网之间，使围护墙体与框架脱开或完全分离，空间限定与结构分离，成为独立的外部"表皮"或内部"隔断"，表达出所谓的"自由平面"和"自由立面"的概念，低层灵动，与上层规整的空间形成对比。而上层的规整空间，框架的形式已经暗示了一种空间限定，柱网的间距和模数采用的规格（柱网采用8000mm×8000mm，模数采用2000mm）便于空间的使用——诸如客房和餐厅的布置。围护墙体和框架的关系相互对应，作为空间限定的围护墙体成为结构骨架之间的轻质"填充"。以上这些"填充""外皮""隔断"与框架的相互关系成为该设计的一个要点。这些围护构件与结构框架既可使用同一种材质，表达出某种整体的"塑性"空间形式，也可为了强调各自的区别，采用不同的材质。

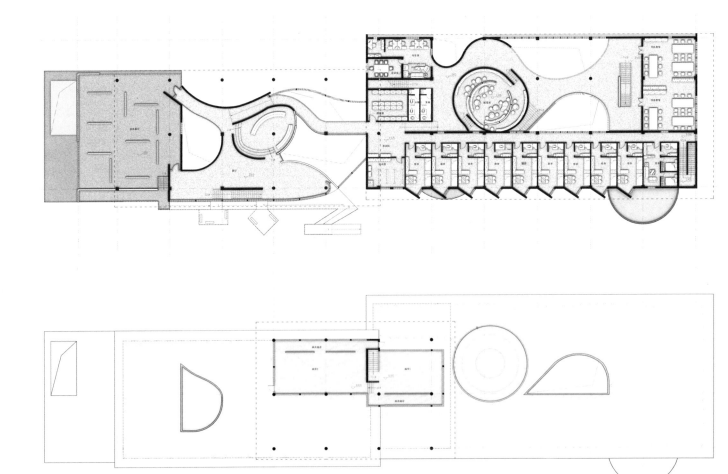

4. 总结反思

本设计经过多轮推敲，反复修改，在老师辛勤指导下，最终定稿，从空间组织、流线布置等方面分别去总结。空间组织方面，建筑本身体量较大，但是通过设置低层廊道，一层多用曲线，二、三层回归方正；建筑上下、内外大量采用空间渗透，从而营造了多变的空间。流线布置方面，方案需要解决学生写生学习和村民、游客休憩游览的需求。通过设置主次入口，把两种流线很好地区分。在主入口处（游客游览）设置集散空间，为人流聚集地提供场地的同时，为入口提供视线的引领。在次入口处（学生写生）设置专供停车的转运空间。

通过这次设计，我体会到环境对建筑设计的影响，有意识地处理建筑与环境的关系。同时也认识到案例学习的重要性，通过不同的案例能够学习到对于相同问题不同的解决方式，这让我打开了建筑设计学习的大门。

作业18：建筑学专业2020级　刘宇涵

1. 场地认知

　　像大多数村子一样，西乌素图村缺少一些公共空间供村民交流，另外，由于村内具有不错的文化艺术氛围，我希望设置一些展厅可以为艺术家们提供展览的空间。因此，我选择了公共性最强的B场地。本设计拟定主题为位于西乌素图村的村民活动中心，由于B场地所处的位置为西乌素图村的"五道口"，即五条道路交会处，其承担着重要的交通枢纽作用。考虑到村中的艺术气息浓厚，以及村中的大型公共活动空间缺失，该场地可设计为一座具备文化教育、展览以及商业活动功能的小型公共建筑。

　　B场地整体上呈不规则的五边形，周围由村内的主要道路所围合着，南侧与西侧的道路人流量较大，同时，原址上有两棵不可移动的古树，作为场地记忆的留存，可将其位置作为主入口来打造。

2. 方案生成

　　体块生成与场地处理保持同样的逻辑，结合场地边缘确定主体的轴线，通过三个功能体块的穿插，动静分区，与场地边界围合出三个不同大小的主要庭院，用于不同种类的村民活动。中心庭院处进行下沉，同时建筑首层内侧进行退让，形成连廊灰空间，使之更具有围合感。三个体块在原基础上穿插、延伸形成特定的功能空间，经过曲面坡屋顶处理，削减体块，与周边群山围绕的环境更加融合。同时，形态各异的开窗在不同时期可为使用者带来丰富的光影体验。

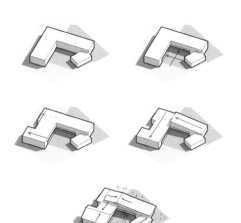

　　建筑周围设置一些水池，希望利用场地原有的水井强化乌素图"有水的地方"的意义。西侧的一条小路能通向一个水流潺潺的小庭院，可从水上平台处进

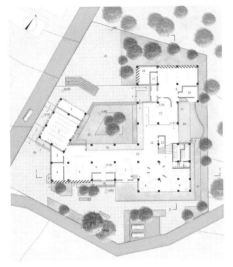

入室内，也可于此享受惬意时光。室内根据动静进行分区，为不同使用者，如村民、游客、艺术家等规划了各自的空间，西侧两个体块主要为村民使用的公共空间，东侧体块作为展厅。不同空间通过高差或是构件来区别其使用功能。

在立面上我主要使用了砖材贴面，贴合其乡村建筑的性质。设置了一些形态各异的开窗，条形窗、玻璃幕墙以及斜向长窗，在室内空间能感受到不同时期的光影变化，希望使用者能够在山脉与乌素图"有水的地方"之间寻找光的踪迹，山川"溯光"。

3. 空间操作

整体的空间操作是以一定模数的功能体块穿插为主的，首先确定了大致的三条轴线方向，再在其基础上穿插或延伸体量，动静分区划定功能。以曲面坡屋顶形式削减体块后，竖向的空间便可顺着场地的高差及屋顶的坡向而逐渐升高。

在平面上，以"流动空间"为主，每个区域没有设具体的隔墙，而是主要以一些不阻隔视线但阻隔行为的构件或是通过高差来进行空间的分隔。因此，室内的视线与流线都较为通畅。立面上，根据坡屋顶的高度进行空间序列的展开，每个区域都会有其独有的功能，室内外之间互相渗透着。室内东侧的两条轴线相交处，是一座圆形的"书塔"，从格栅书架上方天窗射下的阳光，使这片作为室内核心空间的区域，能够感受光影的变化；其圆形平面也承担着分流的作用，分别对应着通往饮品店、社区客厅以及大楼梯上的阅读空间的三股流线。

楼梯是建筑中比较突出的空间构成要素，形成立体循环路径。大楼梯的置入，不仅承担着竖向交通的功能，也作为一个空间要素注入室内空间，形成建筑内的标志性存在。从主入口进入后映入眼帘的便是场地内部的下沉庭院与连廊下的灰空间，起到承接室内外空间的作用，既是交通的汇集之处，也是使用者的休憩娱乐之处。

西侧为礼堂的体块，其轴线顺延着道路，斜向布置。礼堂演讲台后侧则是连接室外的小型戏台，将相似的功能空间汇集于此，为村民提供一处交流聚集的场所。东侧的体块主要作为展览空间独立存在，作为西乌素图村村内艺术家进行展览的空间，设置独立的入口，与南侧的公共区域以高差相隔，动静分区。展厅被分为三个区域，它们之间具有直接的横向与纵向的视线联系，也与庭院内部有所联系。南侧体块为特定功能的活动室，与室外空间具有流动性，通过推拉玻璃门、可转动的木格栅门，让室内外空间很容易地串联在一起，使一、二层空间完成了流动性、可伸缩性和模糊性的建构。

4. 总结反思

由于西乌素图村内民居大多以红砖砌筑而成，为了与其呼应并且使新建筑不会太突兀，立面上我选择砖材贴面的方式，坡屋顶上铺设一些偏青灰色的瓦片，屋顶下的檩条与椽条以及窗框、门扇使用偏暖色的木材，以平衡其冷暖关系，配色上选择了几种低饱和度的颜色。

在图面表达上，我主要使用了Photoshop拼贴材质的方法。对于平、立、剖面图纸，首先将区分好线型的线稿图纸导出，使用模型中导出的硬阴影，再通过渲染AO图的方式，导出软阴影，将其一同叠加上去，使其具有立体感；其次，在局部使用笔刷刷上明暗关系，叠加淡色的纹理，显现出真实感。

室内效果图同样使用拼贴的方法，导出线稿、材质通道图，方便建立选区。我认为相比于渲染，拼贴的方法更简单一些，能够更加理想化地表达设计空间的实际使用情况，无须专门去找家具、人物的模型，只需在后期通过Photoshop添加即可。

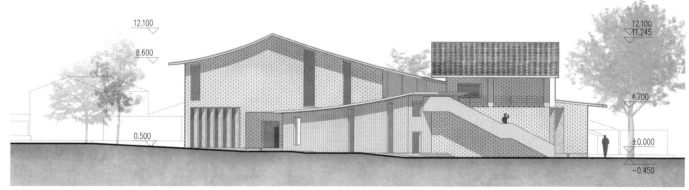

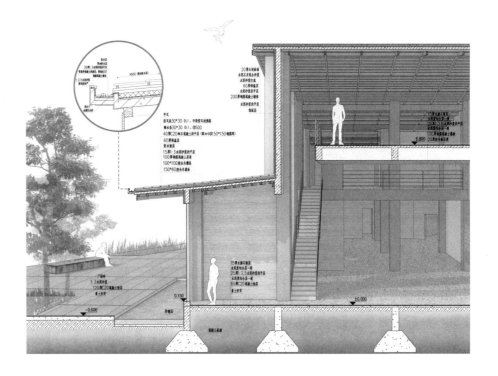

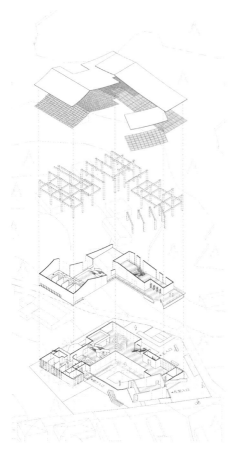

　　室外的人视图我选择了主立面进行渲染。在前期寻找角度时，需要将周边的环境都完善好。街道、植物以及周边建筑，目光所及之处都要尽可能以实际的真实环境展现，构图上作为前景的树和人也可以填补一些渲染的瑕疵。画面的整体色调使用了暖色，以中和整幅图纸的色调，在地面添加了一些水痕，加入了在不同类型场地中活动的人物，表现出一副雨后放晴的和谐场景。

　　分析图主要是将设计中解决的问题通过图的方式呈现出来，相比于文字更加简洁。爆炸分析图绘制所需的时间较多，我将模型一、二层的墙体、柱子还有屋顶的结构分离开来，以轴测的角度导出线稿，在墙体上下分割处填充黑色，可清楚地观察到每一层内部的空间，同时也可理解结构构件如何布置。

　　最后的排版工作也不容忽视，每一张图面都需要详略得当。需要有一张镇得住场的图。排版中使用网格系统合理构图，使颜色偏重的效果图与偏轻的线稿图及文字各得其所。

　　由于疫情，本学期的课程全程在线上进行，我们前期实地调研无法成行，无法真实感受到场地大小。方案进行初期，对于尺度的把握是一件难事。也因此，我了解到了实地调研的重要性。

　　在前期的设计过程中，令人十分痛苦，进行体块生成时，提出的方案总是被否定；每次上课，相比组内其他同学的进度越差越多；草图画得越来越多，心情却越来越急躁。但最后，在老师的帮助下，设计回到了正轨。人总要经过些磨炼才能得到收获。

　　总之，本次设计让我学到许多，对于软件的操作与建筑的理解都得到了提升。设计既要贯彻自己的设计理念，也要为人的实际使用而考虑。

作业19：建筑学专业2020级　武静怡

1. 场地认知

　　本次选取距离呼和浩特市区13km的西乌素图村作为调研、设计区域。西乌素图村位于大青山南麓，在蒙古语中是"有水的地方"。西乌素图村的总体布局是依据河流或者山体而形成，建筑整体呈矩形，街道呈棋盘式布局。总体建筑朝向大抵为南向，大部分建筑朝西南方向，少部分建筑朝东南方向。乌素图的建筑形制分为"一出水"和"两出水"两种，"一出水"是20世纪50年代的主要形式，土木结构呈"一"字形布局，一户一间；"两出水"是20世纪70年代后的主要建筑形式，多为砖木结构。西乌素图村单坡建筑屋顶颜色多为青灰色，后来建造的房屋开始使用红瓦，大多数房子只有南向采光，上下两层木窗框，上层沿用晋式镂空窗框，雕花窗面贴有麻纸。距离西乌素图村以西百米的地方有初建于明隆庆年间的乌素图召，乌素图召位于大青山阳坡半山腰处，因山而建，寺庙建筑融合了蒙、藏、汉艺术于一体，是藏传佛教寺庙群。

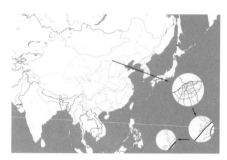

　　本设计选择的场地位于西乌素图村山脚下，场地内有8m左右高的断崖，附近有2条3~4m宽的小道，周围都是村庄，环境相对安静。新建筑应尊重场地中原有地形地貌、景观特点，体会乡村街巷尺度，妥善处理建筑形态与材料，使新建筑在乡村环境中与周围要素形成和谐的共生关系。要在满足使用功能的前提下，尽可能将人的生理、心理与行为等因素纳入建筑设计中，从多角度、全方位进行公共建筑的总体设计构思，为使用者创造安全、舒适、合理的物质和精神环境。

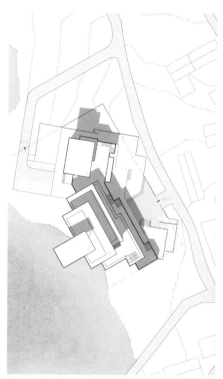

2. 方案生成

　　设计利用地形高差，将建筑分为主次两部分，形成贴合地形延展的退台建筑，逐层叠退，视觉上弱化建筑体量的同时产生大量的露台场所。主楼实为四层，底层通过挡土墙与地面相接，三层地面标高处与后山断崖处平齐。次楼顺应山的走向形成两层高的建筑，通过屋顶平台与主楼联系。整栋建筑的室外动线可

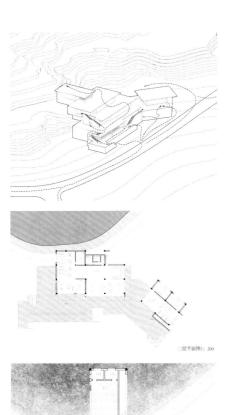

二层平面图1：200

由底层部分挡土墙围合而成的灰空间进入屋顶露台，室内存在独立的交通空间，各层空间既相互联系又保持独立。

3. 空间操作

该小型公共建筑是一个兼有种植采摘功能和展览功能的游客体验中心，为游客提供从播种到销售全过程的体验，满足游客修身养性、度假康养、品味美食、了解乡村文化的需求。

本次设计的场地位于村落边缘，周围村子的尺度较小而设计的新建筑面积较大，为了与周围村庄和谐共生、适应原有地形地貌，将建筑分为主次两部分，贴合地形逐层叠退，弱化建筑体量。各层建筑层层叠退的同时形成了很多退台，为游客提供了良好的观景场所。建筑内部较为公共的空间设置在外侧，几乎没有墙体围合，而是用柱子分隔不同空间，同时采用大面积的玻璃幕墙，与露台外的景观进行较好的视线交流，呈较为开放的状态。而较为私密的空间设置在靠山体一侧，整体建筑从下到上由开放到私密逐渐过渡。

我为建筑设置了两个入口，为了顺应场地地形的变化（建筑周围环境产生了不同标高的平台），主入口位于建筑东侧。主入口左侧是游客体验中心的室外采摘种植区。从主入口进入后沿着毛石形成的挡土墙拾级而上，来到与餐厅相连的灰空间区域，这一区域为游客进入餐厅或者前往接待服务中心提供了过渡平台，方便体验完采摘种植的游客直接进入餐厅享用美食，同时又有良好的观景体验；又或从主入口直接进入门厅，从门厅进入中厅，再由中厅拾级而上进入较为开放的区域，最后到达加工制作区，体验室内空间丰富的变化。建筑内部设有独立的交通空间，方便各层建筑空间的独立使用。通过楼梯进入二层，直接来到亲子活动区和图书室，该区域没有墙体围合，而是用柱子分隔空间，目的是给游客开放

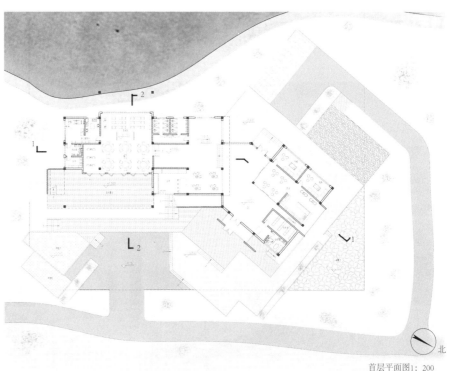

首层平面图1：200

自由的空间体验。通过独立的楼梯进入三层，三层主要由展厅和多功能活动室组成。在主要功能区旁边有附属房间；展厅位于较开放的外侧，有大面积的玻璃幕墙，为通透的室内空间提供了山景；多功能报告厅位于靠山体一侧，与山体岩石保持着亲密的关系，相对隐蔽安静。

室内空间均可通向室外平台，随着视线的升高，自然被分解成不同的风景，游客在不同高度的观景平台上可以欣赏不同的景色。游客在不同露台上几经转折，视线在近山和远山之间转换，空间时而开阔时而幽狭。

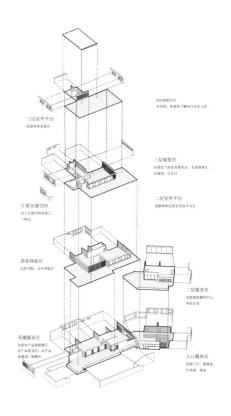

4. 总结反思

建筑以框架结构为主，立面我希望体现建筑的在地性，保持乡野风格，所以采用清水混凝土作为建筑的主体材料，混凝土是自然界中介入感比较强的材料，能够与建筑的体量达到一种平衡。在一些需要稍加变化的空间部位运用实木材料，使用木色门窗及格栅系统等暖色系材料作为辅材，以平衡与清水混凝土间的冷暖、软硬关系。同时用毛石搭建底部基座，体现旷野自由的风格。

最后成图中，大多数的效果图采用Photoshop贴材料的方式，绘出拼贴风的效果图。首先在选择材料方面，需要根据最初的想法找到最符合的材料，材料的颜色、纹理不同，出来的效果自然也不同。材料和颜色可直接从网上找符合要求的，也可以自己调整，我从网上的资源库中找了很久才找出最符合的材料。找到材料后需要在Skechup中导出底图，然后就是在Photoshop里贴材质，贴材质的过程中需要对材质的颜色、纹路、角度不断进行调整，直到效果最佳，贴完材质后需要对建筑的亮暗部分进行处理。我选择了一张鸟瞰图和一张人视点图作为整体效果图，两张图均能体现出建筑的特点。

鸟瞰图希望可以体现出建筑错层的效果和与周围环境融合的效果，而人视点图希望可以表达出人在室外露台行进过程中的空间体验。在整个效果图中阴影有很大的作用，它可以使建筑更立体，效果更逼真。在立面图的表达上，为了突出建筑材料的特征，我选择用拼贴的方式绘制立面，这样绘制出的立面可将毛石、

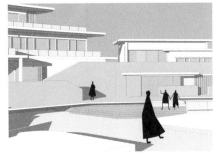

混凝土和实木的肌理表现得淋漓尽致。剖面图则是用最质朴的办法表达效果，剖面中加入光影，表达出明暗效果，让二维的图纸尽可能地表达出三维的效果，同时加入抽象人物使整个图面更生动活泼。由于这些效果图都很重，在总图和平面图的表达过程中我就没有加入暖调的颜色，整体以灰白为主，环境部分没有拼贴材质，只是在CAD图中加入材质的纹理，环境部分在表达时颜色较深，随着山体由低向高逐渐由浅向深过渡，希望突出山的地势走向。建筑内部则留白，与周围环境形成对比，从而突出强调建筑本身。还有部分效果图为了不影响图面的整体效果，颜色没有过重，只是用简单的线条和黑白关系来进行表达。

这次设计是在疫情期间，很多事情都是第一次尝试，比如第一次线上上课、线上调研，第一次做山地建筑，第一次用计算机制图。困难有很多，但是我也学到了很多新东西。

由于疫情，我们不能去现场调研，只能线上搜集相关的资料。刚开始很困惑，不知道从哪些地方搜集资料，只能从百度上搜到一些基本资料，而详细的资料却找不到。经过老师的讲解和同学的帮助，才知道需要查找相关论文来获取准确的信息，于是在知网上搜索大量论文并获取了非常详细的信息，同时学习到了调研的思路和方法。第一次做山地建筑，需要解决高差、结构和与山体的关系等问题，与之前的设计相比难度加大。山地建筑需要尽可能地还原山的走势，便于提高设计的准确性，我根据对地形的了解不断改动场地模型，老师也一遍遍地帮助我看场地模型存在的问题，然后不断修改。第一次用计算机制图，需要从头开始学软件，刚开始由于不熟练，图画得很慢、很费时间，每天几乎除了吃饭睡觉就是在画图，尝试用很多新的方法不断改正图中存在的问题，虽然很累但最后出来的效果还算满意。设计是一个漫长的过程，没有最好只有更好，我们只能尽可能完善。当然，功夫不负有心人，最后的成果一定是最好的回报！

从刚开始的无从下手到不经意间的茅塞顿开，再到最后的柳暗花明，是一个漫长又艰辛的过程。我尝试着从之前的以功能为主渐渐过渡到以空间感受为核心，扬长避短的同时尽可能突破自己。希望我未来的设计思维更发散、更注重把握细节。

作业20：建筑学专业2021级　张梦婕

1. 场地认知

　　本次设计目标场地位于大青山脚下，东临村落，南邻杏林，西侧和北侧被大青山上的松树包围。在场地上，无论从哪一个角度去观察都能看到不同的优美景色，由于场地存在高差，使得景色在垂直方向上也有不同的展现，本设计试图在不同方向上展开取景。在功能上，我选择在山地做民宿书屋，正如英国著名的登山家乔治·马洛里说的："因为山就在那里，所以想要去登。"探索的道路是永无止境的，无论是"山"，还是精神世界的高峰。向山行是对游客或者村民探索生命的一个方向指引。

2. 方案生成

　　设计伊始，我便在思考建筑与复杂环境之间的关系，试图将建筑融入自然环境当中，与周围不同的风景产生密切的联系，例如体块顺应山体向四周伸展，各个错层之间形成户外活动平台与四周多变的景色对话；想要将建筑融入当地建筑环境中，例如体块与街巷尺度进行和谐舒适的对话，屋顶与周围晋风民居单坡屋顶取得呼应。于是在形体生成上，第一步使建筑主体顺应山势，形成于相切于山体的两个体块，让"山"的精神与形体的神态相互融合；第二步开枝散叶，平面上体块与建筑主体垂直，向外辐射取景，垂直方向上由于山体高差的存在，向外辐射的体块自然形成错层；第三步落地生根，在竖直方向上将展开的枝叶用竖直的玻璃体块贯通，固定扎根在青山脚下；最后一步在顶上取单坡，连接山体，向山而行。在总平面上，由于场地与大青山接壤，地处西乌素图村的边缘，并不在

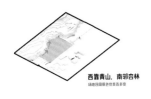

西靠青山，南邻古林
场地西侧遥望远处青翠山峦

顺应山势
体块与山体相匹共生

开枝散叶
体块向外辐射散置

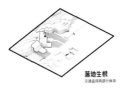

落地生根
交通盒前两部分体块

向山而行
高处屋顶取端头连接山体

村内交通主干道的范围内，只有东侧临一乡村小道，于是对于主次入口的确定来说，环境因素较为宽松。

竖直贯穿的两个玻璃盒交通体块对应主入口与次入口，主入口由连接着两部分体块的交通盒辐射而出，位于建筑中心；次入口则与固定北方向体块的交通盒相连，北方向体块退让出的场地恰好为停车场与场地内绿化留下了操作的空间。另外，与厨房相接的后勤出入口也与次入口同侧。在平面设计中，将民宿与书屋分别安排在与山体相切的两部分体块中，并在部分地方有交叉与融合，使得功能上并非完全独立，让人们在享受不同功能的流线中能够有适当的沟通与交流的机会。在一层公共区域，厨房餐厅与总图书室被总服务台和主要交通盒隔开，分别置于两个体块内：北侧是厨房、餐厅以及卫生间，为解决暗卫、卫生间通风等问题，将卫生间所靠的山体挖通至顶部；南侧是图书室以及图书室衍生的办公室与图档室，图书室内设置一玻璃盒，在平面上与两个玻璃交通盒呼应，玻璃盒内为冥想空间，它突出于屋顶，也为图书室的采光做出贡献。二层的北侧为民宿区，南侧为图书茶室。

在二层民宿北侧还有一个电子阅览室，意在为入住民宿的游客提供阅览服务。为营造民宿的私密性，将去往电子阅览室的流线分为两部分，可直接通过民宿走向电子阅览室，亦可以沿西侧蜿蜒曲折的神秘道路进入电子阅览室。神秘道路部分嵌入山体内部，点明了建筑的主题，蜿蜒曲折的道路标示着探索路上的艰辛苦楚，如果"误入"山体内部的袋形展厅，抬头向上便可以看到天空，于是也

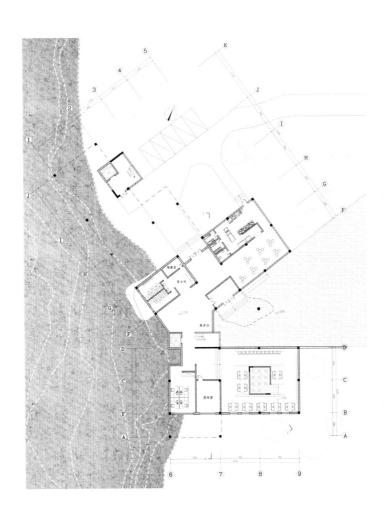

在中途"错误"的路上有柳暗花明之势。二层与一层错层形成的室外平台也可用在交流空间上，或与山间的清风对话，或与台下的伙伴对话。

三层为民宿空间，在北侧与二层的错层形成了民宿室外交流空间，也将次交通盒与室内空间相连接；在南侧的套房之间设置了登山道路，可使住宿的人们近距离领略山间的风光。四层则是三层室外平台辐射上去的民宿交流空间。本方案在功能设置上，前三层垂直方向上表现为两个L形相互嵌合，四层则是三层室外平台功能的延伸，由此，流线设置也逐渐明确，住宿与读书的人群被明确地引流于不同的建筑体块内。

3. 空间操作

在建筑外部空间营造上，在立面上的表达最初遇到了很大的问题，由于功能的繁杂，立面开窗形式受限，如何协调功能与形式之间的关系是关键，它一度让我无从下手。通过学习归纳各种案例，并在老师的指导下，我最终选择不同的开窗类型用相同的简单构件去统一形式。民宿的隔窗、交流空间的高侧窗、三个玻璃盒子都使用木制格栅统一形式，仅在格栅的密度、木制的色彩两方面进行区分和设计。特别要说明的是两个交通盒的处理和入口雨棚的设计：交通盒对应着主次入口，在分流的同时，为表明建筑的出入口关系，玻璃盒子也应该在视觉上更加突出，格栅的设置在加强它与建筑实体关系的同时，大面积玻璃的处理也能够突出它的存在；雨棚的设计则参考了玛丽亚别墅，意在规则的形体上突破限制，

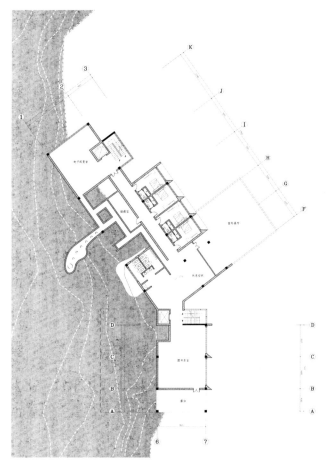

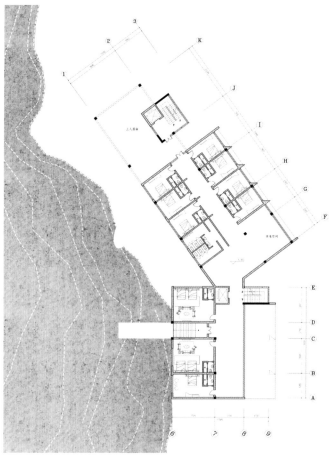

加入弧形，突出雨棚与入口，并且在平面上努力回应了弧线关系，例如环境的设置、二楼的探索性道路及为通风挖通的山体形状。

4. 总结反思

在本次设计中，虽然建筑体量并不大，但第一次囊括了较复杂的功能，也是第一次接触山地这样较复杂的自然环境，对我的训练和学习有较大的提升和改进。由于高差的存在，我学习到了不少山地设计的方法，意识到了山地建筑的一些规范上的问题，比如挡土墙的建立，山地与建筑接壤的处理。由于场地区域历史文化的存在，我开始思考建筑与人文历史融合，比如看到晋风建筑形制的发展，思考如何把它融合进自己的建筑设计中。复杂的功能更是让我思考功能与形式之间怎么去协调设计。在结构上，此次是我第一次选择框架结构，在如何协调柱网间距与功能的问题上也进行了思考与推敲。在设计的表达上，图纸和模型的作用都十分重要。图纸可以最直观地看出设计的整体形象和细节，所以图纸表达需要精准干净。模型方便进行多角度的观察，这个设计全程都是在模型上进行推敲，所以在成模制作时，可以注意到更多细节的问题。在模型的色彩上，我选择了白色的雪弗板做墙体，干花作为灌木，模型整体颜色较为统一，更有洁净感。图纸表达要注意线型、技术图纸的正确性和表达的美观性，我在这个作业中图纸表达的精准度上还有不足、线型区分不明显、配景不够美观，后期应进行改正。但通过这个作业的训练，我的模型制作水平和手绘图纸水平都有所进步。

作业21：建筑学专业2021级　刘泽钰

1. 场地认知

　　本次西乌素图村（自命题）小型公共建筑设计需要对环境进行调研分析，根据西乌素图村历史、文化、人文要素等结合场地环境进行设计学习。通过对乡村前期的调研结合自己的思考后，我认为西乌素图村具有浓厚的历史底蕴，是保存尚好的古村落，且距离呼和浩特市区仅13km，是一个与城市有边界感但是又不脱离城市的村落。除了古建筑文化，西乌素图村还有历史悠久的召庙文化，会吸引很多向往禅道、心静的游客；西乌素图村有秀美的自然风景，有枝繁叶茂的杏树林；有很多艺术家在此设立工作室，来这里写生、摄影。综上分析，我选择了A地块作为基地，A地块背靠山脚断崖，与乡村相接但是又存在于乡村的边缘，西侧还有当地特色的杏树园，其独特的地理位置，让我的建筑主题也有了概念。

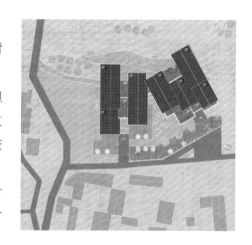

2. 方案生成

　　在山脚下做一个休憩空间，在这个空间里，有轻松的休闲氛围，可放松身心、缓解压力。由此我设计了大尺度的房间，可以让来此休憩的游客更加舒适自如。公共的空间大多是茶室等安静的功能区域。除了私人的空间要求，也同时设

体块生成

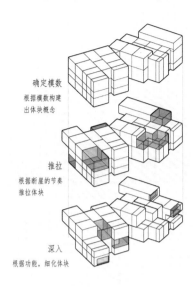

确定模数
根据模数构建
出体块概念

推拉
根据断崖的节奏
推拉体块

深入
根据功能，细化体块

定了公共的社交空间，这样的社交空间是一种乡村式社交的概念。由此功能要求，我设计了一条乡村小道式石阶，仿佛村落中的一条小路，串联着顺山崖上升的一个个小块的功能空间，一个个错落的小屋。为了满足公共建筑功能的完整性，社交的功能区域设置了阅读空间、咖啡吧、餐厅、活动空间、报告厅等，使整体建筑功能更加完善。

将开放的书屋、活动中心、报告厅和展厅依次分为四层设置在建筑的最北边，也是整体最为开放的空间，纵向的流线把最为开放的功能空间串联起来，与私人独处空间隔离开来。主入口也设计在此，通过主入口的引流，使整个体块空间作为开放的功能空间，向南有咖啡厅和茶室，同时在这个更加开放的体块区域，利用错层的方式，自然而然将流线分割开。在小道上行走有类似乡村步道的感受，有社交的同时，又有私人的相处，通过流线感受不同的漫游方式。向南走到餐厅和私人茶室，作为过渡空间，丰富了建筑的功能类型，也不断向私密空间过渡。次入口回避了主要的交通流线，游客也逐渐从来此游玩观赏过渡到在这里休憩。此体块的功能在满足游客生活的基础上，功能相对简单，围绕中间的通高小院连接空间。走到最南边则是房间的区域，南侧没有交通流线且贴近自然，更为宁静，游客享受私密的同时也可以观赏风景。

3. 空间操作

在乡村环境中的建筑设计，需要考虑多方因素，在体块与地形结合的过程中，不断地磨合思考，逐渐体会地形，使建筑、地形与周边环境相融合是非常重要的。能够使建筑融合到环境里、融合到乡村里，才是成功的设计方案。在明确

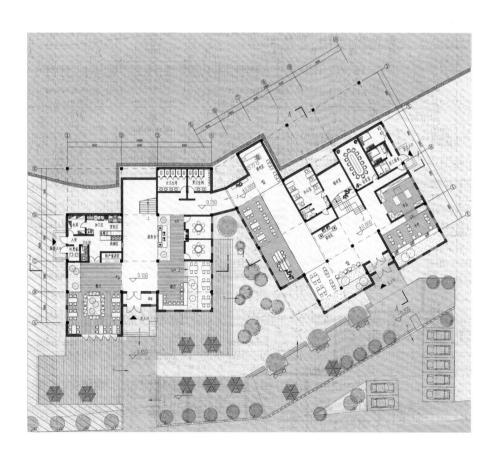

主题的前提下，修改体块组合方式，在不断深化的过程中，更加与环境相融合；通过对体块与功能结合的思考，让功能也能与周边环境相呼应。在建筑的不同方向看风景都有不同的感受，站在建筑外，不同的位置也有不同的风景。由此有了整体的体块生成过程，一个顺应地形以及乡村环境的小型公共建筑逐步成形。在体块生成的过程中，就要对环境、交通道路进行分析，对周边民房走势进行思考，把各个入口的位置设置清楚。也要理清交通流线，利用巧妙的纵向交通流线来连接空间、分隔空间，使空间彼此有联系也更灵活。结合平面的布置，增添空间的丰富度以及功能分区。

对于体块的设置，首先根据A地块的地理环境，由北至南、由西至东海拔降

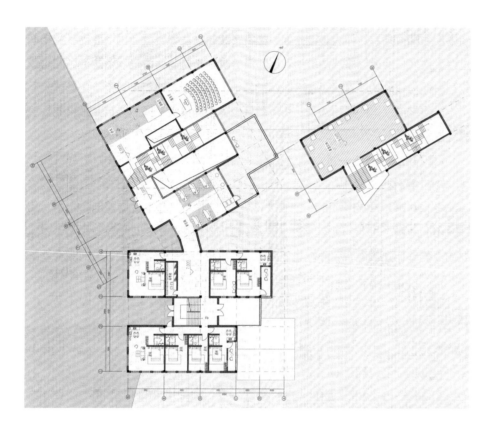

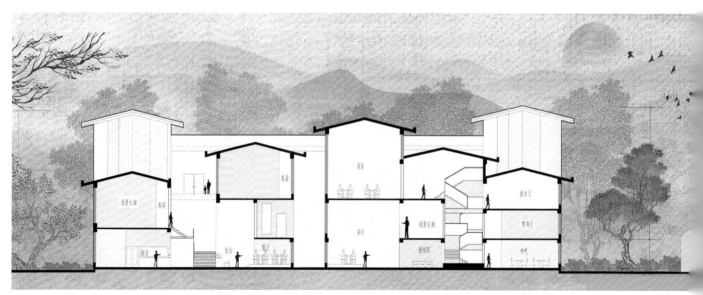

低，西靠大青山等自然环境要素，体块的整体走势也以西北方作为建筑标高最高的地方，顺应山势和地形依次下降。体块以周边民房建筑的尺度作为模数，体块之间错落排布，像从断崖中长出的村落一般，使本身大尺度的公共建筑与环境融合起来，建筑中的空间也顺应体块交叠错落，被"小道"相连接，形成了村落的感觉。为了融入乌素图的文化元素，把位置最高的体块设计成展览空间，保留乡村的历史文化并展出有关西乌素图村美景的作品。两个体块依靠山势连接，由北至南依次过渡，从社交空间过渡到私人空间。

4. 总结反思

通过本次西乌素图村（自命题）小型公共建筑设计，我学习到了如何完整地进行前期的调研工作，在调研的过程中思考环境的特点，以及环境所需要的建筑的特点。基于环境进行设计是很重要的。在初期调研阶段时，要充分了解环境场地性质、当地文化内涵和特色。只有亲自了解学习，感受当地环境，询问当地的居民，才能对这个地方有更明确的认知。在调研后，面对这里对于建筑的需求，确定主题，基于场地出现的问题，利用空间关系解决这些问题。对于前期调研的重视，我学习到了如何多方面地进行调研，为设计打下基础。在设计任务书的过程中，设计的同时也是梳理建筑要素逻辑的过程，只有前期思考的足够全面以及逻辑足够通顺清晰，才能完成一份完整的任务书，只有将建筑的主题方向梳理清楚后，才能进行下一步的设计。

在体块设计中，把体块和功能分区结合起来思考，使功能分区更加合理，布局更加顺应逻辑；要考虑人在其中的活动，使人在其中可以舒适地感受空间，享受建筑空间带来的满足感。在遇到困难时，要多学习案例、抄绘案例，学习案例中解决问题的方法，把解决方式融入自己的建筑设计中，只有不断地解决遇到的问题，才能不断完善设计，从体块、功能、空间等多方面实现更加成熟的设计方案。在这段连续的学习思考过程中，不断地解决问题和思考设计让我更加成熟也收获颇多，在之后的学习中，面对这些问题，我也一定会解决得更快速顺畅。

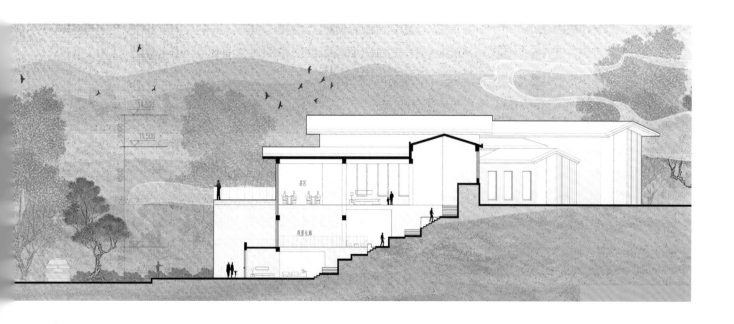

作业22：建筑学专业2021级　孙剑

1. 场地认知

　　本设计项目位于呼和浩特市西乌素图村。设计方案初期，我们通过多次实地调研，亲身体验了场地和环境要素的不同。A场地位于村子边缘，大青山脚下静谧处，景观良好，地块内有断崖占据场地1/3面积，断崖上视野良好，场地周围绿化环境较好，有杏树、松树等多种林木；B场地在村子中心，社交属性强；C场地坡度大，形状狭长。在考量之下我选择了位于村子边缘的A场地。

2. 方案生成

　　本方案使用体块推拉和咬合操作，依附于自然地貌，将体块结合于山体上，同时围合形成一个内院，形成了兼具开放与私密的空间。设置了民宿、中餐、西餐、酒吧、画室等功能，丰富西乌素图村精神与物质内涵，将传统民宿与度假村相结合，打造适宜西乌素图村独特气质的乡村生活馆。本项目体块感强烈，使用了现代的设计手法为西乌素图村注入新的活力，同时丰富村中业态，为旅游业的发展提供了新的机会。我为本方案起名为叠盒，"叠"字既取自场地层叠的山体，也表示出建筑特点，"盒"字则体现了建筑体块的几何体块交合。建筑整体

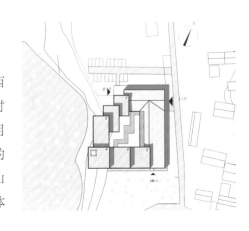

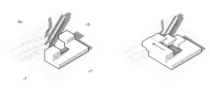

围合的形态是从村落本身的合院形式中获得的灵感，使用了村中建筑常用的坡屋顶，设置了传统的功能区，同时也设计了活泼现代的功能区，呈现出连接城市、融合传统与现代的设计思路。

3. 空间操作

体块操作原则上为体块结合功能，体块设计结合功能流线设置。一层体块布置了中餐厅、接待室、娱乐室，主要用于服务村民、承载公共功能；由于南面紧靠杏林，且采光良好，南侧阶梯体块设置为民宿功能区；北二、三层小体块内部贯通作为酒吧功能；四层上层体块连接民宿区作为西餐厅，与下方中餐厅形成对比；同时在建筑最高处设计了一处富有艺术气质的空间，作为冥想室与画室，可以俯瞰村庄和观望山景。

在流线上的设计主要考虑公共与私密的关系。公共与私密空间使用了不同的垂直流线处理，北侧公共空间盘旋上升富有趣味性，民宿私密空间独立围合，强调便利性和引导性，且承接上方的精神空间。在建筑体形与场地的关系上，我将层递的地形抽象为退台的建筑形式，将建筑体形贴合在地貌上，充分利用了场地独特的地形特点，建筑应该具有适配性和独特性，没有这块地就没有这样的建筑，这样才能做出专属这块地的好方案。

设计过程中吸收场地的元素并加以运用，建筑材料使用了村中随处可见的毛石，本着就地取材的原则，同时可以为居住其中的村民带来亲近感；在传统民居中吸取了灵感，在屋顶及室内大量使用木材，缓冲结构与墙体带来的冰冷感。在上方的建筑外立面多采用清水混凝土墙和纯净的玻璃幕墙，强调干净朴素和现代

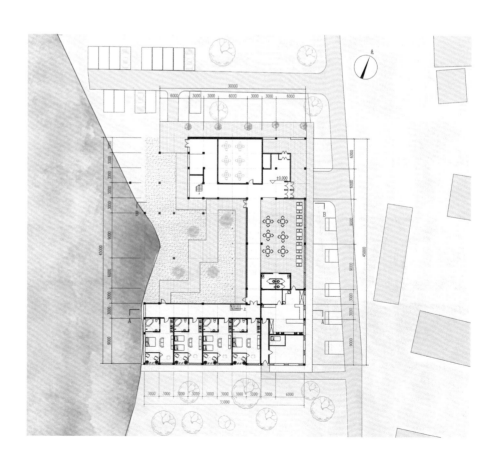

感。材料对空间氛围的营造有着举足轻重的作用，同时也决定了一部分的空间品质，在居住空间的室内使用了木材，进行了绿植和自然光线的设计，提升居住者的舒适度；餐厅客流量较大的位置也做了相对多的材料的处理，材料对空间氛围的影响同样很大。

4. 总结反思

方案始于对场地的考察，站在A地块的土坡上就觉得有良好的视野，会形成很好的景观，于是处理建筑的形体就从利用高度和杏林风景开始，做了退台的操作使建筑与场地融合。将客房区放在了紧靠杏林的南边，也最大限度地利用了杏林景观，保证了采光和客房温度。在村中可以感受到街道的尺寸和地势的起伏，于是我的体块盒子单体并没有设计得很大，而且将内部与外部形成了高差，使建筑路径具有动感。空间与外部形体的关系是相互影响的，我在这次设计中更加理解了空间、形式与功能的关系，体块形式影响了空间的形式，功能又影响了所需空间的形态，在设计初始阶段就要对所需空间和功能有一定的概念，在进行体块操作时就不会出现调整不出想要的效果的问题。在设计开始时模数始终贯穿了体块和空间的设计中，可以帮助我更好地建立体块和空间之间的秩序感，进一步强化空间与形式的链接。在材料的选择上选用了混凝土、玻璃和木材，外立面选用

了村落里随处可见的毛石，贴近村中建筑本身的质感。在建筑顶部设计了一处精神空间，丰富了建筑的内涵，同时也表现了现在新兴的度假方式，城市中的年轻人希望寻得一处静谧之地。在乡村中的老年人则希望村庄变得富有生机，于是又设计了中餐厅和娱乐室供村子里的居民使用。本次设计使用了体块咬合，形成了有丰富层次的空间特征，具有趣味性，可以达到吸引游客的效果。

　　在设计的表达上，我认为设计效果的呈现多为传达自己的设计观念和审美取向，一些必须精准表达的图纸固然重要，但是如果没有自己独特的风格那么也无法形成一套好的设计图纸。在方案后期我更执着于对材质细节和整体氛围的把握，而在图纸的最后处理上还有一些遗憾的点，但还是把方案较好地表达了出来，这也是我以后要注意的问题。在模型制作上，我觉得这也是重新检验方案的一种方式，在实际制作的过程中可以发现一些新的问题，同时材质与环境被简化的方案是否还具有吸引力，还能不能达到一个较好的效果，这也是模型制作可帮忙检测的。

　　通过本次设计我学会了从更宏观的角度考虑问题，建筑师应该具有敏锐的洞察力和出色的社会责任感，要有努力改善人居环境的信心和高超的设计技术，为社会带来更大的价值，帮助更多的人。今后我也会继续学习，提高设计能力，做出更多更好的设计。

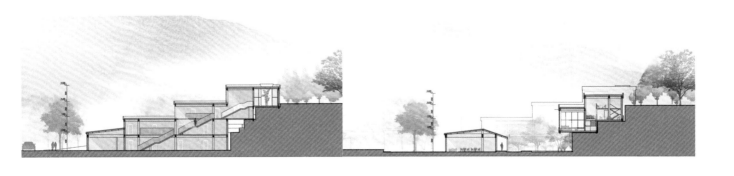

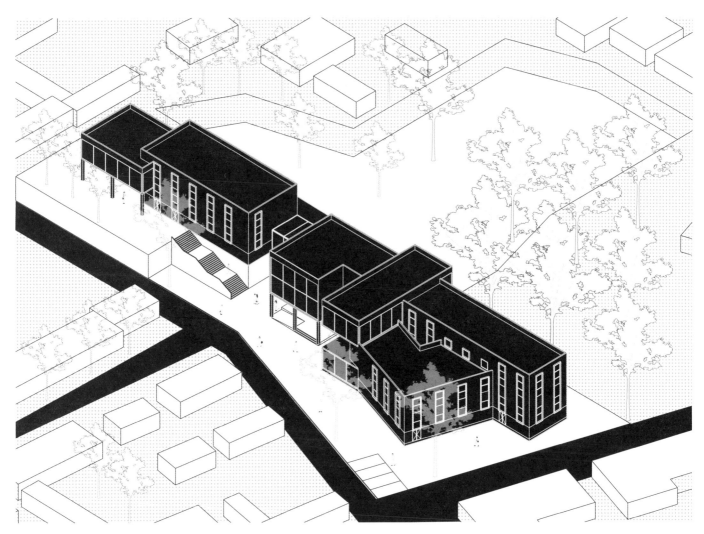

作业23：建筑学专业2021级　黄絮

1. 场地认知

首先经过小组对C场地的实地调研，进行了分析：①主入口的确定：在用地范围周边，有东西和南北两条路，这两条路的交会处，即为用地范围的中间部分，又与深坑相对，所以将它设置成主入口。为了人们在主入口处可以直接看到并顺利到达深坑，在主入口旁设计一个过道。②次入口和停车场的确定：人流一般是从地块南北向马路的南侧流入，所以将地块的西南角作为停车场和次入口，并且设计一个人们室外活动的广场。③体块的确定：通过穿插、咬合、镶嵌的建筑手法，使体块和体块之间产生联系，就好比人与自然的交流，建筑与村落的融合。我希望用自然、几何、空间和尺度给人们带来真实且超现实的原始力量，用一种超越时空限制的空间量场，去承托艺术作品在时空与文明间纵横的叙事关系。包括以下五个步骤：①将有坡度的不规则地形，整理成北高南低的规则地形；②顺应地形走向，摆放不同大小、高度的几个单位体块；③将单位体块拉伸成L形，使体块之间产生连接关系；④通过镶嵌虚体的玻璃体块，完善建筑整体的虚实关系；⑤调整细节的处理，删减特定地方的体块，得出最终的体块。

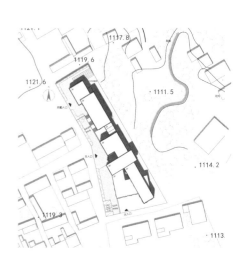

2. 方案生成

　　设计课题旨在为西乌素图村设计一处融合当地乌素图特色文化和建筑风格的建筑。将村民的日常生活行为与游客的观光行为共同组织在一个新的乡村公共空间中，它既是本地村民了解外部世界的窗口，也是外来的游客认识乡土风情的场所，其背后反映的是近郊乡村在融入城市化的过程中，建设既要符合乡村发展的需求又要顾及地方村民的切身利益，进而带动乡村经济社会良性发展。"艺术文化交流展览中心"主题确定的原因是：通过调研时发现，西乌素图村常年都吸引着画家、诗人等各类艺术家们前来创作、写生，为了吸引艺术家们更长时间地留在西乌素图村，以最大化刺激西乌素图村经济的发展和外来人员对西乌素图村文化的了解为目的。一方面，近郊的乡村要满足城市游客的消费需求，游客希望在乡村找寻田园风光与风土人情；另一方面，在保留乡村特色的基础上，乡村还需改善村民的生活品质，为村民提供便民的公共服务设施。所以这类近郊的乡村公共空间需要响应游客和村民双方面的需求。设计一处为艺术家们提供展览、交流住宿的地方，为吸引外来人员到访、刺激经济的地方。再结合任务书要求，得出最终的主题立意——民宿+艺术交流展览中心。

　　第一步，功能分区是通过私密性和动静不同的功能属性将功能主要划分为四大类：开放流动的展览空间、半开放静止的交流空间、私密的民宿用房和一些辅助用房。因为前期建筑形体的大致确定，所以可以将形体分为南北两部分。南侧的一层和二层作为开放的展览区，公共空间由虚和实构成，开敞的空间提供发生事件的"地方"，界面提供事件的话题及行为的引导。这种活动空间重在对人的行为模式的组织，有序或是无序；北侧的一层和南侧二层相连接，作为辅助餐

原始地形：具有一定坡度的不规则梯形

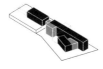

1. 整理地形，将北侧场地拉高，南侧找平降低

2. 顺应地块走向，设置不同大小的体块

3. 为联系体块之间的关系，横向将体块拉成L形

4. 为增强整体的虚实对比，嵌入两个玻璃体块

5. 最后整理细节，删减部分细小体块，形成建筑整体架构

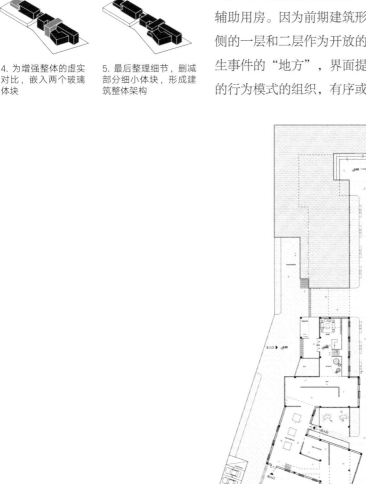

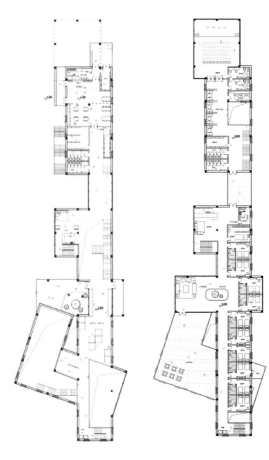

饮空间，人流和物流都会更加方便；北侧的二层作为半开放的交流区，可以提供一个更加安静，人员流通较慢的探讨空间；南侧三层作为民宿住宅区，拥有更好的观景视野和采光。第二步，以观展和住宿两种人流视角设计流线，保证这两者的独立性。①以观展为目的：从地块西侧主入口进入，北侧是接待室，南侧是展厅部分。设置一个分流楼梯，去往二层的不同地方。展厅主要是由一些较独立的小展厅和较开放的大展厅组成，定位为针对当代艺术的展览与研究中心，涵盖装置艺术、多媒体艺术等多元艺术形式。艺术展厅净高4.5m以上，最大展厅高度9m，为无柱大跨空间，适应大尺寸的装置艺术、多媒体、综合艺术等具有突破性尺度的艺术形式，以充分释放艺术家的想象力与作品能量。随着空间的变化，展品也会发生变化。在展厅空间最南侧靠墙部分设置一个不规则的异形楼梯，通往二层的展览区。一层和二层的展览区，通过两个楼梯形成观展闭环。如果想要到达交流空间，可通过主入口进入主楼梯向北走，再通过直跑楼梯即可到达。②以住宿为目的：到达民宿有两条路线。一是从主入口处的主楼梯到达二层后，从过渡空间茶吧处设置的楼梯即可到达三层民宿，这条流线更多是初次到访民宿的人使用，会很容易通过提示找到。二是从建筑最南侧设置的独立民宿交通楼梯间进入，即可到达民宿。其独立楼梯间也并没有和展览空间完全分割，而是保留了空间的连续性，这条流线更多是熟悉建筑的常驻人员使用。

3. 空间操作

第一，空间特点：①通高的运用：一是在主入口处，从室外灰空间到室内开敞通高空间的转变；二是在展览空间处，通过层高的变化而产生明暗的变化，这两者都是运用通高的操作手法，营造出丰富的纵向空间，带给人多种空间感受。②片墙的运用：在一层展览空间某处，二层平台一侧设置成实墙，一层是不可见二层的；一侧设置成栏杆，一层是可见二层的，这两者之间产生对比，会产生不同的视觉效果。③室外平台的运用：在二层展览空间和三层民宿处，通过体块的删减和推拉，创造出室外平台，提供一个人们可以休憩转换感受的地方。第二，立面的开窗形式：因为体块造型已比较零碎、复杂，立面不宜采用分层或多种手

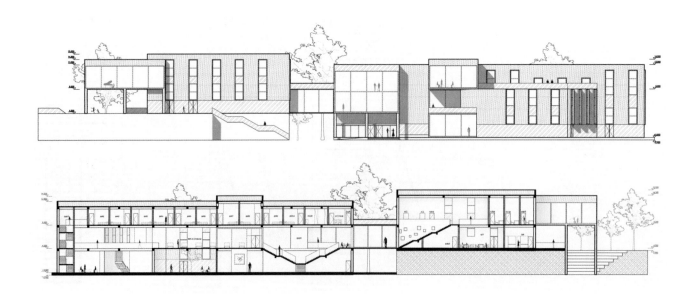

法结合的开窗形式，所以决定采用单一的纵向长开窗和大面积开窗这两种形式，大面积的开窗模糊了室内外界限，使建筑更好地融于自然，使建筑形体表现得更加纯粹。第三，场地环境的设计：①下沉式庭院：利用南北高差的条件，且向东呼应深坑，在地块北侧设置一个下沉式庭院，为了建立起南北两侧建筑的对话与联系，既可将人流从广场直接引入建筑，又成为串联拉近建筑之间动线的公共空间，成为一个融合休闲、聚会和表演的多功能使用场所。②半包围内院：在南侧建筑形体形成半包围的地方设计成内院，虚实多元的空间组合在院子内形成了丰富的空间场景，不同的场所满足不同的使用需求。在内院地面上采用不同的铺装形式，对院内通道和休憩空间进行区别处理，将庭院内的相对关系在空间上进行明确的划分，且头顶空间一半是通高，另一半是建筑，带给人不同的空间感受。第四，材料的使用：建筑主要使用红砖和生锈的铁板两种建筑材料，一是为了更好地融合当地多采用红砖的建筑风格，二是使建筑物带给人一种粗糙和淳朴之美。

4. 总结反思

通过这个学期的学习，我初步学习了不规则地形的处理手法；并且加深了对建筑和环境之间关系的理解；明白了建筑在特定环境的独立性；更加熟练地运用对比的手法营造不同的空间感受，例如光线明暗的对比，片墙和栏杆视觉效果的对比，虚实的对比等；且在建筑结构中初次尝试了不规则的柱网排列方式。但还是有很多需要改进的点，①缺少对人情化的深入理解。建筑没有充分融合当地的文化特色，更多的是考虑场地带给建筑的影响，而忽略了人文的重要性。②有些过度追求外观的形式，建筑整体未能更加充分地融入村落，显得有些突兀和庞大。③外形和功能有些割裂。一些空间在外形和内部之间没有很好地统一协调，应更加注重深入思考造型和内部空间彼此的关系。④堆砌了太多的想法。建筑内部空间想要营造太多的空间形式，反而得不偿失，应专注于几个空间形式，做好、做细、做得更加纯粹。

鸟瞰图

作业24：建筑学专业2021级　王嘉琪

1. 场地认知

　　西乌素图村坐落于大青山南麓，呼和浩特市郊区，距市区西北13km处，地理位置较为偏僻。建筑所在地块位于西乌素图村与大青山交界处，南面有一整片杏园，西侧紧靠大青山，东侧紧靠道路，拥有优越的自然景观。西乌素图村的房屋多为平房，建筑高度多为3~5m，偶有小二楼高度均为6~8m，当地房屋屋顶大多为单坡、双坡，少量平屋顶；将建筑高度、屋顶形式设计融入村中肌理。在此次设计中，首先，要力求尽量不破坏原有环境，尽可能保留原有地势特点，包括原有植被。用地范围近1/3用地面积在8m断崖之上，剩余2/3土地面积自东南向西北也有一定坡度，较为平缓。其次，将新的建筑融入原有环境中。西乌素图村的建筑材料多为红砖和清水砖，也有一部分更为久远的房屋以土和卵石为主要建筑材料，同时还有部分以砖和木材为主要材料的房屋。设计过程中要将建筑材料考虑其中。最后，要利用好当地的环境优势。用地范围内随处可见优美景观，可以通过露台、室外平台等方式利用环境；西乌素图村地势多为缓坡，利用坡度进行设计可使空间更加丰富。

2. 方案生成

　　本建筑是位于西乌素图村与大青山交界处的与商业性展厅结合的观景民宿。设计概念的生成过程如下。首先，村子边缘人流量较少，环境较为安静惬意，所以将展厅作为观景民宿的附属空间。其次，地块南面的杏林生长茂盛，可作为场地一景观进行利用，如今网络发达，可通过线上售卖的方式进行"云养殖"，秋季杏果成熟通过付邮费的方式免费收果，既能让村民积极参与进来，又让游客不虚此行，还能通过"云养殖"吸引游客前来观景。将乡村经济建设考虑进来，设计一个商业性的展厅带动乡村经济的同时还能让游客购买纪念品作为回忆，此为

总平面图

双赢。最后，周边的环境可称为移步换景，利用室外露台等方式将大自然引入建筑，以达到让游客休闲舒适、开阔视野的目的。方案生成步骤分为以下几步：第一步，通过对地势的了解和分析，用建筑盒子将断崖与平地联系起来；第二步，通过扭转的手法将连接断崖上的体块与平地上的体块扭转45°，既能顺应地势，也可达到丰富空间的目的；第三步，利用加法与减法这些常用的手法将建筑初步体块丰富化，使得建筑屋顶流线更加和谐舒适；第四步，将屋顶设计成单坡屋顶与双坡屋顶结合，与原有建筑相呼应；第五步，通过与玻璃、柱廊的结合形成灰空间作为过渡空间，为建筑整体增添趣味性。

3. 空间操作

本建筑是与商业性展厅结合的观景民宿。通过开放空间、半私密空间、私密空间将建筑竖向分为四层，用竖向交通——楼梯连接起来。一层为公共空间，具备大厅、餐厅、咖啡厅、展厅、后勤、书屋、猫咖等功能空间；展厅与餐厅、咖啡厅融为一体，以壁画、模型展示的方式融入餐厅和咖啡厅，目的在于使展览过程和餐饮过程相互丰富。咖啡厅前的落地窗、餐厅的竖向长窗都是为了把室内游客人群引入室外环境。上至二层分别是西侧的室内外平台与东侧的餐厅空间；室内平台有通高，空间更加丰富；用单跑楼梯将室外平台与广场相连，建筑与广场联系更加紧密，使空间更加灵活有趣；二层餐厅运用通高的手法设计一个大挑高空间，使得二层与一层能够实现视线上的交流、空间上的丰富。三、四层位于断崖之上，三层整层均设置为客房，供游客根据自身喜好进行选择；四层除去客房还配备洗衣房。三、四层视野最为宽阔，第一，每间民宿都具备室外露台，能够随时欣赏室外天然景观；第二，每间房均具备各自特点，区别于酒店房间的千篇一律，不同的民宿客房所能感受到的景色以及房间的体验感均不同，这是观景民宿一大特点。

底层空间从建筑主入口进入大厅，大厅空间作为缓冲空间，随之向东西两方向散开，进入书屋、猫咖或者餐厅、咖啡厅，首层到达二层的竖向交通以及书屋、猫咖的墙体分割与二层扭转方向一致，空间趣味性提升；首层餐厅以及咖啡厅为公共式座椅，无包厢设计，使壁画、村落文化模型直达游客视野，在品味美食和饮品过程中还能有视觉上的享受。二层空间室内外平台用大面积玻璃阻隔，设置双开门，使空间相连。二层的餐厅有开放式和半开放式空间供游客选择，剩余空间均为通高，加强上下层联系，视线上的碰撞体验感增强。三、四层的客房走廊曲折有度，客房室内设计各不相同，可以选择面向村落背靠大青山，当然也

A—A剖面图   南立面图

可以选择面向大青山或者面向杏树林；客房走廊的尽头是通向断崖上的双开门，直接走向大青山。建筑的流线明确，室内环境大部分用墙体及玻璃来引导流线的走向，室外环境的流线多用不同的铺装、不同的标高来明确流线的方向。

4. 总结反思

在此次设计中，我学到了新知识，也掌握了很多以往一知半解的道理。第一，环境与建筑相融的重要性。它可以分为环境与建筑、建筑与建筑和地势与建筑。环境与建筑又分为原有环境与新建筑、新环境与新建筑；新建筑不仅要与原有环境相融合，还要有新建筑的特点；与此同时新环境与新建筑的设计也要同时进行，学会了新环境的边界与新建筑边界的相互配合，不能分割开来。建筑与建筑指的是原有建筑与新建筑之间可以有新意，却不能格格不入。在此次设计中学会了通过建筑材料、屋顶形式、屋顶高度、体块形状等方式融入原有建筑中。这

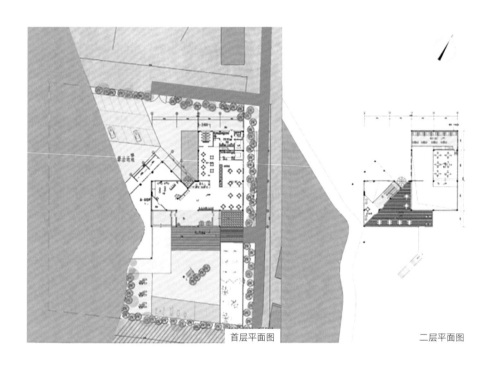

首层平面图　　　　　　　　　　　二层平面图

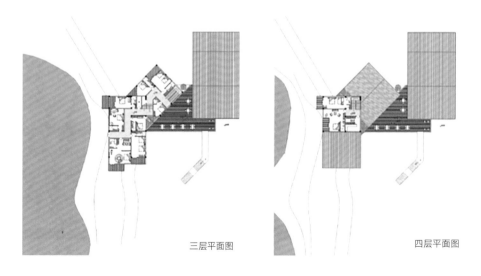

三层平面图　　　　　　　　　　　四层平面图

次设计中区别于以往设计的一大特点便是地势问题。地块的坡度处理是一大难点，通过不同手法的合适处理，可以让建筑设计到达一个新的高度。第二，楼梯、玻璃都可以作为引导人们路线的工具，不仅只有墙体可以达到这个目的。玻璃可以作为人们视线上的引导，想要让人看到的空间可以使用玻璃，不想让人看到的空间可以使用实体墙。第三，利用好灰空间的手法，不仅使室外与室内有过渡，也能大大加强空间丰富度。第四，实体模型的重要性。设计过程中用实体模型辅助更加直观，不妥之处一目了然，不能过多地依赖软件。第五，手绘的重要性。设计之初，草图有很大的帮助，能让我对方案的理解更加透彻，手绘也是学习建筑过程中不可丢失的一大助力。在学习过程中，也有未能解决的不足之处。第一，建筑周围的环境设计是单独的，不能很好地与建筑相融合。第二，建筑体块的设计太过单一，设计从开始到结束，体块的变化不大，细节不够。第三，在功能和空间的协调上不够，不能很好地找到两者之间的联系。

效果图

作业25：建筑学专业2021级　武浩麟

1. 场地认知

西乌素图村位于呼和浩特东北角回民区，背靠大青山南麓，在市区西北13km处。整个村落在近山处修建，因此西乌素图村整体有一个较为明显的高差，整体地形由东南向西北缓缓上升，高差约100m。总体高差的存在让西乌素图村的地形错综复杂，地势较为陡峭。地貌色彩以黄色为主。村落有很大面积的黄土地，绿植多以杏树为主。乡村内的主要人群为老人，其次为青年孩童。村内的建筑主要为普通的四合院住宅，建筑材料多为水泥砌砖，整体颜色以红黄色为主。本次课题一共有三处可供选择的场地，A场地傍山，有明显的地势落差，区位靠乡村边缘，略微偏僻；B地块位于乡村中央的五道口，人流量大，交通便利，地势也相对平坦；C地块位于一片沟壑旁，属于长条状。本方案选择A地块。

2. 方案生成

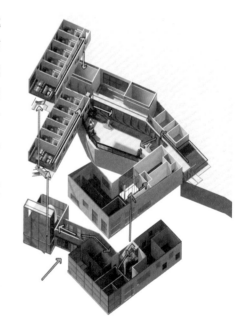

在分析了西乌素图村的建筑与环境后，我认为温泉旅店是一个非常合适的公共服务建筑。在这样一个北方傍山乡村，到了冬天以后，空气干燥，天气较为寒冷，在这样的环境下，可以温暖人心的温泉旅店是一个非常完美的、老少皆宜的选择。即使是在夏天，这里也是相对干燥，太阳直射会令人非常不适，这时将温泉池改成一个游泳场所，也是一种让人无法拒绝的享受。而目前在西乌素图村中

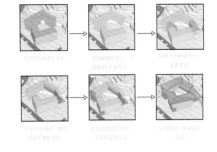

长期居住的人是老人与小孩，那么无论是为老年人提供一个休养生息的场所，还是为小孩子提供一个娱乐的场所，温泉都是一个不错的选择。因此在这次民宿+公共设计的概念中，我的首选便是温泉旅店，并将这一观点坚持到了最后。以温泉旅店作为此次公共设计的主要概念，我的第一想法便是创造一个围合式建筑。在这样的一个围合式建筑中，将温泉放置于建筑的中心，并将其迁移到山坡上，一是可以强调本设计的中心是温泉；二是将温泉置为上，院落置为下，在享受温泉的同时也可以欣赏院中的绿色景观，上下的主次关系也能再一次凸显温泉旅店的概念主题。设计最开始的大致概念便是如此而来，它为我后续的一切想法奠定了基础，以一个围合式的院落形体来搭建一个老少皆宜的温泉旅馆。

在最初的概念定下以后，我便开始着手形体的创造。作为建筑师，形体的生成可以说是最重要的步骤，因此在这一步骤中，我耗费了大量的时间去进行搭建和改善。A地块的地势在平面观察中有一个很明显的特点，在南侧，山体相对于整个地块是突出了一部分，而后蜿蜒曲折，向北逐渐趋于平滑，变为直线。因

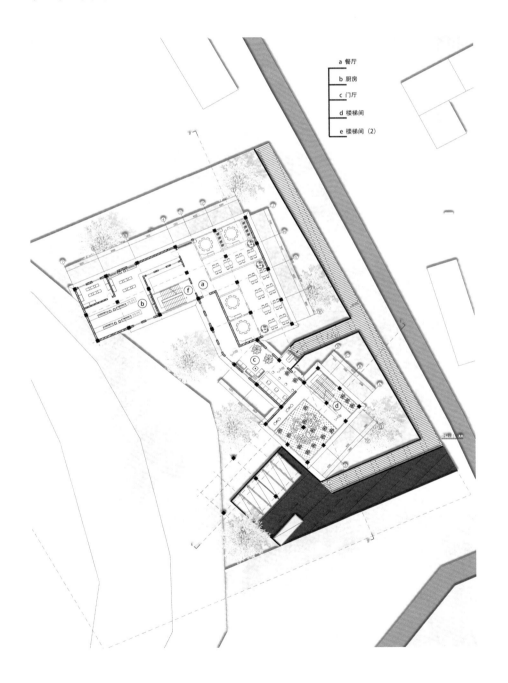

此我可以很简便地去利用这一特点来划分建筑的主次关系，直白地看，突出的那一区域到逐渐趋于平滑的交界处，是一个具有强调作用的地方，利用这个地方作为温泉旅店的主要功能区域（也就是温泉活动区），可以将该建筑的主要功能清晰地展现给被服务人群，随后再在这个中心的两侧进行额外功能区域的创造。结合了这个想法后，我对此处进行的形体创造就变得合理起来。为了迎合山体的形状和创造围合式的形体，我不断尝试，发现用两个L形状的形体可以很好地融入环境中。当然，如果只是简单的两个一模一样的L形建筑是缺乏创造性和设计感的，因此我在转动、调节和改善的过程中，将两个L形体分为一大一小，同时旋转一定的角度，使得其中一个L形体的短边沿着山体走，而另一个L形体的长边垂直于山体，这样一放，形体的主要部分就完成了。当然仅仅是两个L形体，缺乏连接部分，它们从远处看就仅仅是两个独立个体，没有形成一个真正的建筑，因此在这之后的形体创造，便是思考如何连接两个形体。从形体生成图中可以很明确地发现，这两个主体建筑主要有两个部分需要连接，东侧的缺口位于山下，这个位置十分适合作为主入口的门厅而存在，因此我选择在这个位置使用碰撞的方式，将两个L形体连接起来，并且富有力量感。而在东侧的连接处位于山上，此处为了能够很好地与山体对接，我选择用大面积的玻璃长廊进行连接，既避免了喧宾夺主，又可以解决游客对后山杏林的观赏需求。

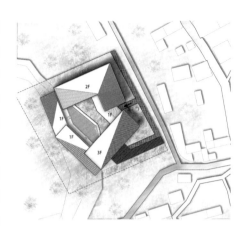

3. 空间操作

在完成了建筑形体的概念生成后，空间和流线的完成便很容易实现。空间主

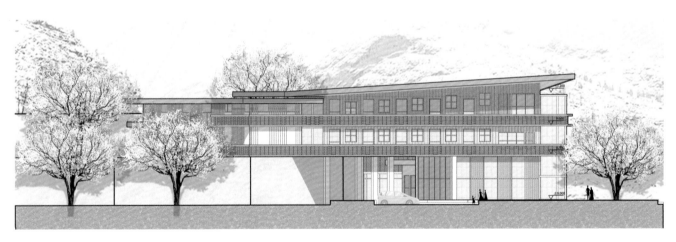

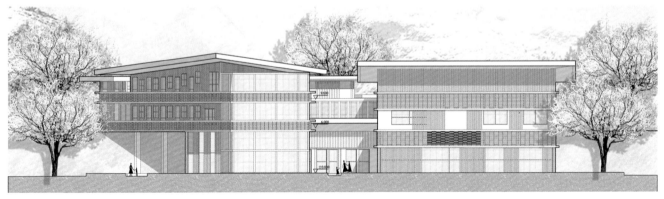

要分为四个部分，分别是山上的温泉服务区、山下的庭院景观区两个户外空间，以及左右两个L形体的内部空间。这样将空间划分为四个部分后，接下来在流线上的工作便是如何将这四个空间连接在一起。我采用的方式是将下方的庭院作为起步位置，而上方的温泉作为最终位置，从中间进入，左右两侧的L形体便成了两条主要流线，从下往上分流行动，最终汇集于一个地方。同时这两条主要流线也划分了两类主要人群。本次的设计是要有民宿设计功能分布的，而我的设计作为一个温泉旅店，要同时满足两类人群，一类人群是要在旅店内居住的，而另一类人群便是仅仅享受温泉，并不在此居住的。因此在南侧的主要形体中，我主要划分的空间是民宿；而在北侧的主要形体中，主要是餐厅、更衣室和休息室这类服务空间。游客在通过了这两个不同类型的区域后，作为两个不同的人群，最终都走向主要活动场所温泉。

在立面设计中我主要选择了大面积格栅的方式进行装潢。用黄色的木条对窗户进行小面积遮盖，增强了室内的光线效果。同时在上下两层间用砖块做格栅，可以让建筑更加拥有层次感。立面大面积地使用格栅，为了使屋顶与之能合理融合，在屋顶的设计中也采用了大面积的格栅，但仅仅是将格栅放在屋顶会特别突兀，因此我将屋顶延某一条斜线对折，并在格栅的区域赋予另一个颜色，使得屋顶与立面浑然一体，相辅相成。

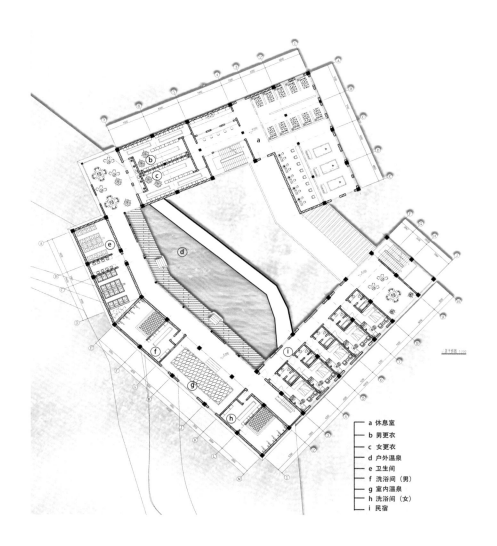

a 休息室
b 男更衣
c 女更衣
d 户外温泉
e 卫生间
f 洗浴间（男）
g 室内温泉
h 洗浴间（女）
i 民宿

4. 总结反思

　　本次设计长达一个学期，是时间最长，同时也是设计内容最多的一次。在这次设计中，我深刻体会到环境与文化调研的重要性，对建筑落地各种要求进行深化，掌握了形体创造时与环境融合的技巧，立面格栅的巧妙利用等一系列实用技法。同时，在借鉴学习各种各样的案例的过程中，我不断积累了大量的建筑设计观点与知识，相信以后我会继续学习到更多有用且有趣的建筑学知识，也会将设计变得更加富有创造性，细节上更加完善。

参考文献

[1] 张文忠. 公共建筑设计原理[M]. 4版. 北京：中国建筑工业出版社，2008.

[2] 《建筑设计资料集》编委会. 建筑设计资料集4[M]. 3版. 北京：中国建筑工业出版社，2017.

[3] 冯凌. 融合街道空间的建筑界面研究[D]. 重庆：重庆大学，2008.

[4] 周然，王飒，周淼，等. 幼儿园建筑设计[M]. 北京：中国建筑工业出版社，2007.

[5] 黎志涛. 幼儿园建筑设计[M]. 北京：中国建筑工业出版社，2006.

[6] 顾大庆，柏庭卫. 空间、建构与设计[M]. 北京：中国建筑工业出版社，2011.

[7] ANTHONY D M，NORA Y. Operative design[M].Amsterdam：BIS Publishers，2012.

[8] 高彩霞，安姵娟，王忠祥，等. 基于GIS空间数据分析的建筑场地调研教学方法研究[J]. 中国多媒体与网络教学学报（上旬刊），2022（5）：1–4.

[9] 何欣怡. 儿童友好视角下的幼儿园户外活动空间评价体系及设计策略研究[D]. 杭州：浙江农林大学，2021.

[10] 胡心玥. 浅析环境设计中场地调研的重要性：以谢菲尔德大学"边界拓扑"课题为例[J]. 设计，2020，33（17）：103–105.

[11] 喻明红，符娟林. 城乡规划专业城市设计课程中调研环节教学探讨[J]. 教育教学论坛，2020（37）：284–285.

[12] 王伟栋，姜伟. 以场地与环境为切入点的建筑设计课程优化研究[J]. 建筑与文化，2020（5）：69–70.

[13] 王方戟，游航. 场地与几何的基本策略南京岱山小学及岱山幼儿园建筑设计[J]. 时代建筑，2017（3）：104–109.

[14] 山水秀建筑事务所. 华东师范大学附属双语幼儿园[J]. 建筑学报，2016（4）：72–79.

[15] 沈伊瓦，周钰，郝少波，等. 空间使用与场地响应[M]. 武汉：华中科技大学出版社，2021.

[16] 程大锦. 建筑：形式、空间和秩序[M]. 刘丛红，译.4版. 天津：天津大学出版社，2018.

[17] 卢济威，王海松. 山地建筑设计[M]. 北京：中国建筑工业出版社，2001.

[18] 盖尔. 交往与空间[M]. 何人可，译. 北京：中国建筑工业出版社，2002.

[19] 沈伊瓦，周钰，郝少波，等. 空间使用与场地响应：建筑设计教程（二年级上）[M].
武汉：华中科技大学出版社，2021.